中国水文化遗产图录

水利工程遗产（上）

贾兵强　尚群昌　编著

中国水利水电出版社
www.waterpub.com.cn

·北京·

内 容 提 要

本书是"中国水文化遗产图录"丛书的分册之一，共分两章，第 1 章介绍了引水灌溉工程、古灌区、灌溉井泉工程、陂塘堰坝、拒咸蓄淡工程、塘浦圩垸工程和机电排灌站等七大类灌溉工程遗产，第 2 章介绍了大江大河防洪工程、城市防洪工程和海塘等三大类防洪工程遗产，并从修建缘由、工程概况、工程特色和历史地位等方面对各个水利工程遗产分别进行论述。

本书适合水文化遗产爱好者阅读，还可作为中等以上院校人文素质教育教材使用，也可供水利史、水文化、遗产保护专业师生以及相关专业的科研工作者使用和参考。

图书在版编目（ＣＩＰ）数据

水利工程遗产. 上 / 贾兵强，尚群昌编著. -- 北京：
中国水利水电出版社，2022.12
　（中国水文化遗产图录）
　ISBN 978-7-5226-1198-3

Ⅰ. ①水… Ⅱ. ①贾… ②尚… Ⅲ. ①水利工程－文
化遗产－中国－古代－图录 Ⅳ. ①TV-092

中国版本图书馆CIP数据核字(2022)第254817号

书籍设计：李菲　钱诚

书　名	中国水文化遗产图录　水利工程遗产（上） ZHONGGUO SHUIWENHUA YICHAN TULU　SHUILI GONGCHENG YICHAN (SHANG)	
作　者	贾兵强　尚群昌　编著	
出版发行	中国水利水电出版社	
	（北京市海淀区玉渊潭南路1号D座　100038）	
	网址：www.waterpub.com.cn	
	E-mail: sales@mwr.gov.cn	
	电话：(010) 68545888（营销中心）	
经　售	北京科水图书销售有限公司	
	电话：(010) 68545874、63202643	
	全国各地新华书店和相关出版物销售网点	
排　版	北京金五环出版服务有限公司	
印　刷	北京天工印刷有限公司	
规　格	210mm×285mm　16开本　12印张　323千字	
版　次	2022年12月第1版　2022年12月第1次印刷	
定　价	138.00元	

中国特有的地理位置、自然环境和农业立国的发展道路决定了水利是中华民族生存和发展的必然选择。早在100多万年前人类起源之际，先人们即基于对水的初步认识，逐水而居，"择丘陵而处之"；4000多年前的大禹治水则掀开中华民族历史的第一页，此后历代各朝都将兴水利、除水害作为治国安邦的头等大事。可以说，水利与中华文明同时起源，并贯穿其发展始终；加上中国疆域辽阔、自然条件千差万别、水资源时空分布不均、区域和民族文化璀璨多样，这使得中国在漫长的识水、用水、护水、赏水和除水害、兴水利的过程中留下数量众多、分布广泛、类型丰富的水文化遗产。这些水文化遗产具有显著的时代性、区域性和民族性，以不同的载体形式、全面系统地体现并见证了中国先人对水资源的认识和开发利用的历程及成就，体现并见证了各历史时期和不同地区的水利与经济、社会、生态、环境、传统文化等方面的关系，以及各历史时期水利在民族融合、边疆稳定、政局稳定和国家统一等方面的重要作用，体现并见证了水资源开发利用在中华民族起源与发展、中华文明发祥与发展中的重要作用与巨大贡献。可以说，它们是中国文化遗产中不可或缺、不可替代的重要组成部分，有的甚至在世界文化遗产中也独树一帜，具有显著的特色。基于此，近年来，随着社会各界对水文化遗产保护、传承与利用的日益重视，水文化遗产逐渐走进人们的视野。

一、水文化遗产的特点与价值

水文化遗产，顾名思义，就是人们承袭下来的与水或治水实践有关的一切有价值的物质遗存，以及某一族群在这一过程中形成的能够世代相传、反映其特殊生活生产方式的传统文化表现形式及其实物和场所，它们是物质形态和非物质形态水文化遗产的总和。水文化遗产具有以下特点。

（一）水文化遗产是复杂的巨系统

水文化遗产是在识水、用水和护水，尤其是除水害、兴水利的水利事业发展过程中逐渐形成的，也是这一过程的有力见证，这使得水文化遗产具有以下三个方面的特点：

其一，中国自然条件千差万别，水资源时空分布不均，加之区域社会经济发展需求各异，这使得水文化遗产具有数量众多、分布广泛和类型丰富等特点，且具有显著的地域性或民族性。

其二，中国是文明古国，也是农业大国，拥有悠久而持续不断的历史，历朝各代都把除水害、兴水利作为治国理政的头等大事，这使得中国水利事业始终在持续发展，水利工程技术在持续演进，从而使水文化遗产不断形成与发展，并具有显著的时代性。

其三，中国水利建设是个巨系统，它不单单涉及水利工程技术问题，还与流域或区域的经济、社会、环境、生态、景观等领域密切相关，与国家统一与稳定、边疆巩固、民族融合等因素密切相关，同时在中华民族与文明的起源、发展与壮大方面发挥着重要作用。这一特点决定了水文化遗产是个开放的系统，除了在水利建设过程中不断形成的水利工程遗产外，还包括水利与其他领域和行业相互作用融合而形成的非工程类水文化遗产，从而逐渐形成几乎涵盖各个领域、包括各种类型的遗产体系。

总而言之，中国水利事业发展的这三个特点决定了水文化遗产具有类型极其丰富的特点，不仅包括灌溉工程、防洪工程、运河工程、城市供排水工程、景观水利工程、水土保持工程、水电工程等水利工程类遗产，以及与水或治水有关的古遗址、古建筑、治水人物墓葬、石刻、壁画、近代现代重要史迹和代表性建筑等非工程类不可移动的物质文化遗产；包括不同历史时期形成的与水或治水有关的文献、美术品和工艺品、实物等可移动的物质文化遗产；还包括与水或治水有关的口头传统和表述、表演艺术、传统河工技术与工艺、知识和实践、社会风俗礼仪与节庆等非物质文化遗产。

（二）水文化遗产是动态演化的系统，是"活着的""在用的"遗产

水文化遗产尤其是"在用的"水利工程遗产，其形成与发展主要取决于特定时期和地区的自然地理和水文水资源条件、生产力和科学技术发展水平，服务于当地经济社会发展的需求，这使得它既具有一定的稳定性，又具有动态演化的特点。在持续的运行过程中，随着上述条件或需求的变化，以及新情况、新问题的出现，许多工程都进行过维修、扩建或改建，有的甚至功能也发生了变化。因此，该类遗产往往由不同历史时期的建设痕迹相互叠加而成，并延续至今。如拥有千年历史的灌溉工程遗产郑国渠，其取水口位置随着自然条件的变化而多次改移，秦代郑国首开渠口，西汉白公再开，宋代开丰利渠口，元代开王御史渠口，明代开广济渠口，清代再开龙洞渠口，最后至民国时期改移至泾惠渠取水口。这是由于随着泾水河床的不断下切，郑国渠取水口位置逐渐向上游移动，引水渠道也随之越来越长，最后伸进山谷之中，不得不在坚硬的岩石上凿渠，从而形成不同的取水口遗产点。有些"在用的"水利工程遗产，随着所在区域经济社会发展需求的变化，其功能也逐渐发生相应的转变。如灵渠开凿之初主要用于航运，目前则主要用于灌溉。

在漫长的水利事业发展历程中，水文化遗产的体系日渐完备，规模日益庞大，类型日益丰富。其中，有些水利工程遗产拥有数百年甚至上千年的历史，至今仍在发挥防洪、灌溉、航运、供排水、水土保持等功能，如黄河大堤、郑国渠、宁夏古灌区、大运河、哈尼梯田等。这一事实表明，它们是尊重自然规律的产物，是人水共生的工程，是"活着的""在用的"遗产，不仅承载着先人治水的历史信息，而且将为当前和今后水利事业的可持续和高质量发展提供基础支撑。这是水利工程遗产不同于一般意义上文化遗产的重要特点之一。

（三）水文化遗产具有较高的生态与景观价值

水文化遗产尤其是水利工程遗产不像一般意义上的文化遗产如古建筑、壁画等那样设计精美、工艺精湛，因而长期以来较少作为文化遗产走进公众的视野。然而，近年来，随着社会各界对它们的进一步了解，其作为文化遗产的价值逐渐被认知。

首先，水文化遗产与一般意义上的文化遗产一样，具有历史、科学、艺术价值；其次，它们中的"在用"水利工程遗产还具有较高的生态和景观价值。在科学保护的基础上，对它们加以合理和适度的利用，将为当前和今后河湖生态保护与恢复、"幸福河"的建设等提供文化资源的支撑。这主要体现在以下两个方面：

一方面，依托水体形成的水文化遗产，尤其是那些拥有数百上千年历史的在用类水利工程遗产，不仅可以发挥防洪排涝、灌溉、航运、输水等水利功能，而且可以在确保上述功能的基础上，充分利用其尊重河流自然规律、人水和谐共生的设计理念和工程布局、结构特点，服务于所在地区生态和环境的改善、"流动的"水景观的营造，进而提升其人居环境和游憩场所的品质。这是它有别于其他文化遗产的重要价值之一。

另一方面，作为文化遗产的重要组成部分，水文化遗产是不可替代的，且具有显著的区域特点和行业特

点。在当前水景观蓬勃发展却又高度趋同的背景下，以水文化遗产为载体或基于其文化遗产特性而建设水景观，不仅可有效避免景观风格与设计元素趋同的尴尬局面，而且可赋予该景观以灵魂和生命力；依托价值重大的水利工程遗产营建的水景观还可以脱颖而出，独树一帜，甚至撼人心灵。

二、水文化遗产体系的构成与分类

作为与水或治水有关的庞大文化遗产体系，水文化遗产可根据其与水或治水的关联度分为以下三大部分：一是因河湖水系本体以及直接作用于其上的人类活动而形成的遗产，这主要包括两大类，一类是因河湖水系本体而形成的古河道、古湖泊等；另一类是直接作用于河湖水系的各类遗产，其中又以治水过程中直接建在河湖水系上的水利工程遗产最具代表性。二是虽非直接作用于河湖水系但是在治水过程中形成的文化遗产，即除了水利工程遗产以外的其他因治水而形成的文化遗产。三是因河湖水系本体而间接形成的文化遗产，即前两部分遗产以外的其他文化遗产。在这三部分遗产中，前两部分是河湖水系特性及其历史变迁的有力见证，也是治水对政治、经济、社会、生态、环境、景观、传统文化等领域影响的有力见证，因而是水文化遗产的核心和特征构成。在这两部分遗产中，又以第一部分中的水利工程遗产最能展现河湖水系的特性及其变迁、治理历史，因而是水文化遗产的核心和特征构成。

鉴于此，基于国际和国内遗产的分类体系，考虑到水利工程遗产是水文化遗产特征构成的特点，拟将水利工程遗产单独列为一类。据此，水文化遗产首先分为工程类水文化遗产和非工程类水文化遗产两大类。其中，非工程类水文化遗产可根据中国文化遗产的分类体系，分为物质形态的水文化遗产和非物质形态的水文化遗产两类。物质形态的水文化遗产又细分为不可移动的水文化遗产和可移动的水文化遗产。

（一）工程类水文化遗产

工程类水文化遗产指为除水害、兴水利而修建的各类水利工程及相关设施。按功能可分为灌溉工程、防洪工程、运河工程、城乡供排水工程、水土保持工程、景观水利工程和水力发电工程等遗产。另外，工程遗产所依托的河湖水系也可作为工程遗产纳入其中，即河道遗产。这些工程类水文化遗产从不同的角度支撑着不同时期的水资源开发利用和水灾害防治，是水利事业发展历程及其工程技术成就的实证，也是水利与区域经济、社会、环境、生态相关关系的有力见证，是水利对中华民族、中华文明形成发展具有重大贡献的最直接见证。它主要包括以下几类：

（1）灌溉工程遗产。指为确保农田旱涝保收、稳产高产而修建的灌溉排水工程及相关设施。作为农业古国和农业大国，中国的灌溉工程起源久远、类型多样、内容丰富，它们不仅是农业稳产高产、区域经济发展的基础支撑，而且在民族融合和边疆稳定等方面发挥着重要作用，也为中国统一的多民族国家的形成与发展提供了坚实的经济基础。如战国末年郑国渠和都江堰的建设，不仅使关中地区成为中国第一个基本经济区，使成都平原成为"天府之国"，而且使秦国的国力大为增强，充足的粮饷保证了前线军队供应，秦国最终得以灭六国、统一天下，建立起中国历史上第一个统一的、多民族的、中央集权制国家——秦朝。在此后的2000多年里，尽管多次出现分裂割据的局面，但大一统始终是中国历史发展的主流。秦朝建立后，国祚虽短，但它设立郡县制，统一文字、货币和度量衡，统一车轨和堤距等举措，对后世大一统国家的治理产生了深远的影响。秦末，发达的灌溉工程体系和富庶的关中地区同样给予刘邦巨大帮助，刘邦最终战胜项羽，再次建立大一统的国家，并使其进入中国古代社会发展的第一个高峰。

自秦汉时期开始，历代各朝都在西部边疆地区实施屯垦戍边政策，如在黄河流域的青海、宁夏和内蒙古河套地区开渠灌田，这不仅促进了边疆地区经济的发展，而且巩固了边疆的稳定、推动了多民族的融合。这一过程中，黄河文化融合了不同区域和民族的文化，形成以它为主干的多元统一的文化体系，并在对外交流中不断汲取其他文化，扩大自身影响力，从而形成开放包容的民族性格。

由于地形和气候多种多样、水资源分布各具特点，不同流域和地区的灌溉工程规模不同、型式各异。以黄河为例，其上游拥有众多大型古灌区，如河湟灌区、宁夏古灌区、河套古灌区等；中游拥有大型引水灌渠如郑国渠、洛惠渠、红旗渠等，拥有泉灌工程如晋祠泉、霍泉等；下游则拥有引洛引黄等灌渠。

（2）防洪工程遗产。指为防治洪水或利用洪水资源而修建的工程及相关设施。治河防洪是中国古代水利事业中最为突出的内容，集中体现了中华民族与洪水搏斗的波澜壮阔、惊心动魄的历程，以及这一历程中中华民族自强不息精神的塑造。

公元前21世纪，发生特大洪水，给人们带来深重的灾难，大禹率领各部族展开大规模的治水活动。大禹因治水成功而受到人们的拥戴，成为部落联盟首领，并废除禅让制，传位于其子启，启建立起中国历史上第一个王朝——夏朝，中国最早的国家诞生。在大禹治水后的数千年间，大江大河尤其是黄河频繁地决口、改道，每一次大的改道往往会给下游地区带来深重的甚至是毁灭性的灾难；长江的洪水灾害也频繁发生。于是中华民族的先人们与洪水展开了一次又一次的殊死搏斗。可以说，从传说时代的大禹治水，到先秦时期的江河堤防的初步修建，到西汉时期汉武帝瓠子堵口，明代潘季驯的"束水攻沙""蓄清刷黄"，清代康熙帝将"河务、漕运"书于宫中柱上等，中华民族在与江河洪水的搏斗中发展壮大，其间充满了艰辛困苦，付出了巨大牺牲，同时涌现出众多伟大的创造，并孕育出艰苦奋斗、自强不息、无私奉献、百折不挠、勇于担当、敢于战斗、富于创新等精神。这是中华民族的宝贵精神，值得一代代传承与弘扬。

与洪水抗争的漫长历程中，历代各朝逐渐产生形成丰富多彩的治河思想，建成规模宏大、配套完善的江河和城市防洪工程，不断创造出领先时代的工程技术等。在江河防洪工程中，堤防是最主要的手段，自其产生以来，历代兴筑不已，规模越来越大，几乎遍及中国的各大江河水系，形成如黄河大堤、长江大堤、永定河大堤、淮河大堤、珠江大堤、辽河大堤和海塘等堤防工程，并创造了丰富的建设经验，形成完整的堤防制度。

（3）运河工程遗产。指为发展水上运输而开挖的人工河道，以及为维持运河正常运行而修建的水利工程与相关设施。早在2500年前，中国已有发达的水运交通，此后陆续开凿了沟通长江与淮河水系的邗沟、沟通黄河与淮河水系的鸿沟、沟通长江与珠江水系的灵渠，以及纵贯南北的大运河等人工运河。这些人工运河尤其是中国大运河不仅在政治、经济、文化交流及宗教传播等方面发挥着重要作用，而且沟通了中国的政治中心和经济中心，是中国大一统思想与观念的印证；此外，它们还是连接海上丝绸之路与陆上丝绸之路的纽带，在今天的"一带一路"倡议中仍然发挥着重要作用。

在漫长的运河开凿历程中，中国创造出世界上里程最长、规模最大的人工运河；不仅开凿了纵横交错的平原水运网，而且创造出世界运河史上的奇迹——翻山运河；不仅具有在清水条件下通航的丰富经验，而且创造出在多沙水源的运渠中通航的奇迹。

（4）城乡供排水工程遗产。指为供给城乡生活、生产用水和排除区域积水、污水而修建的工程及相关设施。城市的建设规模、空间布局、建筑风格和发展水平往往取决于所在地区的水系分布，独特的水系分布往往赋予城市独特的空间分布特点。如秦都咸阳地跨渭河两岸，渭河上建跨河大桥，整座城市呈现"渭水贯都以象天汉，横桥南渡以法牵牛"的空间布局；宋代开封城有汴河、蔡河、五丈河、金水河等四河环绕或穿城而过，呈现"四水贯都"的空间布局，并成为当时最为繁盛的水运枢纽；山东济南泉源众多，形态各异，出而汇为河流湖泊，因称"泉城"。早期的聚落遗址、都城遗址中都发现有领先当时水平的排水系统。如二里头遗址发现木结构排水暗沟、偃师商城遗址中发现石砌排水暗沟、阿房宫遗址有三孔圆形陶土排水管道；汉长安城则有目前中国最早的砖砌排水暗沟，它在排水管道建筑结构方面具有重大突破。

（5）水土保持工程遗产。指为防治水土流失，保护、改善和合理利用山区、丘陵区水土资源而修建的工程及相关设施。水土保持工程遗产是人们艰难探索水土流失防治历程的有力见证，它主要体现在两个方面：一是工程措施，主要包括水利工程和农田工程，前者主要包括山间蓄水陂塘、拦沙滞沙低坝、引洪淤灌工程等；后者主要包括梯田和区田等。另一类是生物措施，主要是植树造林。

（6）景观水利工程遗产。指为营建各类水景观而修建的水利工程及相关设施。通过恰当的工程措施，与自然山水相融合，将山水之乐融于城市，这是中国古代城镇规划、设计与营建的主要特点。对自然山水的认识和利用，往往影响着一个城镇的特点和气质神韵。古代著名的城镇尤其是古都所在地，大多依托山脉河流规划、设计其城市布局，并辅以一定的水利工程，建设城市水景观，用来构成气势恢宏、风景优美的皇家园林、离宫别苑。如汉唐长安城依托渭、泾、沣、涝、潏、滈、浐、灞八条河流，在城市内外都建有皇家苑囿，形成"八水绕长安"的景观，其中以城南的上林苑最为知名；元明清时期的北京，依托北京西郊的泉源，逐渐建成闻名世界的皇家园林，尤其是三山五园。

（7）水力发电工程遗产。指为将水能转换成电能而修建的工程及相关设施。该类遗产出现的较晚，直至近代才逐渐形成发展。如云南石龙坝水电站、西藏夺底沟水电站等。

（8）河道遗产。指河湖水系形成与变迁过程中留下的古河道、古湖泊、古河口和决口遗址等遗迹，如三江并流、明清黄河故道、罗布泊遗址、铜瓦厢决口等。

（二）非工程类水文化遗产

1.物质形态的水文化遗产

物质形态的水文化遗产指那些看得见、摸得着，具有具体形态的水文化遗产，又可分为不可移动的水文化遗产和可移动的水文化遗产。

（1）不可移动的水文化遗产。不可移动的水文化遗产可分为以下六类：

其一，古遗址。指古代人们在治水活动中留有文化遗存的处所，如新石器时代早期城市的排水系统遗址、山东济宁明清时期的河道总督部院衙署遗址等。

其二，治水名人墓葬。指为纪念治水名人而修建的坟墓，如山西浑源县纪念清道光年间的河东河道总督栗毓美的坟墓、陕西纪念近代治水专家李仪祉的陵园等。

其三，古建筑。指与水或治水实践有关的古建筑。该类遗产中，有的因水利管理而形成，有的是水崇拜的产物，而水崇拜则是水利管理向社会的延伸。因此，它们是水利管理的有力见证，以下三类较具代表性：一是水利管理机构遗产，即古代各级水行政主管部门衙署，以及水利工程建设和运行期间修建的建筑物及相关设施，如江苏淮安江南河道总督部院衙署（今清晏园）、河南武陟嘉应观、河北保定清河道署等。二是水利纪念建筑遗产，即用来纪念、瞻仰和凭吊治水名人名事的特殊建筑或构筑物，如淮安陈潘二公祠、黄河水利博物馆旧址等。三是水崇拜建筑遗产，即古代为求风调雨顺和河清海晏修建的庙观塔寺楼阁等建筑或构筑物，如河南济源济渎庙等。

其四，石刻。指镌刻有与水或治水实践有关文字、图案的碑碣、雕像或摩崖石刻等。该类遗产主要包括以下四类：一是历代刻有治水、管水、颂功或经典治水文章等内容的石碑。二是各种镇水神兽，如湖北荆江大堤铁牛、山西永济蒲州渡唐代铁牛、大运河沿线的趴蝮等。三是治水人物的雕像，如山东嘉祥县武氏祠中的大禹汉画像石等。四是摩崖石刻，如重庆白鹤梁枯水题刻群、长江和黄河沿线的洪水题刻等。

其五，壁画。指人们在墙壁上绘制的有关河流水系或治水实践的图画。如甘肃敦煌莫高窟中，绘有大量展现河西走廊古代水井等水利工程、风雨雷电等自然神的壁画。

其六，近现代重要史迹和代表性建筑。主要指与治水历史事件或治水人物有关的以及具有纪念和教育意义、史料价值的近现代重要史迹、代表性建筑。该类遗产主要包括以下三类：一是红色水文化遗产，如江西瑞金红井、陕西延安幸福渠、河南开封国共黄河归故谈判遗址等。二是近代水利工程遗产，如关中八惠、河南郑州黄河花园口决堤遗址等。三是近代非工程类水文化遗产，如江苏无锡汪胡桢故居、陕西李仪祉陵园、天津华北水利委员会旧址等近代水利建筑。

（2）可移动的水文化遗产。可移动水文化遗产是相对于固定的不可移动的水文化遗产而言的，它们既可伴随原生地而存在，也可从原生地搬运到他处，但其价值不会因此而丧失，该类遗产可分为三类。

其一，水利文献。指记录河湖水系变迁与治理历史的各类资料，主要包括图书、档案、名人手迹、票据、宣传品、碑帖拓本和音像制品等。其中，以图书和档案最具代表性，也最有特色。图书是指1949年前刻印出版的，以传播为目的，贮存江河水利信息的实物。它们是水利文献的主要构成形式，包括各种写本、印本、稿本和钞本等。档案是在治水过程中积累而成的各种形式的、具有保存价值的原始记录，其中以河湖水系、水利工程和水旱灾害档案最具特色。这些档案构成了包括大江大河干支流水系的变迁及其水文水资源状况，水利工程的规划设计、施工、管理和运行情况，流域或区域水旱灾害等内容的时序长达2000多年的数据序列，其载体主要包括历代诏谕、文告、题本、奏折、舆图、文据、书札等。这些档案不仅是珍贵的遗产，而且是有关"在用"水利工程遗产进行维修和管理不可或缺的资料支撑，也是未来有关河段或地区进行规划编制、治理方略制定的历史依据。

其二，涉水艺术品与工艺美术品。指各历史时期以水或治水为主题创作的艺术品和工艺美术品。艺术品大多具有审美性，且具有唯一性或不可复制性等特点，如绘画、书法和雕刻等。宋代画家张择端所绘《清明上河图》，直观展示了宋代都城汴梁城内汴河的河流水文特性、护岸工程、船只过桥及两岸的繁华景象等内容；明代画家陈洪绶所绘《黄流巨津》则以一个黄河渡口为切入点，形象地描绘了黄河水的雄浑气势；北京故宫博物院现藏大禹治水玉山，栩栩如生地表现出大禹凿龙门等施工场景。工艺美术品以实用性为主，兼顾审美性，且不再强调唯一性，如含有黄河水元素的陶器、瓷器、玉器、铜器等器物。陕西半坡遗址中出土的小口尖底瓶，既是陶质器物，也是半坡人创制的最早的尖底汲水容器。

其三，涉水实物。指反映各历史时期、各民族治黄实践过程中有关社会制度、生产生活方式的代表性实物。它主要包括六类：一是传统提水机具和水力机械，又可分为以下三种：利用各种机械原理设计的可以省力的提水机具，如辘轳、桔槔、翻车等；利用水能提水的机具，如水转翻车、筒车等；将水能转化为机械能用来进行农产品加工和手工作业的水力机械，如水碾、水磨、水碓等。二是治水过程中所用的各种器具，如木夯、石夯、石硪、水志桩，以及羊皮筏子等。三是治水过程中所用的传统河工构件，如埽工、柳石枕等。四是近代水利科研仪器、设施设备等，如水尺、水准仪、流速仪等。五是著名治水人物及重大水利工程建设过程中所用的生活用品。六是不可移动水利文化遗产损毁后的剩余残存物等。

2.非物质形态的水文化遗产

非物质形态的水文化遗产是指某一族群在识水、治水、护水、赏水等过程中形成的能够世代相传、反映其特殊生活生产方式的传统文化表现形式及其相关的实物和场所。

（1）口头传统和表述。指产生并流传于民间社会，最能反映其情感和审美情趣的与治水、护水等内容有关的文学作品。它主要分为散文体和韵文体民间文学，前者主要包括神话、传说、故事、寓言等，如夸父逐日和精卫填海神话、江河湖海之神的设置、大禹治水传说等；后者主要包括诗词、歌谣、谚语等。

（2）表演艺术。指通过表演完成的与水旱灾害、治水等内容有关的艺术形式，主要包括说唱、戏剧、歌舞、音乐和杂技等。如京剧《西门豹》《泗州》等，民间音乐如黄河号子、夯硪号子、船工号子等。

（3）传统河工技术与工艺。指产生并流传于各流域或各地区，反映并高度体现其治河水平的河工技术与工艺。它们大多具有因地制宜的特点，有的沿用至今，如黄河流域的双重堤防系统、埽工、柳石枕、黄河水车；岷江的竹笼、杩槎等。

（4）知识和实践。指在治水实践和日常生活中积累起来的与水或治水有关的各类知识的总和，如古代对黄河泥沙运行规律的认识，古代对水循环的认识，古代报汛制度等知识和实践。

（5）社会风俗、礼仪、节庆。指在治水实践和日常生活中形成并世代传承的民俗生活、岁时活动、节日庆典、传统仪式及其他习俗，如四川都江堰放水节、云南傣族泼水节等。

三、本丛书的结构安排

本丛书拟系统介绍从全国范围内遴选出的各类水文化遗产的历史沿革、遗产概况、综合价值和保护现状等，以向读者展现其悠久的历史、富有创新的工程技术和深厚的文化底蕴，在系统了解各类现存水文化遗产的基础上，了解中国水利发展历程及其科技成就和历史地位，了解水利与社会、经济、环境、生态和景观的关系，感受水利对区域文化的强大衍生作用，了解水利对中华民族和文明形成、发展和壮大的重要作用，从而提高其对水文化遗产价值的认知，并自觉参与到水文化遗产的保护工作中，使这些不可再生的遗产资源得以有效保护和持续利用。

本丛书共分为6册，为方便叙述，按以下内容进行分类撰写：

《水利工程遗产（上）》主要介绍灌溉工程遗产与防洪工程遗产。

《水利工程遗产（中）》主要介绍以大运河为主的运河工程遗产。

《水利工程遗产（下）》主要介绍水力发电工程遗产、供水工程遗产、水土保持工程遗产、水利景观工程遗产、水利机械和水利技术等。

《文学艺术遗产》主要介绍与水或治水有关的神话、传说、水神、诗歌、散文、游记、楹联、传统音乐、戏曲、绘画、书法和器物等。

《管理纪事遗产》主要介绍水利管理与纪念建筑、水利碑刻、法规制度和特色水利文献等。

《风俗礼仪遗产》主要介绍水神祭祀建筑、人物祭祀建筑、历代镇水建筑、镇水神兽和水事活动等。

本丛书从选题策划、项目申请，再到编撰组织、图片收集、专家审核等历经5年之久，其中经历多次大改、反复调整。在这漫长的编写过程中，得到了中国水利水电科学研究院、华北水利水电大学、中国水利水电出版社等单位在编撰组织、图书出版方面的大力支持，多位专家在水文化遗产分类与丛书框架结构方面提供了宝贵建议，在此一并表示真挚的感谢。

同时还要感谢水利部精神文明建设指导委员会办公室、陕西省水利厅机关党委、江苏省水利厅河道管理局在丛书资料图片收集工作中给予的大力帮助；感谢多位摄影师不辞辛劳地完成专题拍摄，也感谢那些引用其图片、虽注明出处但未能取得联系的摄影师。

期望本丛书的出版，能够为中国水文化遗产保护与传承、进而助力中华优秀传统文化的研究与发扬做出独特贡献，同时也期待广大读者朋友多提宝贵意见，共同提升丛书质量，推动水文化广泛传播。

丛书编写组

2022年10月

水是生存之本，文明之源。兴水利、除水害，事关人类生存、经济发展、社会进步，历来是治国安邦的大事。勤劳、勇敢、智慧的中国人民在长期的水事活动中总结出"利用水而防止水灾害、用水而得利益和便利交通"的经验，修建了蔚为壮观的水利工程，留下了不胜枚举的水利遗产。水利工程是中华水文化的重要组成部分，也是水利遗产不可或缺的重要内容。诸多水利工程被列入"世界文化遗产""世界灌溉工程遗产""全球重要农业文化遗产""国家水利遗产"等世界和国家级遗产名录。

水利部党组高度重视水利遗产建设，《水利部关于加快推进水文化建设的指导意见》指出要"切实加强水利遗产的保护和利用，促进中华优秀治水文化保护传承"。2022年，水利部颁布的《"十四五"水文化建设规划》中明确提出：加快推进水利遗产的系统保护，开展重要水利遗产调查，推动重要水利遗产申遗，开展水利遗产认定工作，强化水利遗产保护的技术支撑。由国家出版基金资助并列入"十三五"国家重点图书、音像、电子出版物出版规划的"中国水文化遗产图录"丛书，是积极践行《"十四五"水文化建设规划》的成果，是普及宣传水文化遗产、传承保护水利遗产、讲好水利故事的创新之作，为推动新阶段水利高质量发展凝聚了精神力量。

通过梳理我国古代水利工程发展史，不难发现，古代水利工程主要有三类。一是灌溉排水工程。我国南北的地形和气候有明显的差异。华北地区平原广袤，降水量较少，年降水量为500~700毫米，河流分布密度小，自古以来多兴建长距离的渠道引水工程灌溉农田；南方丘陵山地起伏崎岖，但降水量颇丰，年降水量为1200~1600毫米，多修筑塘堰蓄积当地径流；淮河、汉水流域处于南北过渡区，上中游分布有丘陵盆地和微起伏的高平原，年降水量为800~1000毫米，水利工程类型多为陂塘与渠道相结合的灌溉系统。截至2022年10月底，我国现有30处古代灌溉工程列入世界灌溉工程遗产名录，分布于四川、浙江、福建、湖南、安徽、陕西、江西、宁夏、广西、湖北、内蒙古、广东、江苏等省（自治区）。二是治河防洪工程，主要是河堤、防洪墙和海塘，重点分布在黄河下游地区、长江流域和华北地区。三是水运交通工程，以沟通海河、黄河、淮河、长江、珠江等水系的水运网为代表。

基于此，本书作为"中国水文化遗产图录"丛书中第一册，以灌溉工程和防洪工程为主。第1章"灌溉工程"，重点介绍引水灌溉工程、古灌区、灌溉井泉工程、陂塘堰坝、拒咸蓄淡工程、塘浦圩垸工程和机电排灌站等七大类共61个代表性灌溉工程遗产；第2章"防洪工程"，重点介绍大江大河防洪工程、城市防洪工程和海塘等三大类共20个代表性防洪工程遗产。本书写作的基本思路是"总述-分述"方法：首先在一级章节标题下概述其发展历程、特点和历史地位；然后，具体介绍各个水利工程遗产，先概述工程的位置、修建时间、历史地位等，接着阐释工程修建和改扩建过程、工程特点、工程技术、工程价值和效益。书后附有参考文献。本书分为两章10节。其中，前言、第1章的第1节至第3节、第4节的1.4.1~1.4.4部分、参考文献由贾兵强完成，其余章节内容由尚群昌完成。前言、第1章的第1节至第4节、参考文献由尚群昌审阅，其余章节内容由贾兵强审阅。贾兵强负责全书统稿工作。

本书凝聚了多位学者的才智，是集体智慧的结晶。在写作过程中，中国水利水电科学研究院王英华研究员对本书的框架结构、写作风格及资料收集等给予悉心指导。中华水文化专家委员会委员、华北水利水电大学水文化研究中心首席专家朱海风教授对本书的撰写提出建设性意见。同时，在本书的写作和出版过程中，中国水利水电出版社水文化出版事业部主任李亮，以及中国水利学会水利史研究会、黄河文化研究会和华北水利水电大学有关专家、学者等给予了大力支持和指导。中国水利水电出版社的编辑王若明、李康等为本书的出版付出了辛劳。张嘉鸣、陈婕、宋俊博、郑梦薇和吕栋为书稿的图文资料收集整理投入诸多精力。在本书付梓之际，我们向所有支持帮助本书出版的前辈、师友们表示诚挚的谢意。

在编撰本书过程中，我们参阅了大量文献和图片资料，并尽可能在书中附注相应的参考文献和摄影师以表尊重，在此谨向这些文献的作者一并致谢。

由于水利工程涉及面比较广，特别是普及推广类图书的编写需要结合实际、图文并茂地介绍古代水利工程，编撰难度较大。同时，水利遗产的研究涉及多个学科且内容繁杂，加之作者的知识水平有限，本书难免存在不足之处，敬请各位读者批评指正。

作者

2022年10月

1

灌 溉 工 程

江河湖泊孕育了中华文明，丰富的水资源滋养了中国农业，但历史上旱涝灾害频现也对农业生产造成了严重威胁，古代科技相对落后，黄河流域、长江流域、淮河流域水患频发，导致村落淹没、农业歉收，百姓流离失所。因此，为了社会稳定发展、百姓安居立业，我国历朝历代把农田水利作为兴修水利、治国理政的重要工作，兴建了不少水利工程，使我国成为灌溉工程遗产类型最丰富、分布最广泛、灌溉效益最突出的国家。从5000多年前良渚古城的水利灌溉渠系，到3000年前的大禹治水，我国农田水利事业历史悠久。我国古代因地制宜地创造了多种形式的农田水利工程，如享誉世界、历经2200多年的都江堰，使成都平原成为水旱从人、沃野千里的"天府之国"；还有最早在关中建设的大型水利工程郑国渠，以及我国最早的多首制灌溉工程——战国初期由西门豹主持兴建的引漳十二渠。

古代农田水利工程大体经历了拦洪建坝、蓄水引水、沟洫灌溉的发展过程。依据中国古代灌溉工程技术发展的五个历史阶段划分方法，中国灌溉水利工程发展分为新石器时代至夏、商、西周灌溉工程，战国至西汉时期灌溉工程，东汉至南北朝时期灌溉工程，唐、宋时期灌溉工程，元、明、清时期灌溉工程等5个阶段。下面分别从5个阶段来概述我国灌溉工程发展轨迹。

第一阶段：新石器时代至夏、商、西周灌溉工程

文字可记载的最早的水利活动发源于距今7000年前的新石器时代中晚期。那时远古人类择丘陵而处、逐水草而居、刳木为舟、结网而渔、抱瓮灌园，于是产生了防洪、供水、航运、水产、灌溉等问题。距今5300~4300年，长江流域已出现系统而复杂的大型水利系统——良渚古城水利工程，具有防洪、运输、用水、灌溉等综合功能，是中国现存最早的大型水利工程，也是世界上最早的"拦洪水坝"系统。

距今3600年左右，大禹已经发明沟洫，但限于当时的生产力水平，没有得到很大发展。至周代，农田沟洫逐渐形成系统并趋完善。据《周礼》记载，按功用和所控制的灌溉面积不同，沟洫可分为浍、洫、沟、遂、畎、列等类型，分别起着向农田引水、输水、配水、灌水及从农田排水的作用，形成有灌有排的农田水利灌溉系统。西周时期，黄河中游的关中地区已经有较多的小型灌溉工程；东周之后，随着铁制农具的使用和推广，水利工程的规模也逐渐扩大，除了直接从河流中引水灌溉外，还出现了人工蓄水陂池，即在天然湖沼洼地周围人工修筑堤防，构成小型蓄水库，用来调蓄河水和天然降水以提高灌溉能力。

第二阶段：战国至西汉时期灌溉工程

战国至西汉时期农田水利建设蓬勃兴起，出现了大型的渠系。

战国时期在海河流域，魏国邺令西门豹在今河北临漳一带主持兴建了中国最早的大型渠系——漳河十二渠；由于漳水含有较多的泥沙，及丰富的有机和无机养分，该渠的兴建不仅发展了灌溉，而且肥沃了农田、改良了土壤。在长江流域，秦国蜀郡太守李冰在成都平原修建了都江堰水利工程，都江堰主要由鱼嘴、宝瓶口和飞沙堰三部分组成；鱼嘴是位于江中的分水堤，它将岷江水一分为二，宝瓶口是内江进水口门，起到节制进入灌区水量的作用，飞沙堰则是内江溢洪道，三者组成完整的灌溉引水枢纽工程，除灌溉外，都江堰在防洪、航运上也发挥着效益。在黄河流域，韩国的水工郑国兴建郑国渠，西引泾水，东注洛水，干渠全长300余里，灌溉面积大概4万余顷。

西汉时期，关中地区渠系建设进一步发展。和郑国渠齐名的白渠建于汉武帝太始二年（公元前95年），

灌溉面积约4500余顷。辅助郑国渠灌溉的还有六辅渠。在渭水及其支流上则有成国渠、蒙茏渠、灵轵渠等。引洛水的灌溉工程有以井渠施工技术著称的龙首渠。

除上述大型渠系外，陂塘蓄水、陂渠串联、水库蓄水、坎儿井及凿井等灌溉工程也相继兴起。陂塘蓄水工程仍以东周时建成并屡经修浚的芍陂为代表。陂渠串联的工程型式在淮河和汉水流域一带较发达，以战国末年在今湖北宜城建成的白起渠和六门陂为代表。其中，白起渠利用这一地形从汉水支流蛮河开渠引水，将分散的蓄水陂塘与渠系串联起来，提高了灌区的灌溉保证率。山西太原西南地区晋水流域的智伯渠，也是一座能有效调节河水的灌溉水库。坎儿井则是新疆吐鲁番盆地一带引取渗入地下的雪水进行灌溉的特殊工程型式，西汉时期已见诸记载。用于农田灌溉的水井在今河南的战国遗址中也有发现。

第三阶段：东汉至南北朝时期灌溉工程

东汉至南北朝时期，海河、黄河、淮河、长江、钱塘江诸流域水利灌溉工程建设均有发展，其中尤以淮河流域的陂塘建设成就最为突出。东汉以后，曹魏在淮河南北大兴屯田，修建陂塘和排涝工程。当时为发展稻田，还曾开凿广漕渠及淮阳、百尺二渠引汴水接济颍水，以补本地区水量的不足。除淮河流域外，南阳唐白河流域的陂塘也较发达。

长江流域，东吴和南朝先后在建康（今江苏南京）附近兴修了许多水利工程，其中位于句容县的赤山塘（唐代改名"绛岩湖"）规模最大，能够灌溉农田近万顷。晋代，在今丹阳所修的练塘及今镇江东南的新丰塘灌溉面积也都有数百顷之多。东汉顺帝永和五年（140年），会稽太守马臻在钱塘江流域修建的绍兴鉴湖，直至南宋时期一直发挥着灌溉和防洪效益。此外，还有东汉时期修建的湖州荻塘、吴兴塘及长兴的西湖，以及南朝时期修建的瓯江丽水通济堰等。东汉末年，益州太守文齐主持建造陂池，开云南水利的先河。

在西北地区，河西走廊的内陆河灌溉及今内蒙古一带的引黄渠系得到迅速发展。特别是北魏太平真君五年（444年），在今宁夏吴忠一带利用前代旧渠兴建引黄河水的艾山渠规模最大。在华北地区，除广泛修浚旧有渠道外，东汉初年张湛在今北京密云、顺义一带引潮白河水灌溉，效益显著。三国曹魏嘉平二年（250年），在永定河上兴建的戾陵堰灌区，灌溉面积约万余顷，有力助推了北京的早期发展。此外，引漳灌溉、丹沁流域灌溉，以及山东、山西地区的灌溉也有不同程度的发展。

第四阶段：唐、宋时期灌溉工程

在南方地区，除引水渠系的维修和兴建外，主要有蓄水塘堰、拒咸蓄淡工程和滨湖圩田等。蓄水塘堰主要分布在浙江、福建等地，如浙江鄞县东钱湖、广德湖、小江湖等工程均创自唐代，其中东钱湖灌田20余万亩，至今兴利。今浙江宁波兴建的它山堰和福建莆田的木兰陂，就是用闸坝建筑物抵御海潮入侵，蓄引内河淡水灌溉的一种特殊工程型式。太湖圩田是这一时期江南水利成就最大、功效最突出的水利设施，一般是在滨湖、滨河区用圩岸隔开湖水形成，一圩往往方圆数十里。圩岸上建闸，圩内有人工开挖的形如网络状的塘浦灌溉渠系，旱则开闸引水灌溉，圩外水位过高则闭闸拒水，低田可自流引灌，高田则借助水车提水灌溉。除太湖流域外，这一时期湖南、湖北、安徽沿江地区也有圩田兴作。

在北方地区，以关中为代表的黄河流域渠系工程持续发展，河套地区、河西走廊及汾河流域兴建较多。在海河流域，唐代主要是排水防涝；北宋时，利用东起天津、静海，西至保定、徐水的淀泊发展稻田，但收益有限；此外，还进行大规模农田放淤。据统计，宋代在今山西中部和南部引山洪淤灌，淤出良田1.8万多顷。

第五阶段：元、明、清时期灌溉工程

元、明、清时期，普遍是由地方自办的农田水利，兴修的大型工程较少。在江南地区，继太湖圩田之后，两湖垸田和珠江三角洲堤围迅速兴起，垸田的形制和江南圩田类似，始修于南宋和元代，而其大发展则在明、清时期，两湖垸田以湖北荆江和湖南洞庭湖一带最为集中。珠江三角洲堤围又称圩垸基围，始于宋代，当时主要在西江及其支流两岸建围，明代时期，这一带基围迅速发展，不仅沿西、北、东三江及其支流两岸修筑，而且进一步向滨海发展。清代时基围又较明代时成倍增长，当时沿海一带还出现了人工打坝、种苇促进海滩淤张以扩大基围范围的情况。南海县（今广州市）相传建于北宋末年的桑园围就是面积达15万亩的大围。

在西北边疆地区，清乾隆年间及之后为加强边疆防务，在新疆大兴屯田，相应的农田水利建设也有发展。清嘉庆七年（1802年），在惠远城今伊宁市西伊犁河北岸开渠引水灌田数万亩。从此，农田灌溉渠系在今哈密、吐鲁番等地都有兴修。清代后期，坎儿井修建有了很大发展。清道光二十五年（1845年），林则徐主持修建伊拉里克一带坎儿井近百座，清光绪初年，左宗棠在吐鲁番地区又增开坎儿井185座，此后坎儿井曾推广到哈密、库车、鄯善等地，一般每口井可灌溉几十至几百亩农田。

在宁夏地区，元代郭守敬倡导将前代灌区，包括唐来渠长400里、汉延渠长250里及其他10个灌区加以恢复，共灌田900多万亩。清康熙、雍正年间，又新建大清渠和惠农渠，与唐来渠、汉延渠合称"四大渠"。宁夏因得引黄灌溉之利，农业渐趋兴盛，遂有"天下黄河富宁夏"之说。在西南地区，元朝初期开挖金汁河灌溉昆明坝子农田，还在注入滇池的其余诸河上建闸开渠、发展灌溉，水利效益延续至今。此外，东南地区海塘建设进一步发展，贵州的陂塘和台湾的塘堰建设在明清时期也有相当大的规模。清康熙五十八年（1719年），建于今台湾省彰化市南的八堡圳和曹公圳，至今还发挥着农田灌溉作用。

综上所述，我国灌溉工程的建设发展伴随和支撑着中华文明的历史发展，特有的自然气候条件使灌溉成为中国农业经济发展的基础支撑。历史上建设了数量众多、类型多样、区域特色鲜明的灌溉工程，许多至今仍在发挥作用。根据水源多寡和位置，农田水利灌溉取水方式也不相同：以地表水为灌溉水源时，按水源条件和灌区的相对位置，可分为自流灌溉、蓄水灌溉、引水灌溉和提水灌溉；以地下水为灌溉水源时，可分为打井灌溉和泉水灌溉。下面，从引水灌溉工程、古灌区、灌溉井泉工程、陂塘堰坝、挡潮蓄淡工程、塘浦圩垸工程和机电排灌站等七个方面，选取有代表性的水利工程遗产进行介绍。

1.1 引水灌溉工程

所谓水利，就是引水而得利。很早以前，古人就已经想到过引水灌溉，但当时并没有形成什么工程，只是简单地引一些沟渠水到农田里。我国关于引水灌田最早的记载可见《诗经·小雅》中的"彪池北流，浸彼稻田"。从中可知，周朝时期人们就开始引水灌溉，这是最早的引水灌溉工程的雏形。首倡兴修农田水利工程的是战国时期的魏国人李悝，《事物纪原·利源调度·水利》中有记载："井田废，沟洫堙，水利所以作也……本起于魏李悝。"

战国时期，秦国修建的三大水利工程——都江堰、郑国渠和灵渠举世闻名。除灵渠属于运河航远外，都江堰和郑国渠都是引水灌溉工程的代表。位于四川省成都市都江堰市城西的都江堰，是全世界迄今为止年代最

久、唯一留存、仍在使用、以无坝引水为特征的宏大水利工程，是世界文化遗产、世界灌溉工程遗产、全国重点文物保护单位、国家级风景名胜区及国家AAAAA级旅游景区。李冰父子修建的都江堰充分体现了尊重自然、因势利导、因地制宜的理念，通过工程合理布局，以最小的工程量成功解决了分水、引水、泄洪、排沙等一系列技术难题，体现了人与自然和谐共生的传统治水哲学。位于陕西省泾阳县西北25千米泾河北岸的郑国渠西引泾水、东注洛水，长达 300 余里，是秦国最早在关中建设的大型水利工程。2016年，郑国渠被列入世界灌溉工程遗产名录，成为陕西省第一处世界灌溉工程遗产。

《史记·滑稽列传》中记载，战国时期魏国人西门豹"发民凿十二渠，引河水灌民田，田皆溉……至今皆得水利，民人以给足富"，说的就是著名的"引漳十二渠"，是战国初期以漳水为源的大型引水灌溉渠系，灌区在漳河以南（今河南省安阳市北）。西门豹引漳水溉田时发现，邺（今河北省临漳县）地官绅和巫婆勾结、编造河伯娶亲的故事危害百姓。因此，工程修建前西门豹决心首先破除迷信、惩凶除恶、动员群众，随后查勘地形、科学规划，组织开凿十二渠。西门豹治水秉持科学精神，充分考虑漳水多泥沙的特性，遵循河流规律并加以引导利用，至今依然具有十分重要的借鉴意义。

位于长江中游北岸沮漳河流域的"华夏第一渠"白起渠，源于湖北省襄阳市南漳县，渠首位于武安镇谢家台村，向东南流至宜城市的郭海村，全长49.3千米，号称"百里长渠"。据记载，公元前279年，秦国大将白起领兵进攻楚王城时，曾以此渠引水而攻之，因此得名"白起渠"。2018年8月，湖北襄阳长渠（白起渠）被列入世界灌溉工程遗产名录，成为湖北省首个世界灌溉工程遗产。隋代修建的福建黄鞠灌溉工程，是迄今发现的系统最完备、技术水平最高的隋代灌溉工程遗址，是古代南方山丘区水利工程和民间自筹修建、政府指导管理的典范工程，也是福建省首个世界灌溉工程遗产。

另外，位于韩江下游的古代著名灌溉航运工程广东省潮安县三利溪水利工程、古代江南最大的水利工程浙江绍兴鉴湖、西北地区的人工河渠新疆伊犁皇渠和伊宁察布查尔渠，在我国水利灌溉工程遗产中均居重要地位。

上述引水灌溉工程中，都江堰的修建者李冰、引漳十二渠修建者西门豹和绍兴鉴湖修建者马臻于2020年12月入选水利部评选的首批12位"历史治水名人"名录。

1.1.1 陕西泾阳郑国渠

郑国渠是秦始皇元年（公元前246年）秦王政采纳韩国水利专家郑国的建议开凿的，历经10年修建而成。郑国渠位于今陕西省泾阳县西北25千米的泾河北岸，流经泾阳、三原、高陵、临潼、闫良等县，绵延124千米，是最早在关中建设的大型水利工程，也是我国古代修建的最长灌溉渠道。郑国渠充分利用了关中平原西北高、东南低的地形特点，在礼泉县东北的谷口开始修干渠，使干渠沿北面山脚向东伸展，很自然地把干渠分布在灌溉区最高地带，不仅最大限度地控制灌溉面积，而且形成了全部自流

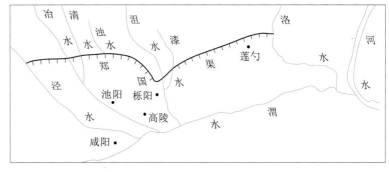

郑国渠路线示意图（据《史记·河渠书》推测）

灌溉系统，可灌田4万余顷。

郑国渠开凿以来，由于泥沙淤积，干渠首部逐渐填高，水流不能入渠，历代以来在谷口附近不断改变河水入渠处，但谷口以下的干渠渠道始终不变。郑国渠与之后修凿的白渠、六辅渠等水利工程，构成了一个既引泾入洛又引泾入渭的规模宏大的灌溉水系，是我国水利史和科技史上的重要里程碑。郑国渠自秦国开凿以来，历经多个朝代的建设，先后有白渠、郑白渠、丰利渠、王御使渠、广惠渠、泾惠渠，造益当地。

（1）修建缘由。

在齐、楚、燕、韩、赵、魏、秦"七雄"中，到战国末期只有秦国具有统一六国、称霸天下的能力。在实现统一历史进程中，秦国首先灭掉韩国，因为韩国所处的位置正好控制了秦国东出函谷关到黄河下游地区进军中原腹地的交通要道。公元前249年，秦国夺取了韩国都城新郑（今河南新郑市）的重镇成皋、荥阳，韩国危在旦夕。公元前246

郑国像（税晓洁 摄）

年，韩桓王派著名的水利工程人员郑国入秦，游说秦国在泾水和渭水间穿凿一条大型灌溉渠道。在韩国看来，大规模兴修水利，让秦国人力财力在短时间内都被占用、消耗，是使秦国疲乏、救亡图存的好办法，也就是历史上有名的"疲秦之计"。

关中平原是秦国开国立业之地，当时还没有大型的水利工程，为增强综合国力，以便在统一战争中立于不败之地，秦国很需要发展关中的农田水利，以提高粮食产量。所以，当郑国提出修建水利工程的建议时，本来就想发展水利的秦国很快地采纳了郑国的建议；并立即征集大量的人力和物力，任命郑国主持兴建这一工程。在施工过程中，韩国"疲秦"的阴谋败露，秦王大怒，要杀郑国。郑国说："我刚来的时候，的确是以间谍的身份过来的，打算利用修渠拖慢秦国的步伐，可是等到河渠修好了，那受益的难道不是大秦吗？我修渠为韩国只延续了几年的寿命，却为大秦建立了万世的功劳。"秦始皇认为郑国说的很有道理，另外，秦国的水工技术还比较落后，需要郑国支持。秦始皇不仅没有杀掉郑国，反而让他继续主持修渠工作。经过十多年的努力，全渠完工，秦始皇又用郑国的名字为这条渠命名，称之为"郑国渠"。

（2）工程概况。

郑国渠开历代引泾灌溉之先河，是最为艰巨的水利工程之一，郑国在主持修建郑国渠过程中表现出杰出的智慧和才能。修筑郑国渠除了政治、军事上的需要，也因有良好的自然条件，尤其是地形优势。经过实地勘察，郑国将目光锁定在泾河出山口的张家山之上，这里平原与平川接壤的落差正是建造一处大型水利工程的绝佳之地。这里地势较高、水流湍急，郑国在瓠口筑石堰坝，拦截泾水入渠，利用西北微高、东西略低的有利地形，使主干渠沿北山南麓自西向东伸展，很自然地把干渠凿在郑国渠的最高地带，最大限度地拓展了灌溉面积。《史记·河渠书》《汉书·沟洫志》记载："郑国渠渠首工程，东起中山，西到瓠口。"中山、瓠口后来分别被称为"仲山""谷口"，都位于泾县西北，隔着泾水东西相望。1985—1986年，考古工作者对郑国渠渠首工程进行实地调查，经勘测和钻探，发现了当年拦截泾水的大坝残余。它东起距泾水东岸1800米的高坡"尖嘴"，西迄距泾水西岸100多米的王里湾村南边的山头，全长2300多米。其中河床上长350米的大坝早被洪水冲毁，已经无迹可寻，而其他残存部分历历可见。经测定，这些残部底宽尚有100多米，顶宽1~20米不等，残高6米。1996年，郑国渠渠首遗址成为全国重点文物保护单位。

泾河栈道（一）

郑国渠修成后，大大改变了关中的农业生产面貌。干旱多碱的渭北平原，终于有了河流的灌溉，一向落后的关中农业，迅速发达兴旺。郑国渠运行几年后，出现了"溉泽卤之地四万余顷，收皆亩一钟"的喜人场面。灌水对土壤的盐分有溶解和洗涤的作用，而泾水所含的大量泥沙流入农田后，沉积在地表，则发挥了淤地压碱的作用，泥沙中的有机质也增强了土地的肥力。雨量稀少、土地贫瘠的关中，变得富甲天下，正所谓"郑国千秋业，百世功在农"。

（3）历史地位。

郑国渠的作用不仅仅在于它发挥灌溉效益的100余年，而且还在于首开引泾灌溉之先河，对后世引泾灌溉具有深远的影响。秦以后，历代继续在这里完善其水利设施，先后历经汉代的白公渠、唐代的三白渠、宋代的丰利渠、元代的王御史渠、明代的广惠渠和通济渠、清代的龙洞渠等渠道。汉代民谣"田於何所？池阳、谷口。郑国在前，白渠起后。举锸为云，决渠为雨。泾水一石，其泥数斗，且溉且粪，长我禾黍。衣食京师，亿万之口"称颂的就是引泾工程。

泾阳郑国渠局部（税晓洁　摄）

　　1929年陕西关中发生大旱，三年六料不收，饿殍遍野。引泾灌溉，急若燃眉。我国近代著名水利专家李仪祉先生临危受命，毅然决然地挑起在郑国渠遗址上修泾惠渠的千秋重任。在李仪祉先生的亲自主持下，此渠于1930年12月破土动工，数千民工辛劳苦干，历时近两年，终于修成了如今的泾惠渠。1932年6月，泾惠渠放水灌田，引水量16米³/秒，可灌溉60万亩❶土地，从此开始继续造福百姓。

泾河栈道（二）

---

❶　1亩=（10000/15）米²≈666.67米²。

郑国渠自秦国开凿以来，至今造福当地。引泾渠首除历代故渠外，还有大量的碑刻文献，堪称蕴藏丰富的"中国水利断代史博物馆"，现已列入国家级文物保护单位。

1.1.2 四川成都都江堰

始建于秦昭王末年的都江堰，是秦蜀郡太守李冰父子在前人开凿鳖灵的基础上组织修建的大型水利工程。都江堰位于四川省成都市都江堰市城西，坐落在成都平原西部的岷江上，是全世界至今为止年代最久远、唯一留存、以无坝引水为特征的宏大水利工程。它与郑国渠、坎儿井等都是中国古代著名的人工引水体系。都江堰水利工程科学地解决了江水自动分流、自动排沙、控制进水流量等问题，消除了水患，使得川西平原成为了水旱从人的"天府之国"。都江堰具有"历史跨度大、工程规模大、科技含量大、灌区范围大、社会经济效益大"的特点。2017年，都江堰水利工程入选水利部国家水情教育基地。2018年8月，都江堰水利工程被列入世界灌溉工程遗产名录；2021年10月，都江堰水利工程申报首批国家水利遗产。

江泽民同志为都江堰题名（曾伏龙 摄）

（1）修建缘由。

都江堰位于四川盆地西部边缘和横断山脉东部边缘交汇处、由川西北高原河道进入川西冲积平原的位置。岷江是长江上游一条较大的支流，发源于四川北部高山地区。每当春夏山洪暴发之时，江水奔腾而下，从灌县进入成都平原，由于河道狭窄，古时常常引起洪灾，洪水一退，又是沙石千里。灌县岷江东岸的玉垒山阻碍江水东流，造成东旱西涝。岷江上游流经地势陡峻的高山峡谷，水流湍急，还挟带大量泥沙，一过灌县城就到了成都平原，巨大的水流四散而去，流速突然减慢，泥沙和岩石沉积下来，淤塞河道，蔓延田野，往往造成灾害。

公元前316年，秦惠文王采纳了大将司马错"得蜀则得楚，楚亡则天下定矣"的军事主张，举兵灭掉了蜀国。公元前280年的秋天，秦灭蜀30年后，大将司马错在蜀国的首府成都集齐10万人马，以1万艘战船的浩荡之势从岷江上游出发，顺水进入长江，南下东攻楚国，然而在夺取了楚国的商於（今重庆市涪陵区）后，军队却因粮草和兵马不能及时补充，在商於陷入瘫痪，无法继续深入楚国。虽然巴山、秦岭造就了四川盆地物阜民丰的自然环境，但其兵马、粮草所在地成都距离地处汶山的岷江码头甚远，因大山阻隔，交通运输极为不便。要实现运输通畅就必须使岷江改道，贯通至成都的水路。而自古以来岷江喜怒无常、难以捉摸，孕育了巴蜀文明却又给巴蜀地区带来毁灭性灾难。鉴于战时水运需要、粮草大后方农业需求及岷江水患威胁，公元前272年，秦王敕命30岁的李冰为蜀郡守，担负起治理岷江、主持修筑古堰的重任。公元前256年，都江堰胜利完工。

都江堰水利工程科学地解决了江水自动分流、自动排沙、控制进水流量等问题，消除了水患。宝瓶口引水工程完成后，虽然起到了分流和灌溉的作用，但因江东地势较高，江水难以流入宝瓶口，李冰率众又在离玉垒山不远的岷江上游和江心筑分水堰，用装满卵石的大竹笼在江心堆成一个狭长的小岛，形如鱼嘴，岷江流经鱼嘴，被分为内外两江。外江仍循原流，内江经人工造渠，通过宝瓶口流入成都平原。

玉垒山是阻碍岷江东流北上的障碍，加剧了川西平原的洪涝和干旱。李冰决定，在玉垒山上挖出一条河道。事实证明，玉垒山上开出的宝瓶口及离堆，千百年来不仅经受住了大小洪水的冲刷，还稳稳顶住了上游漂下的大量粗大乔木的巨大冲击。

都江堰市的李冰父子像

玉垒山是宝瓶口的位置所在，也是这个水利工程的建筑材料——山石的来源。这里的山石几乎全是砾石，相当坚硬。在当时的技术条件下，李冰采用了烧石泼水的办法，用8年时间挖通宝瓶口：在山石上架木柴，大火燃烧到山石温度极高时，用水泼上去，山石在热冷温差的作用下，靠火的那层爆裂成碎片，然后将它挖去。最终，形成了一条宽20米、深40米、长80米的水口河道。因为它的来之不易和重要作用，且形如瓶口，故人称"宝瓶口"。

建造都江堰水利工程，都是就地取材。如金刚堤鱼嘴上的石笼，是利用四川盆地极为普遍的慈竹。慈竹较长，做成篾条可以编制绳索，韧性较好，也耐水浸泡。用慈竹编成长条形石笼，再装入江中的鹅卵石，就成了最好的堤坝。

杩槎和羊圈的制作、使用也自然而巧妙。一者用于拦挡大水，保护金刚堤及宝瓶口的安全，二者调节水流走向和流量。杩槎也叫木马，是用三根木头扎成的三脚架；羊圈是竹木编成的桶状大笼，立于水里，中填卵石。两种方法一直沿用至1974年修建现代水闸为止。

由于宝瓶口通道狭窄而位置又不在正中，所以内江水直冲离堆，离堆对水流的顶托和飞沙堰的侧流会在离堆前面形成一种横向旋流，称为"壅水"，能将水中沙石从飞沙堰卷出，避免了宝瓶口及下游河道的淤塞。洪水越大，飞沙堰排沙石的力就越大，甚至可以排出直径30厘米的卵石。这就是所谓的"二八分沙"，即八成沙石都被排了出去。而据四川大学的专家测算，沙石的自动排出率达98%，被全世界水利专家称为"不可思议的奇迹"。

当然，还是有少量上游来的沙石滞留下来。据此，李冰总结出"深淘滩，低作堰"的六字诀。这里的"滩"，指凤栖窝的一段河床。深淘滩，就是每年岁修时，河床淘沙要淘到一定深度，淘得过深，宝瓶口进水量偏大，会造成涝灾；淘得过浅，宝瓶口进水量不足，难以保证灌溉。为此，相传李冰在河床下埋石马，作为深淘标志。低作堰，是指飞沙堰在修筑时，堰顶宜低作，便于排洪排沙，起到"引水以灌田，分洪以减灾"的作用。飞沙堰高度一般是高出江底河床2米左右。北宋时，"六字诀"改为"深淘滩，低作堰"，更易懂。"淘滩"就是在江底淘沙石，即"岁修"，时间在每年霜降至立春，此时岷江属于枯水期，便于掏挖作业；同时，川西平原进入冬季，农作物需水量大减，通过地下水如井水及自然降水完全可以解决。

（2）工程概况。

都江堰水利工程分为渠首和灌区两大部分。李冰将渠首建在岷江进入成都平原的出山口，渠首高而灌区低，经过渠首三大主体工程鱼嘴分水堤、飞沙堰溢洪道、宝瓶口引水口，有效保存河流本身和流域的原始生态，成功运用自然弯道形成的流体引力，自动引水、泄洪排沙，形成自流灌溉良性系统，具有"分四六，平潦旱"的功效。

1）鱼嘴分水工程。鱼嘴分水工程由鱼嘴与分水堤（也称内外金刚堤）组成，古代也称"楗尾堰""象鼻"等。它是都江堰的第一道分水工程，将岷江分为内外二江，内江为人工引水渠，外江即岷江正流。

宝瓶口引水工程完成后，虽然起到了分流和引水灌溉的作用，但因江东地势较高，江水难以流入宝瓶口，李冰在离玉垒山数百米的岷江上游和江心筑分水堰，用装满卵石的大竹笼放在江心堆成狭长的小岛，称为金刚堤。其迎着岷江来水的前部，为减轻水流的冲击而做成呈鱼嘴状的缓坡，故称"鱼嘴"。鱼嘴和金刚堤把岷江分隔成外江和内江，外江排洪，内江通过宝瓶口流入成都平原。就是说，金刚堤和鱼嘴的作用是第一次调节岷江来水。

鱼嘴设计因势利导，分水导流精准，枯水期（冬春季）外江和内江分水比例分别占总水量的四成和六成；水量充沛的丰水期（夏秋季），在水流自身弯道环流作用下，分水比反过来为外六内四。这样仅利用鱼嘴的独特位置，就解决了枯水期成都平原供水、汛期分减洪水的问题。冬春季江水较少，水流经鱼嘴上游的弯道绕行，主流直冲内江，内江进水量约六成，外江进水量约四成。夏秋季水位升高，水势不再受弯道制约，主流直冲外江，内、外江水流的比例自然颠倒。这就巧妙利用了地形河道和季节水量，完美解决了川西平原冬春季农田灌溉和人民生活用水的需要，也解决了夏秋季洪水期的防涝问题。

都江堰鱼嘴（曾伏龙　摄）

2）飞沙堰溢洪排沙工程。飞沙堰古称"侍郎堰""中减水"，是保证宝瓶口进水量并使宝瓶口不致堵塞的关键所在。飞沙堰位于金刚堤尾部最靠近离堆的地方，是故意留出的处于宝瓶口和金刚堤之间的一段凹槽。飞沙堰溢洪道又称"泄洪道"，具有泄洪、排沙和调节水量的显著功能。一个功用是第二次调节水量，是确保成都平原不受水灾的关键。当内江的水量超过宝瓶口流量上限，多余的水便从飞沙堰自行溢出到外江；如遇特大洪水，它还会自行溃堤，让大量江水进入岷江正流金马河。另一个功用是"飞沙"，岷江从山上而来，挟带大量泥沙、石块，如果让它们随着水流自然沿内江而下，就会淤塞宝瓶口，抬高内江引水河道的河床，减少灌溉用水，甚至带来灾害。

经过李冰等人的设计修建，江水通过飞沙堰之后，约八成沙石被成功排出，有力地保证了水利工程的永续利用。当内江水位低于堰堤时，飞沙堰自动失去泄洪功能，壅水回流，保证有足够的水量流过宝瓶口排出沙石；而当水量和水速超出标准时，堰体就发生溃堤，使飞沙堰溢洪的同时带走沙石等。困扰现代水利工程的排沙问题，就这样依靠自然之力消解于无形。

3）宝瓶口引水工程。宝瓶口起"节制闸"的作用，能自动控制内江进水量，是控制内江进水的咽喉。宝瓶口很狭窄，在丰水季节，内江水位必然很高，高出来的水全都从飞沙堰漫过去，流到外江，保证丰水季节大水不淹成都平原。它还对江水起顶托的作用，以配合飞沙堰将沙石大量排出，解决了剩余泥沙淤积的问题。

据文献记载，玉垒山原有一余脉伸进岷江，李冰在其自然缺口基础上人工开凿出更大的引水口，即第三项工程宝瓶口，距鱼嘴1020米，口底宽12米，水面宽19~23米，古称"离堆""石门""灌口"等。与此同时，因人工开凿之后与玉垒山隔江相望的这段余脉被称为"离堆"，但早期"离堆"被更多地用来指"宝瓶口"。

宝瓶口（曾伏龙　摄）

作为内江进水的咽喉，宝瓶口严格控制着内江进入成都平原的水流量，使岷江水顺着西北高、东南低的地势，流入宝瓶口以下大小不一的沟渠，形成遍布成都平原的自流灌溉网络，这是成都平原能够"水旱从人"的关键之所在。

（3）历史地位。

天府之国，在先秦时期一般指陕西关中地区。因为都江堰水利工程成功修筑，几乎根绝了川西水患，川西平原农业生产极大发展，带动百业兴旺，东晋常璩写的《华阳国志·蜀志》中记载，都江堰"又溉灌三郡，开稻田。于是蜀沃野千里，号为'陆海'……故记曰：水旱从人，不知饥馑，时无荒年，天下谓之'天府'也"。最迟在东汉，"天府之国"这个美好的名词，已经成了四川盆地，尤其是川西成都的专称。2000多年来长盛不衰、持续发展的都江堰被誉为人与自然和谐相处的光辉范例。

西汉，文翁任蜀守"穿湔江口，溉灌郫繁田千七百顷"，保证了川西平原西北部的灌溉。东汉，设置都水掾，都江堰及灌区的维持与发展得到进一步保证。三国时期，蜀国丞相诸葛亮加强对都江堰的管理，置堰官，还派军队驻守，岁修时也一并参加。魏晋南北朝，渠首各工程之间的关系更加紧密，日趋成为一个系统工程。唐代都江堰灌区的管理组织体系和管理制度进一步完善，形成了较严格的岁修制度。宋代，分水、导流、引水和溢洪排沙综合功能体系形成，标志着工程进入成熟期。元代，"都江堰"第一次出现在文献记载中。清乾隆时期，鱼嘴位置稳定下来，飞沙堰、百丈堤等也形成了固定的建筑形制。元代起，有人尝试用砌石来取代石笼以筑堤堰，企图以永久性的工程省去浩大的岁修，但由于岷江水流过大，砌石等刚性工程材料易被水流冲毁，因此竹笼材料仍占主导地位。

在漫长的发展历程中，历代都江堰治水者上下求索、励精图治，探寻都江堰的最佳布局和工程构造，促进了都江堰治水技术和制度的不断发展，并形成了独具特色的"竹笼""杩槎""羊圈""干砌卵石"等堰工技术和岁修制度，总结出"三字经""六字诀""八字格言"等治水原则和治水理念，孕育出极具魅力、内涵丰富的都江堰水文化。

1935年，鱼嘴首先改用混凝土浇筑，此后，飞沙堰、鱼尾、金刚堤等设施陆续采用。同时，都江堰灌区管理开始采用现代水利管理模式。新中国成立后，对都江堰工程进行了较大改建，先后实施了渠首整治、渠系调整、闸群配套、平原及丘陵灌区扩建，加固了鱼嘴、飞沙堰、宝瓶口三大工程；调整和改建了内外江干渠的引水口；新建了外江闸、沙黑河闸和工业取水口；在老灌区修建了50余座重要分水枢纽；改造了3万多条旧渠道。都江堰水利工程已经发展成为引、蓄、提相结合的特大型水利工程系统。灌区由1949年的288万亩灌溉面积扩大到1076万亩，供水区范围涵盖成都市在内的7市38县（市、区），供水功能发展到生活、生产及生态供水的全方位服务。特别是进入21世纪后，随着上游的紫坪铺水库及成都市应急水源工程等的先后建成，都江堰渠首工程体系进一步完善，水资源调度配置能力进一步增强，灌区水利工程标准进一步提高，为保障四川省粮食安全、经济发展、生态健康和社会稳定发挥着重要作用。其中紫坪铺水利枢纽是都江堰总体规划中的水源工程，建于岷江上游，下距都江堰渠首鱼嘴3.8千米，总库容11.12亿米^3。紫坪铺水库可以将都江堰灌区供水保证率由30%提高到80%，增加枯水期引水量，并为都江堰最终实现规划灌面提供水源；同时可将岷江上游100年一遇洪水经水库调蓄后按10年一遇流量下泄，极大降低了洪水对古堰的威胁。

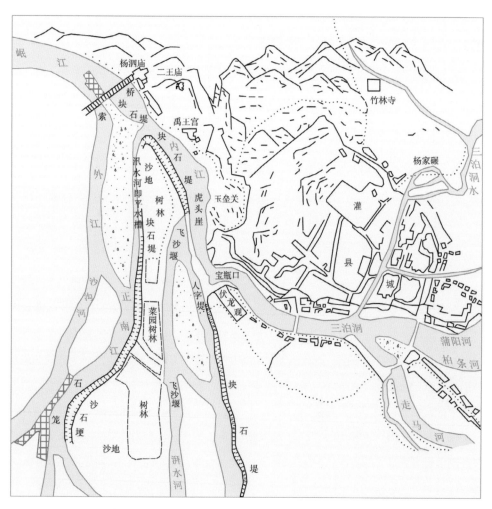

1910年的都江堰渠首枢纽工程示意图

1.1.3　湖北襄阳白起渠

白起渠又名"武镇百里长渠""三道河长渠""苊忱渠"，位于湖北省襄阳市南漳县，渠首西起武安镇谢家台村，东南流至宜城市的郭海村，全长48千米，号称百里长渠。公元前279年，秦国大将白起领兵进攻楚皇城时，曾以此渠引水而攻之，因此得名"白起渠"。白起渠建设时间比都江堰水利工程还要早23年，至今仍灌溉着宜城平原30多万亩良田。白起渠被列为湖北省第五批省级文物保护单位，2018年白起渠被列入世界灌溉工程遗产名录，成为湖北省首个世界灌溉工程遗产。

（1）修建缘由。

《韩非子·喻老》载"楚庄王既胜（楚晋之战，楚国大胜晋国），狩于河雍，归而赏孙叔敖，孙叔敖请汉间之地，沙石之处"。《史记·循吏列传》"孙叔敖激沮水作云梦大泽之也"。楚庄王十八年（公元前596年），楚晋之战孙叔敖协助楚王打败

白起像

了晋国，庄王回国后要赏封孙叔敖，孙叔敖就请求庄王将"汉水之间"的那一片沙石之地赏赐给他。而后，孙叔敖又筑坝拦截沮水并修渠，引其水灌至云梦之池，再进而浇灌汉水之间的田垅。所谓"汉间之地"当指临近汉江边的田地；而"沮水"，据考证，为今天之蛮河，今南漳县武镇以西的蛮河北岸，有一个村庄名叫"临沮"，亦当佐证此考；至于"云梦"，在文献中并非是跨江南北大云梦泽的专用名词，凡是比较广阔的湖泽、丛林都可称为"云梦"。据《宜城县志》载，在今宜城市区的东、西、南三面，古时就有蓼子湖、铁甲湖、苏湖等，当为上文所言的云梦大泽。由此而看，孙叔敖所请的汉间之地和所修的水渠当在宜城的西部和南部。从这个位置推断，此渠的位置相当于白起渠所在的位置，它应是白起渠的前身。

白起渠仍用于灌溉的渠道航拍（税晓洁　摄）

战国晚期在秦国发起的空前统一战争中，秦昭王二十八年（公元前279年），遣白起攻楚国都城（鄢郢），白起率兵进逼鄢城后，遭楚国重兵把守，久攻不下之时，即利用鄢城及其周围地理位置较低，加之周围河渠密布的有利条件，在距鄢城百里之遥的武安镇旁的蛮河河段上垒石筑堤，开沟扩渠、以水代兵、引水破鄢，战事结束后鄢入秦，秦以鄢为县。《长渠志》记载，楚顷襄王二十年（公元前279年），白起率兵进逼鄢城，久攻不下之时，于距鄢城百里之遥的武安镇蛮河上垒石筑坝，开沟挖渠，以水代兵，引水破鄢。北魏《水经注》描述了这场残酷的战争："水溃城东北角，百姓随水流，死于城东者数十万……。"由此可知，白起渠始建于公元前279年，堪称"中华第一渠"。

因白起伐楚有功，秦王封他为武安君，湖北南漳的武安镇由此而得名。长渠之名，最早见于中唐时期的《元和郡县图志》："长渠在县南二十六里。昔秦使白起攻楚，引西山谷水两道，争灌鄢城。"战后，周围农民用此渠灌田，"战渠"由此变为灌渠。

自汉唐以来，白起渠促进了襄汉地区政治社会的稳定，经济的发展带来粮食生产及经济作物的增收，也促进了养蚕植桑、种棉纺线等丝绸和棉纺织业的兴盛。"陂渠串联"形成的堰塘水库，也极大地促进了该地区渔牧业的发展和家禽家畜的饲养。《宋史·河渠志》《大元大一统志》《嘉庆重修一统志》及《湖北通志》《襄阳府志》《南漳县志》均有记载，唐大历四年（769年）、北宋咸平二年（999年）、北宋至和二年（1055年）、南宋隆兴元年（1163年）、元大德九年（1305年）五次对长渠进行了较大规模的修整。明清时期朝廷日趋腐败，战乱频仍，加之武安镇航运业的繁荣，长渠渐被湮废，完全丧失了工程作用。民国28年（1939年），国民党第三十三集团军总司令张自忠将军驻防宜城县，电请湖北省政府复修。民国31年（1942年），白起渠复修工程破土动工。为了纪念张自忠，曾将长渠更名为"荩忱渠"（张自忠字荩忱）。

（2）工程特色。

白起渠这一始为攻楚灭鄢的军事工程，后人将其改为水利工程，因地制宜、因形就势、因势利导，把攻鄢的水道改为引水灌田的渠道。渠道简单实用，渠线自然合理，沿途即"陂渠串联，长藤结瓜"。同时历朝历代都对白起渠进行了大大小小的工程维修，不断改善管理办法，才使其保持了长久的工程效益。

1）"长藤结瓜"。与一般沟渠不同的是，白起渠流经之处，沿线还串起了大量的水库和堰塘。以白起渠鲤鱼桥水库为例，水库与白起渠以沟渠相连，中间安有闸门。水库平时收集雨水，每年由长渠补充水源3~4次，确保水库可灌溉2.5万亩。如果说白起渠是一条藤，沿渠与之串通的水库、堰塘，就是一个个"瓜"。这些"瓜"包括10座中小型水库、2671口堰塘。"长藤结瓜"的灵感也来自古人的经验。《大元一统志》载有"长渠起水门四十六，通旧陂四十有九"，即指白起渠灌区有49口堰塘与渠道相通，常年蓄水，忙时灌田。千万别小看了这些"瓜"的作用，在非灌溉季节，拦河坝使河水入渠，渠水入库、塘，农田需水时，随时输水灌溉。做到常流水、地表水全面运用，常年蓄水，不让水白白流走浪费，扩大了水源。在灌溉季节，白起渠供水给库、塘，多者三四次，少者一两次，库、塘循环蓄水，提高了库、塘的利用率。这样一来，整体工程实现了以多补少、以大补小、互通有无、平衡水量，充分发挥了工程的潜力。正是沿渠水库、堰塘的有效利用，大大增加了白起渠的辐射范围，使白起渠的灌溉面积扩大了近10万亩。

2）层层提水直流地头。沿白起渠一路下行，两边全是茂盛的庄稼。在沿渠多数地方，由于巧妙地运用了节制闸和分时轮灌，渠水不仅可直接引到田边，还有效避免了浪费。在宜城市朱市镇路边，渠水水位比稻田要低出近2米，如何提水浇田？这个问题，古人早就已经解决了。很多史料都有记载，古时白起渠有几十个"水

"陂渠串联，长藤结瓜"的白起渠

门"，层层"把关"，需水时就近抬高水位，直接灌溉。这一技术，到现今还在运用。白起渠重修后，内设了4个大型节制闸，顺流而下，将灌区分为4段，关闭闸门即可抬高水位，就近供水。更让人叫绝的，是源自古时的"分时轮灌"技术。以9天（216小时）为一轮，以各节制闸控制区域划分范围，分时轮灌。自上而下，一段节制闸以上供水48小时，二段节制闸以上56小时，三段节制闸以上50小时，四段节制闸以上54小时。为解决突出矛盾，还留有8小时机动供水时间，供水时沿线有专人负责管理。由于各段限时供水，极少产生浪费。

（3）历史地位。

白起渠始建于公元前279年，是我国古代兴建最早的伟大水利工程之一。新中国成立后的1949年10月26日，湖北省水利厅召开全省第一次水利工作会议，通过修复白起渠的决议，这是湖北省修复的第一个大型灌溉工程。于1950年1月经水利部批准，并将其列为贷款工程项目予以支持。1952年1月，宜城、南漳两县投入4万劳力，动工修复。1953年5月1日，白起渠修复工程完工。

白起渠经过历代修缮，现已发展成为以三道河大型水库为主水源，15座结瓜水库及2671口陂塘为补充水源，各级干支渠道为脉络的"大、中、小"相配套、"蓄、引、提"相结合、"长藤结瓜"式农业灌溉系统。工程拥有规模以上干渠1条、主要支渠38条、闸门499座、渡槽39座、涵洞518座、倒虹吸3座、滚水坝1座。宜城市郑集镇皇城村，因为有了白起渠条渠，没有遭过旱，从没为缺水发过愁。白起渠灌溉范围包括宜城、南漳等6个乡镇及4个农场，面积达978.28千米^2，总人口达33.74万人，其中绝大部分位于宜城。宜城境内的白起渠灌溉面积为30.3万亩，占全市农田面积的一半。因为白起渠的作用，宜城自古被称为"天下膏腴"之地。

新中国成立后，白起渠灌区被评为全国第一批吨粮田，年均产粮达2.5亿公斤，灌区宜城被称为"小胖子"县，白起渠也为襄阳市成为"长江流域粮食过百亿斤大关市"做出突出贡献。它是一处变"战渠"为灌渠的典范，也是第一个在中国水利史上创造"陂渠相连、长藤结瓜"灌溉模式的古渠，其先进技术在安徽、湖南、甘肃等地推广并沿用至今。

1.1.4 古代引漳十二渠

古代引漳十二渠又称西门渠，是中国古代劳动人民创造的一项伟大工程，位于魏邺地，即今河北省临漳县邺镇和河南安阳市北郊一带。据《史记·滑稽列传》记载，"西门豹即发民凿十二渠，引河水灌民田"。引漳十二渠是战国初期以漳水为源的大型引水灌溉渠系，灌区在漳河以南（今河南省安阳市北）。引漳十二渠工程修建于郑国渠、都江堰之前，是我国历史上最早的大型引水灌溉工程此后，史起在此基础上修筑的横渠，曹操修筑的漳渠堰，隋代修筑的太平渠，唐代修筑的高平渠等，经数千年而不废，在灌溉10多万亩农田的幸福灌区，至今安阳县高穴村还有邺渠、闸门的遗迹。

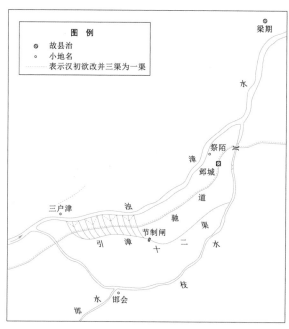

引漳十二渠（据《史记》记载改绘）

（1）修建缘由。

战国时期，各诸侯国之间展开激烈的兼并战争，都力图一统天下。战国初期，魏国国君魏文侯任用李悝为相，实行变法。西门豹的起用，正逢李悝变法的机遇，魏国东北边陲——邺的地理位置十分重要，它与赵国、韩国毗邻，时常受到赵、韩两国的军事威胁。邺又位于今河北临漳县和河南安阳县交接处，是中原地区进出华北平原的咽喉，有"天下之腰脊，河北之襟喉"之说，历来为兵家必争之地。为了巩固东北边防，必须选派杰出人才去治理邺。选派什么人合适，成了魏文侯颇费思量的事。正当这时，魏国大臣翟璜推荐西门豹治邺。他说西门豹精明能干，为官清廉，体恤百姓，又懂得水利，是难得的人才。贤明的魏文侯思贤若渴，立即将西门豹召到宫廷。公元前422年，魏文侯任命西门豹为邺令，希望他能将邺治理好。

邺地处漳河出山后形成的冲积扇平原上，土地肥沃，气候温和，本是一片富饶之地，但因漳河时常泛滥成灾，农业发展受到严重影响。除漳河连年泛滥的天灾外，还有"河伯娶妇"的人祸。当地的"三老""廷掾"等地方官吏、土豪劣绅和一些装神弄鬼的巫婆们勾结起来，趁机造谣惑众，巧立名目榨取钱财坑害百姓。他们说漳河发洪水是"河伯显灵"，只要每年选送一位漂亮的女子给河伯做媳妇，就能使水灾不兴，百姓平安。每年春天，他们就开始张罗给河伯娶媳妇的事。巫婆挨家挨户地挑选漂亮姑娘，地方官吏和土豪劣绅们则忙着搜刮为河伯娶媳妇的钱物。他们每年搜刮的钱财多达数百万钱，除去给河伯娶亲所用的两三万外，所余皆落入他们的口袋。

魏文侯二十五年（公元前422年），西门豹来到邺地。眼前是一片荒凉景象，土地荒芜，人烟稀少。西门豹决定引漳水溉田、发展农业。通过走访，西门豹了解到那里的官绅和巫婆勾结、编造河伯娶亲的故事危害百姓。为防治水患，西门豹破除迷信、惩治地方恶霸势力，颁布律令，禁止巫风，亲自率人勘测水源，动员群众，科学规划，发动百姓在漳河开围挖掘十二渠，引漳河水淤灌改良农田，使大片田地成为旱涝保收的良田，实行"寓兵于农、藏粮于民"的政策，使邺城民富兵强，成为战国时期魏国的东北重镇。引漳十二渠首位于河北邺城西9公里处的漳河上，在12里长的河段上修建拦河低溢流堰12道，堰上游南岸各开一个引水口，并设闸门控制，每一个引水口下连接一条水渠，共12条渠道，可灌溉漳河南岸农田近10万亩。第一渠首在邺西18里，相延12里内的12道拦河低溢流堰都在上游右岸开引水口，设引水闸，共成12条渠道。灌区不到10万亩。又由于漳水浑浊多泥沙，可以落淤肥田，提高产量，邺地因此富庶起来。《史记·河渠书》记载"西门豹引漳水溉邺，以富魏之河内"。西门豹治水秉持科学精神，充分考虑漳水多泥沙的特性，遵循河流规律并加以引导利用，至今依然具有十分重要的借鉴意义。

西门豹渠闸门沟遗址位于安丰乡西高穴村西北。如今闸门建筑虽已淤塞不见，但仍可见沙石垒砌的残岸，闸门以西河滩的引渠已被现在的幸福渠所占用。闸门往东至西高穴村西，有一段明显的渠道。从西高穴村西折向南，到西高穴村西南角折向东，这一段渠道也特别明显。经西高穴村东南角转向正南，这段渠道原来也比较明显，20世纪80年代已把渠道填平。从张显屯村正东至邵家屯村，渠道仍然明显。自邵家屯村西过铁路涵洞，经邵家屯村、郭家屯村，到马庄村西地折向南经洪河村、北李庄村、崔庄村、后净渠村的渠道已不见渠形，只有名为大渠南、大渠北、头道闸、二道闸、南大桥等的地块。

西门豹造像（杨其格　摄）

（2）工程特点。

引漳十二渠是以漳水为水源的大型引水灌溉渠系，内设拦河低坝溢流堰十二道，各堰均在上游南岸开引水口，设引水闸，共成十二条渠道。西门豹的建造方法是"磴流十二，同源异口"。"磴"就是高度不同的阶梯，在漳河不同高度的河段上筑12道拦水坝，这就是"磴流十二"；每一道拦水坝都向外引出一条渠，所以说是"同源异口"。据记载，每个磴相距300步，连续分布在10千米的河段上。根据地形考察，这10千米河段应当是安阳县安丰乡渔洋村以下的10千米河段，渠口开在拦水坝的南端，12条渠都在今安丰乡境内。

多首制引水是漳水渠工程的最大特点，这是适应当地地势、水情因地制宜的一种创造。因漳河多泥沙，泥沙淤积常使河道主流摆动迁移，多首引水可避免主流因淤塞与渠口不能对接而无法引水，也易于清淤修护。引水口均开在河流的南岸，这里地势很高，便于控制整个冲积扇灌区，形成自流灌溉。再者，这里土质坚硬，河床稳定，引水方便，每个引水口又设了闸门，可根据需要调节水量。可见整个工程的设计、施工技术达到相当高的水平。修12道堰的原因在于此处漳河坡陡流急，洪水流量大，据现代测量，这段漳河纵比降约为1‰~2‰，50年一遇的流量可达7000米³/秒。如果集中修筑一座大坝，坝高易冲毁，技术的难度在当时不能克服，而分段修筑12座，就较易施工和维护。且多道低堰利于削减水能，一道道堰犹如消力坎，能减少水流对河床的冲刷。

（3）历史地位。

后来，魏人史起又在西门豹兴修水利的基础上修筑横渠。东汉（公元25—220年）末年，曹操以邺为根据地，按原形式整修，十二堰称为十二登，改名开井堰。东魏天平二年（535年）天井堰改建为天平渠，并成单一渠首，灌区扩大，后也称万金渠，渠首在今安阳市北20余千米的漳河南岸。隋代（581—618年）和唐代（618—907年）之后，这一带形成以漳水、洹水（今安阳河）为源的灌区。唐代重修天平渠，并开分支，灌田10万亩以上。清代（1644—1911年）和民国时期还时有修复利用。

1959年，国家在漳河上动工修建岳城水库，安阳市随后开挖漳南总干渠，引库水建成大型灌区——漳南灌区，设计灌溉面积达120万亩，代替了古灌渠。与此同时，建于洹河之上的小南海水库和彰武水库，相距不到20千米，除用于流域农田灌溉外，也是安阳城区一批大型企业的生产主要水源。双全、汤河、琵琶寺、南谷洞、弓上、石门等6座水库，再加上与河北邯郸共用的海河流域蓄水10亿米³的岳城大型水库，几乎拦蓄了安阳境内所有的河川径流量，是安阳城乡生产、生活用水的重要支撑。

1.1.5 福建黄鞠灌溉工程

黄鞠灌溉工程由隋朝谏议大夫黄鞠主持兴建于613年，是迄今发现的系统最完备、技术水平最高的隋代灌溉工程，工程遗址位于福建省宁德市蕉城区霍童镇，分为右岸龙腰渠、左岸琵琶洞渠系两个灌溉工程系统，左右岸两处灌溉工程渠系长10多千米，灌溉面积2万余亩。黄鞠灌溉工程整体结构坚固，明代虽然发生洪水致使霍童溪改道，但龙腰渠系至今保存完好。琵琶洞虽已没用了，但与其衔接的上千米明渠至今还发挥着作用。两处灌溉渠系仍然灌溉着6000多亩农田，2017年成功入选世界灌溉工程遗产名录，成为福建继莆田木兰陂之后的第二个世界灌溉工程遗产，2019年成为全国重点文物保护单位。

（1）修建缘由。

黄鞠（569—657年）原籍河南光州固始县，官授隋朝谏议大夫。其父黄隆任隋朝内阁大学士，因忠言直谏而遭隋炀帝杀害。身为隋朝谏议大夫的黄鞠，目睹了炀帝的荒淫无道、朝廷的奸佞当权，于是萌生了退隐田园的想法。605年，黄鞠遵父命携眷属坐船出海，弃官归隐福建宁德，先居七都，后迁咸村（今周宁县）。607年与姑父隋光禄大夫朱福"易地而居"，定居霍童石桥村。

黄鞠选择定居霍童的理由是霍童溪南北两岸有一片五六千亩的肥沃三角洲。霍童溪的南岸大石一带有一大片土地，虽然霍童溪水近在咫尺，但是由于岩岸较高，水资源无法利用。为给子孙后代创造更好的耕种条件，黄鞠决定在霍童溪上建长坝壅水，在右岸凿龙腰渠、左岸凿琵琶洞穿山引水。

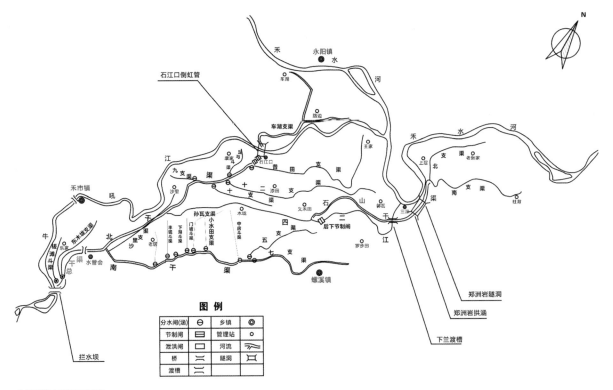

黄鞠灌溉工程示意图

（来源：《黄鞠灌溉工程世界灌溉工程遗产申报书》，2017年）

由于工程艰巨，黄鞠率乡众干了八九年时间。特别是他的两个女儿丹弯和碧凤，因长年跟随父兄兴修水利而过了"及笄之年"，以至终身未嫁，到老成为孤身"姑婆"。霍童溪右岸的"龙腰"山梁后被拦腰截断，凿出了一条1米宽、几米深的水渠，再从上游大石坑修上1千米的引水渠，水就引过了山梁。在完成霍童溪南岸的水利工程后，黄鞠又开始着手左岸的水利工程。左岸地势虽然低平，但在当时没有大型提水机械的情况下，只能靠自流灌溉，这就必须选择一个可以提高水位的处所。经过勘察，黄鞠选中了堵坪湖，其距离松岸洋约7.5千米。7.5千米的明渠工程原本不是难事，难就难在有三四处山岩挡路，非开凿隧道不可。当时没有炸药，钢铁用具也都非常落后，开凿隧道的办法就是将柴火放在石头上烧，等烧到一定温度时，突然灭火，用冷水浇石，使岩石在急剧的热胀冷缩中爆裂，再用简单的工具一点一点地撬，就这样不知道过了多少时日，硬是将岩角的隧道打通。现存的隧道有七八十米长、宽约1米（人称"度泉洞"），最高的一个隧洞约2.5米，据说以前有几百米长，这个隧道已经没有用了，但是与其衔接的上千米的明渠还发挥着作用。今在隧洞旁建起了一座水泵站，可以直接将水从溪中抽上来，依靠明渠灌溉松岸洋数个村庄3000多亩的田地。

（2）工程概况。

黄鞠灌溉工程主体包括右岸龙腰渠、左岸琵琶洞两个灌溉工程系统。每个系统都由完备的干支斗农渠、调蓄陂池和农田组成。霍童溪右岸有大片土地可供开垦，霍童溪第三大支流大石溪也从那里经过，但因隔着"龙腰"这座山梁而无法利用。黄鞠决定挖断"龙腰"，把大石溪水引来灌溉。当时有人散布挖断"龙腰"就是要"斩代代官贵"的谣言，黄鞠郑重表示"只要能发万代香火，不问代代官贵"，坚决付诸实施。通过八九年攻坚，才把"龙腰"拦腰截断，凿出一条宽1.51～2.72米、深0.95～3米、全长5000余米的明渠。

右岸龙腰渠建成后，黄鞠又着手开挖左岸琵琶洞，穿山引水，灌溉东北过溪坂百顷田地。琵琶洞因流水声似琵琶弹奏而得名，后因洞内蝙蝠聚集，又叫"蝙蝠洞"。琵琶洞渠系总长9000余米，由明渠与7段隧洞连接而成。面对开凿坚硬的花岗岩，黄鞠采用"火烧水激凿石工法"，不分昼夜，历经数年，才在山腹中凿出了一条总长达700多米的隧洞。据说，这是中国历史上第一座保存至今的隧道水利工程。现存的隧洞还有5段，总长80米，宽约1米，最高处2.5米。为避水火灾害，黄鞠还开挖了四湖两池，即在石桥起头下开凿三湖，名叫"日湖""月湖""星湖"，又在村尾堂前开罗星湖，在故居门首开砚池和金鱼池。

（3）历史地位。

黄鞠灌溉工程是古代南方山丘区水利工程，也是民间自筹修建、政府指导管理的典范工程，具有较高的科技价值、文化价值、景观价值和社会价值。黄鞠故里位于宁德市蕉城区霍童镇石桥村街，始建于唐开元十二年（724年），至今已有近1300年历史，保留了隋、唐、明、清的建筑风格。建筑坐东朝西，为二进五开间布局。门楼前的四柱三楼重檐歇山顶式石牌坊，飞檐翘角，以龙、狮子、貔貅等瑞兽为主要题材，石雕精细，立体感强。大门上方有明进士陈昌胤题写"隋谏议大夫黄鞠祠"和"明德馨香"的匾额。堂内匾额林立，对联、题词随处可见，堂上供奉着黄鞠、朱福及黄鞠夫人的神位塑像。黄鞠因其"凿龙腰、开霍地"的历史功绩，被后人尊为"开山黄公""土主神灵"，享四时之祀。

为综合利用水资源，黄鞠巧妙设计，在龙腰渠渠首筑成20多米长的石坝，引水入渠，在龙腰自然村大榕树处分为两支，一支利用地形灌溉高处农田，另一支引水入村，利用水位差建有五级水碓，借用水力进行磨麦、舂米、榨油等农副产品加工。之后渠水又分为两支，一支通过客山渠灌溉石桥洋千余亩良田，另一支进入日湖、月湖、星湖等调蓄陂池后，在石桥村内流经每家每户，形成"三只蛤蟆九曲水"的生活供水体系。在分水处设立石蛤蟆，以改善水流条件，避免冲刷，也便于对渠道进行分段管理。同时，为方便村民洗涤、消防、抗旱使用，沿渠系布置了砚池、金鱼池和罗星湖等调蓄湖池。

同时，黄鞠还带领乡民广植松树，维护河岸，形成"九里松岸"；在湖上遍植荷花，形成"十里荷香"。到北宋时，霍童溪河谷地带花团锦簇，人烟稠密，农业发达，环境优美。北宋著名道士白玉蟾等道家名人及余复、林聪等数百位诗人慕名游历于此，写下大量诗篇。

黄鞠灌溉工程是一套精密完备的集农业灌溉、生活供水、水力加工等功能于一体的供水系统，其布局充分体现了"人水和谐"这一理念。黄鞠灌溉工程中，右岸龙腰渠使用至今，是个"活"工程；左岸琵琶洞以上渠系因霍童溪河床变化、农业产业调整及该洞下游侧建电灌站等缘故，在20世纪80年代荒废。2017年黄鞠灌溉工程成为"世界灌溉工程遗产"后，蕉城区加大对其的保护、挖掘、开发、宣传工作力度。2019年12月以来，霍童镇党委、政府展开对左岸琵琶洞1千米渠系的清淤和修复，并在该洞上游1956年建设的水轮泵旧址上安装了两台水轮泵，抽送引流霍童溪水，让琵琶洞渠系恢复通水。2021年5月1日上午，在蕉城区霍童镇，随着清澈的霍童溪水流入琵琶洞渠道，存世千年的黄鞠灌溉工程"浴水重生"。

1.1.6　新疆伊犁皇渠

伊犁皇渠，又称湟渠或伊犁渠，原意为"皇家所凿之渠"，是对清代伊犁兴修的大型水利工程的泛称。伊犁皇渠还称喀什渠、阿齐乌苏渠，民国时称大裕农渠，今称人民渠，是清代新疆屯垦之初开凿的最大灌渠，对以伊犁河北岸为中心的"回屯"农田建设及伊犁近现代农业的形成和发展，起过重大的作用。至今，它仍然是新疆和伊犁地区的最大灌渠之一。

林则徐带领伊犁人民修筑湟渠场景

（1）工程修建。

　　最早的伊犁皇渠其实是分段开凿，水源亦非喀什河一处。清乾隆三十年（1765年），首任伊犁将军明瑞组织民兵首凿于喀什河西岸，史称"旧皇渠"，后因技术和战事中断。清乾隆三十一年（1766年），鄂罗木扎布继任阿奇木伯克❶后，继续率众开凿，数历寒暑，终获成功。清嘉庆七年（1802年）伊犁将军松筠为开垦惠远城东阿齐乌苏（今伊宁市西郊，巴颜代、英也尔乡、界粮子、惠远镇一带）荒地，先后浚通引接山水的通惠渠（今惠远乡东北）、阿齐乌苏渠（今伊宁市界梁子附近），引东北辟里沁沟水灌溉。嘉庆二十一年（1816年），阿奇木伯克霍什纳扎特又率众开渠引吉尔格朗水西灌，并将旧皇渠向西扩展10千米，遂使东西各段首尾相连，总长170千米，伊犁皇渠始具雏形。布彦泰继任伊犁将军后，曾于清道光二十四年（1844年）组织官兵，对该渠进行声势浩大的全线整修，谪戍伊犁的民族英雄林则徐也慨然捐资承修阿齐乌苏渠和渠首龙口工程，喀什河水遂直泻乌哈里克（今霍城县水定镇东南），伊犁皇渠终成一体，总长30多千米，施工时分为18个工程段，成为造福伊犁人民的不竭源泉。

　　林则徐自己出资建造了其中最难施工的龙口段。据记载，伊犁皇渠龙口导源工程共费时4个多月，用工10万人有余。1844年林则徐参与和承办的龙口开凿工程又被称为"林公渠"。"林公渠"从伊犁河北岸蜿蜒西行，载着滚滚的喀什河水，从东向西穿越伊宁县、伊宁市到达霍城县，灌溉区域东西长132千米，包括伊宁县、伊宁市、霍城县惠远镇，以及兵团四师66团场、70团场的140多万亩耕地，担负80多万群众的用水安全，是国家级的大型灌区，也是新疆灌溉面积最大的一条渠。伊犁皇渠从喀什河龙口引水东进，绵延91千米，流经伊宁县、伊宁市、霍城县和，灌溉良田80余万亩。

（2）历史地位。

　　修建伊犁皇渠并不是件容易的事，早在1765年就动工兴修。据传，当地百姓为感谢皇帝恩惠，起名为"皇渠"。新中国成立后，可能为去除封建社会皇权的印记，改名为"湟渠"。20世纪70年代，改名为"人民渠"。但伊犁百姓还习惯称这条大渠为湟渠。新中国成立后，对湟渠先后进行了4次大修。第一次是在1950年，当时的伊犁地委组织驻军和群众数万人，首先对湟渠和龙口进行了整修，加大了流量，把渠道延伸了10余千米；第二次是1958—1960年，相继开挖了青年渠和湟渠的支流北支干渠，两渠长度共计60千米，

❶　"阿奇木伯克"是清代新疆回部各伯克中官阶最高者，总管一城之穆斯林事务。乾隆二十五年（1760年）定为额缺，阿克苏、伊犁等大城的阿奇木伯克为正三品官。光绪十年（1884年）新疆建省，废除了伯克官职，阿奇木伯克仅作为荣誉头衔保留。

扩大灌溉面积20余万亩；第三次是1975—1977年，动员3万余人，历时3年，完成干砌卵石渠道47千米，挖土方180万米^3，干砌石29万米^3，把湟渠进行了彻底加固；第四次是2005年前后，利用自筹和国家项目资金上亿元，完成了防渗护砌骨干渠道52.3千米，骨干输水建筑物工程改造18处。经过漫长而循环往复的大修、改造，不仅把灌溉面积从新中国成立初期的40余万亩扩大到80万亩，而且实现了80%河道防渗，供水质量有了质的飞跃。

霍城县惠远镇湟渠村则因湟渠穿村而过，以渠得名。20世纪60年代，因湟渠水增多，该村的土地得到进一步开发，部分从甘肃来的移民落脚该地，最后形成村落。近年来，由于该村土壤适宜种植红薯，加之水源有保障，红薯产量高、品质优，现已成为远近闻名的"红薯村"。近年来年因湟渠进行了防渗处理，冲毁堤坝、淤泥沉积的现象很少发生，水流非常顺畅，完全能保证庄稼的需要。湟渠除了滋养两岸肥沃的良田外，还为周边的工业、电力、渔业、城市绿化提供着充足的水源。从20世纪70年代开始，在喀什河龙口至伊犁皇渠分水口总长12千米的总干渠上，利用渠水落差相继兴建了人民电站、团结电站、青年电站，这些电站在20世纪90年代前曾是伊犁河谷重要的电力来源，现在仍发挥着电力调峰的作用。同时，伊宁县、伊宁市的渔业发展也受益于湟渠之水，仅伊宁县就有上千亩鱼塘靠湟渠供水，成为伊犁自治州渔业大县。

1.1.7　新疆伊宁察布查尔渠

察布查尔渠是由清代新疆锡伯族人民开挖的伊犁河引水灌溉工程。察布查尔渠当时被称作"察布查尔布哈"。"察布查尔"是锡伯语，即"粮仓"之意；"布哈"即"大渠"。察布查尔渠渠深3.33米、宽4米，全长100余千米，灌溉面积约10万亩，横贯察布查尔锡伯族自治县。察布查尔县境内河流纵横，水源比较丰富。察布查尔渠由察布查尔麻扎附近的察布查尔山口凿口，引伊犁河水，由东向西横贯自治县中部平原全境。全长近百千米，多年平均径流量为37.9米^3/秒、5.8亿米^3，总灌溉面积近2万公顷。

（1）修建缘由。

1766年年初，锡伯族军民被伊犁将军明瑞调驻伊犁河南岸，组成锡伯营8个牛录[1]。那时伊犁河南岸还是一片荒野，只有海努克等地有准噶尔时代的庙宇宫殿废墟和少部分塔兰奇垦种的田亩遗迹，锡伯族选择可耕之地定居下来。

锡伯族军民迁驻伊犁河南岸后，自耕自食，开始在察布查尔各地修渠引水、开荒种地。其中有3个牛录的军民在伊犁河支流——绰霍尔河两岸安营扎寨，引该河水开垦土地1万亩，解决了锡伯营自身的口粮问题。同时，以清政府借予的马、牛为基础，创办了营办"马厂"和"牛厂"。

18世纪末19世纪初，锡伯营人口已繁衍至7000余人，仅靠万余亩土地已经不能满足口粮的需要了。只有另行开渠，扩大耕地面积，发展农业生产，才能维持全营的生计。锡伯营总管47岁的图伯特走访伊犁河以南所有地方，认真听取各方面意见，决定在绰霍尔河南开凿一条引伊犁河水的新渠，以扩大耕地面积。清嘉庆七年（1802年）九月，大渠正式开工。经过6年的艰苦劳动，终于在1808年年初竣工放水，时称"锡伯渠"或"锡伯新渠"，后称为"察布查尔布哈"。该渠一经凿通，自最东面的镶蓝旗至最西面的镶黄旗各牛录，增加新垦耕地78700多亩，自此，锡伯营军民的生活有了巨大的转机，察布查尔地区荒凉面貌开始改变，锡伯营

---

[1] 满语"箭"之意，是清朝八旗制度下军政合一的基层组织。

察布查尔锡伯自治县纳达齐牛录的图伯特像

成为伊犁八旗中最富庶的地区。

在大渠建成的第二年即清嘉庆十四年（1809年），54岁的图伯特因开挖大渠的特殊功绩，赴北京受到嘉庆皇帝嘉奖。他也成为锡伯族西迁45年后，第一次获准回东北老家探亲的人。

（2）工程修建。

首先在察布查尔山口开凿，南引伊犁河水。因工程艰巨，劳动力不足，图伯特对渠工、资费、工具、用工方式等均做了周密安排。决定从每个牛录抽100名青壮年，八个牛录共800个劳动力，分编成两个大队，春秋两季分期换工，轮班劳作，并采取边挖渠放水、边开荒种地的办法，力求当年动工，当年受益。这样不但解决了渠道的试水问题，而且解决了劳动力的口粮问题。图伯特在开工前带头捐款，募集款项作为劳工资费；开工后亲临工地，起早贪黑地忙碌，及时解决出现的各种难题。这种公而忘私、不辞辛劳的精神，极大地激励了广大军民的士气。经过6年的艰苦奋斗，终于在清嘉庆十三年（1808年）春天大渠胜利竣工，全渠总长100千米，渠深3.3米、宽约4米，最初称锡伯渠，后来因大渠龙口之山崖名叫察布查尔，与锡伯语"粮仓"一词音相近，故名察布查尔渠。

挖凿大渠的设计规划中，最重要的是龙口的设计，渠口的选址是关键。当时，图伯特对该地区的地形、地质进行了详尽勘察，经过深思熟虑后，大胆采纳了无坝引水的方案，决定从伊犁河由东向北拐弯处挖凿大渠龙口。因河水流到麻扎村以北，向北急转弯时，形成汹涌激流，浪涛拍击对岸，渠口正好借河水的惯性，无须筑坝，自然涌入大渠。当时，没有条件在龙口修建闸门，每年到了晚秋不用水时，就要堵口截流，到次年春季开始用水时，再开启龙口放水。

秋季的堵口停水施工极为艰苦，渠口没有水闸，水深3米有余，水急浪高，天气寒冷。下水施工的人都选水性较好的、身强力壮的年轻人。当初的做法是，用两根约12米长的粗大松木作横梁，一头插进南岸的岩石缝中，另一头安置在北岸，加以固定，长久不动。梁木并排横跨渠首两岸，以便人们从上面通过，也便于运送物资和施工。另外，还用十几根碗口粗的椽子，一头插进水里，另一头捆扎固定在横梁上，构成阻挡柳条等物的竖立支架。

施工开始之前，首先派人到树林中割柳条运到岸边，按渠口宽度捆扎成圆柱形捆子备用。施工开始后，把一捆捆柳条扔进水中横挡渠口，十几个人同时跳进水中，脚踏柳条捆子往下压入水里，垒成一道柳条坝横挡渠口；柳条中间还用麦草做夹层，挡住树条缝中漏水，并用打桩子等办法层层连接加固，以防散架漂浮，直至把渠首完全堵住为止。

第二年开春后，又人工扒取填堵渠口之物，清淤沉积的泥沙，开启龙口放水。施工时必须夜以继日，连续劳作，不然前功尽弃。春天扒开渠口时，还有许多遗留的树枝和草之类的杂物随流漂浮，必须组织人力顺流追逐，从水中捞出来，以防流到下游堵塞渠道，导致水灾。每期劳动都需要7～10天。

（3）历史地位。

清乾隆二十九年（1764年），征调盛京（今辽宁省沈阳市）锡伯族官兵及家属3000人驻守新疆伊犁河，疏浚旧渠90千米。但渠南地势高，只能灌田百余顷。清嘉庆七年（1802年），锡伯营总管图伯特率全营军民，在旧渠南5千米左右的山冈上，开凿几十千米新渠，可灌田千顷。察布查尔渠建成后，锡伯营军民欢欣鼓舞，生产积极性十分高涨，之后耕地逐年有所增加，时至今日已开垦了20余万亩农田。在大渠两岸原本荒无人烟的原野上，出现了村落相望、阡陌相连的欣欣向荣的景象。随着生产的不断发展，庄稼年年丰收，锡伯军民的生活大为改善。锡伯营驻地在民国年间曾被称为河南县、宁西县，1954年3月17日成立锡伯族自治县时，按照锡伯族人民的意见，以他们最喜爱、最引以为豪的察布查尔渠的名字作为自治县的县名。1973年，察布查尔锡伯自治县水电局投资，在两座龙口处修建了钢筋混凝土闸门，从此结束了无闸门放水的历史。

另外，伊车布哈渠（察南渠）从察布查尔渠的总分水闸起，自东向西至新疆生产建设兵团农四师67团场很多千米，全长85千米，年均流量5.49米³/秒、0.88亿米³，流域面积约2667公顷。同时，察布查尔渠渠首自察布查尔山北麓起，由南向北，穿越坎乡，北至矿区公路，总长6千米，年均流量为37.9米³/秒、5.8亿米³，灌溉面积200公顷。

1.1.8 广东潮安三利溪

三利溪位于今广东省潮安县西，是韩江下游的古代著名灌溉航运工程，也是潮汕地区最早兴办的排灌航运工程。三利溪自韩江引水，下经揭阳，至潮阳界入海，曲折环抱50余千米，有利于排涝、灌溉、漕运，因三县受益而得名。清顾祖禹的《读史方舆纪要·广东方舆纪要叙》记载：三利溪"在府城西。导濠水西历潮阳、揭阳二县，回抱曲折，殆将千里，而后入海。三县利之，因名。……《通志》：三利溪，宋元祐间浚，明正统以来，日就湮塞，五年复浚，八年复塞。至今惟小沟泄水潦而已"。

（1）修建缘由。

北宋时福建的农田水利事业已经相当发达，有些水利设施和种植方法闻名全国，如莆田木兰坡水利工程，既能拦洪，又能排灌，使周围2万多顷农田旱涝保收，又在山坡垦出梯田，缘山引水，种植水稻。对于潮汕地区来说，韩江渠系修于何时，史无确载。北宋年间，有过知州王举元组织州民修复决堤及知军州事王涤修筑梅溪堤（在韩江下游）的记载。如北宋元祐年间（1086—1093年）潮州知州王涤倡议修浚。而对韩江堤防的大规模修筑，则是在南宋时期。这个时期人口大量增加，一方面为大规模修筑堤防提供了充足的劳动力，另一方面也使修堤防洪显得更加必要。

明正统以后逐渐淤废。明弘治五年（1492年）知府周鹏主持大修，3年后又淤塞，变成排泄洪涝的水海。清康熙十二年（1673年）重新疏浚；康熙五十九年（1720年）韩江洪水泛溢，三利溪再度淤废；乾隆二十三年（1758年）潮州知府周硕勋等倡导复修；乾隆二十四年（1759年）全线动工且于当年修好，共浚溪2587.5丈。三利溪还起到降低江海沿岸耕土盐碱含量、改良土壤和增加土壤肥力的作用。

三利溪在明英宗正统年间（1436—1449年）淹于大水。王涤、周鹏都是外地人，来潮州履职时间都不长，一到潮州便深入农村，了解民难民意，勘察现场，召集民间能匠商议，作出顺应自然地理的决策，并组织实施。尤其是明弘治年间，任潮州知府的周鹏重浚三利溪，历时1个月完工。时人陈白沙在其所撰《三利溪记》中先叙因三利溪阻塞而造成"潮人共苦之"的情况，继谈重浚后给当地带来的好处："农夫利于田，商贾利于行，漕运者不之海而之溪，辞白浪于沧溟，谢长风于大舶。"大力肯定了周鹏"仕而为人"的盛举，并通过回顾潮郡的历史，说明修溪工程在潮人心目中的位置："吏于潮者多矣，其有功而民思慕之，唐莫若韩愈，入国朝来莫若王源（福建龙岩进士，明宣德十年任潮州知府）……今潮州（指周鹏）以三利溪配之，辉映后先，称贤于一邦也，宜哉！"最后写下作记的意图云："俾潮之人知仕而为人者有功不可忘。"

（2）工程概况。

潮州三利溪在宋朝时已具雏形，多为各地小溪和灌溉沟渠连成的水利网。但因缺乏统一管理和及时疏通，涨水横溢或淤塞断流的情况时有发生。直到清乾隆二十三年（1758年），潮州知府周硕勋决心全面整治三利溪，得到上级的同意和支持。海阳（潮安）、潮阳、揭阳、普宁四县士绅慷慨捐助，民夫自带工具踊跃参与，终于在乾隆二十四年（1759年）疏通。

三利溪的溪面宽"3丈，底宽2丈，深1丈至七八尺不等"。三利溪首段为北宋开凿，长5.5千米。因利排涝、利灌溉、利运输，故称三利溪。另外还有一说，因人工河与西山溪相连，使海阳、揭阳、潮阳三县受益，故称三利溪。随着北关引韩灌溉工程的出现和城市建设的发展，在湘桥区一段已成排污暗渠。三利溪的水源由潮州城区南堤外面的堤下引进，在堤下开挖进水函，堤后建一个接近堤高的长条形水槽，长约40米，宽2米多，深约3米。水从涵洞涌入，经堤下的暗道从水槽的下面滚起；韩江水涨时，滚起的水汹涌澎湃，声若闷雷。水槽后面连接一个人工开挖的小湖，叫海仔，海仔比水槽低2米左右。水槽的水从下面注入海仔，海仔的水位比水槽的水位低二三米，这样引入的韩江水就不会在堤内的陆地溢出。海仔后面就是三利溪的溪道，从东南向西北，连接沿途的小溪、灌溉渠，经海阳、潮阳、揭阳汇入大海。

潮州建城初始（时称海阳附郭），雨水和污水直排入西侧的北濠和南濠（东侧是韩江）。北宋元祐五年（1090年）前，知州军事王涤（山东莱州人）引韩江水通北濠从海阳附郭西往云梯至枫口入榕江后入海，经历潮阳、揭阳（1121年从海阳析出）三县，利于排涝、灌溉、漕运。明成化年间（1465—1488年），知府周鹏（道州永明县人）鉴于溪道淤塞不畅，进行了浚疏，又从南濠引入江水，汇合北濠沟水进入三利溪，并筑流量控制键开关，调节旱涝时不同水量，使漕运更加顺畅。

广东潮安三利溪

三利溪排涝功能主要体现在两个方面：一是使潮州府城排水纳入开放水利系统（20世纪70年代后期开始，北濠、南濠被填建房，城区排水受到影响，由于三利溪才有效排涝）；二是有利于城北山区西侧山溪水宣泄（东侧山水汇入韩江），大量农田免受涝灾。灌溉功能是将沿江其他涵洞引进江水的小渠也纳入三利溪，以充沛的江水灌溉农田，同时江水也减轻了临近枫口处海水对农田的碱化作用，提高了农田肥力（当时海岸线比现在靠北，涨潮时就有海水从榕江口顶托到枫口附近）。以上两个功能至今仍保留较好。漕运范围扩大，王涤创三利溪时潮州辖海阳、潮阳两县，周鹏浚疏时有五个县，三个县在府城西南，如榕江西岸的潮阳，到府城就要出榕江口沿海岸向东北行驶，到韩江口向北才能到达。

（3）历史地位。

三利溪建成后，从潮阳县可以横渡榕江，从枫口进入三利溪，直达府城，不仅大大缩短了路程，而且避免了航海的风险。可以说，三利溪是当时潮州西南的交通要道。不过，由于造船业的发展、陆路交通运输日益便捷等原因，特别是20世纪90年代，城区三利溪段全部盖上水泥板成为阴沟，漕运功能逐渐萎缩。

新中国成立后，1954年，政府修了新三利溪，从更上游的北门引水，流向揭阳玉滘镇、云路镇。1955—1958年，当地每年冬修时都对三利溪道进行整修。2000年，潮州市在三利溪流经枫溪区出下游出口处建设了污水处理厂，大大降低了城市污水对溪道的污染。

1.1.9 浙江绍兴鉴湖

鉴湖，又称镜湖、长湖、太湖、南湖、贺监湖等，位于今浙江省绍兴市城南，是我国古代长江以南最大的陂湖蓄水灌溉工程。修建于东汉永和五年（140年），由会稽郡太守马臻主持修建。

（1）修建缘由。

古代山会平原，南为会稽山，北滨后海，东临曹娥江，中间是一片向西延伸的沼泽平原。钱塘涌潮沿曹娥江等自然河流上溯平原，与会稽山水相顶托，在山脚下潴成无数湖泊。这些湖泊在枯水期彼此隔离，仅以河流港汊相连，一旦山洪暴发或风暴大潮上溯，则泛滥漫溢，成为一片泽国。春秋时期虽兴修了一些堤塘工程，但不足以解决整个平原的水利问题。越王勾践灭吴后，迁都琅琊，带走了大部分军队和大量部族居民，使这里的

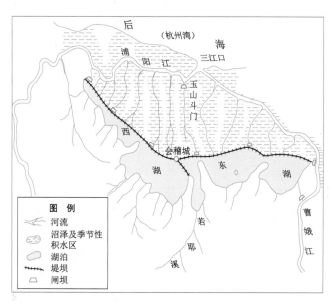

鉴湖略图

[引自：武汉水利电力学院，水利水电科学研究院《中国水利史稿》编写组. 中国水利史稿（上册）[M]. 北京：水利电力出版社，1979]

人口骤然减少。秦在建会稽郡设山阴县的同时，把这个地区的古越遗民迁移到钱塘江以北的乌程、余杭等地。在上述时期中，山会地区的人口减少，经济发展缓慢，终西汉一代，山阴一直是会稽郡下的一个普通属县。

东汉顺帝永建四年（129年），大体上以钱塘江为界，实现了吴（郡）会（稽郡）分治。江北为吴郡，郡治仍在吴；江南为会稽郡，郡治设在山阴。吴会分治是地区生产力有所发展的反映。随着经济和社会发展，人口增多，水利已成为制约山会平原发展的主要因素。

会稽是大禹治水的毕功之地，大禹陵是禹葬之地，在古越大禹治水的传说流传广泛。据民间相传，马臻自幼勤奋好学，喜游名山大川，青年时曾涉足四川都江堰。他见都江堰工程之浩大、效益之卓著，想到李冰父子的功绩，不禁慨然感叹："壮哉，大丈夫为官当如此！"

在会稽任守后，马臻目睹了水、旱、潮灾害之苦，以及豪门贵族各霸一方、与水争地所引起的民间械斗等使百姓遭殃的状况，为之忧虑万分，痛心疾首。他计划兴修和扩建已有的水库堤坝，但此举效果甚微，更兼动辄得罪豪门，举止维艰。大禹治水三过家门而不入的精神，以"四海为壑"的宏大气度，以及李冰父子兴修都江堰的伟绩，对马臻始终是一种巨大的推动力，激励他以会稽郡千秋万代的大业为重，而摒弃一己之得失。东汉永和五年（140年），马臻振臂一呼，毅然发动当地人民，在山会平原南部原有堤塘、湖泊的基础上，开始筑堤潴水，总纳山阴、会稽两县36源之水，溉田9000余顷，为江南古代最大的水利工程之一，民享其利甚巨。

后因水土流失，在唐中叶以后逐渐淤积，又从北宋大中祥符年间（1008—1016年）开始有豪绅在湖中建筑堤堰、筑湖垦田，湖面积大大减少。北宋末围湖最盛时终于为成田。到元代仅少数特别低洼处还保留着潴水，鉴湖已经名存实亡。今湖塘、容山湖、阮石湖、白塔洋均为其遗迹。湖长约15千米，面积3千米^2。鉴湖水质极佳，驰名中外的绍兴酒就用鉴湖水酿制。湖滨有马臻墓、陆游故里、三山、快阁遗址等古迹。

当年马臻发动民众兴修水利，却得罪了豪绅，被诬告致死，后来会稽百姓设法把他的遗骸运回，安葬于鉴湖之畔，建墓立庙，永久祭扫。墓在鉴湖东跨湖桥下，后依鉴湖、前临旷野，墓前有石坊一座，上刻"利济王墓"（"利济王"为北宋仁宗所赐）四个大字。墓碑上刻有"敕封利济王东汉会稽郡太守马公之墓"，为清康熙五十六年（1717年）修墓时所立。墓东侧有马太守庙，始建于唐开元年间（713—741年）。现存前殿、大殿和左右厢，为晚清建筑。大殿面阔11.62米、进深11.98米，分3间。宋代王十朋有诗云："会稽疏凿自东都，太守功从禹后无。能使越人怀旧德，至今庙食贺家湖。"在绍兴，马臻是仅次于大禹的治水英雄，在历代当地百姓心中都有崇高威望。1963年，马臻墓被确定为浙江省重点文物保护单位。

绍兴马臻墓

（2）工程概况。

鉴湖东起蒿口斗门（今上虞蒿坝镇）、西至广陵斗门（今绍兴县南钱清），全长56.5千米。湖在集雨时面积为610千米^2，湖总面积189.9千米^2。鉴湖是和今安徽寿县的芍陂及河南息县以北的鸿隙陂齐名的我国古代最大的灌溉陂塘之一，它还具有防洪、航运和城市供水的综合效益。

鉴湖修筑的规划设计科学，它南靠会稽山脉，山脉从东南到西北横亘绍兴境内，鉴湖之北则是宽阔的山会平原，再北则面对杭州湾。鉴湖的修筑巧妙地利用了会稽山脉—山会平原—杭州湾高程上的自然变化，依山筑塘成湖，积蓄会稽山脉诸溪之水，顺着自然地势启放湖水灌田。

鉴湖是由蓄水防洪的湖堤，调节湖水泄放，用于灌溉和航运的斗门、堰闸，防水或导水入城的堰，以及具有排泄灌区渍水防涝、积蓄内河淡水灌溉、防止咸潮内侵三种功用的江闸（玉山斗门）等水工建筑物构成的完整的区域性水利系统。其中，发挥水利效益的是湖堤和闸堰。鉴湖的堤防建在湖的北边，即《嘉泰会稽志》所引《旧经》"湖水高平畴丈许，筑塘以防之"的塘。湖水面之所以能高出灌区地面丈许，从而形成自流灌溉的优良条件，并不是因为湖底高于湖外地面，而是由于湖堤蓄水、抬高湖水位的结果。

筑堤形成鉴湖后得到了蓄水库容。但要实现对水库水量的调配，用以灌溉、航运和防洪，则需要借助堤上的斗门和堰闸。在郦道元时期鉴湖上已有水门69座，但没有说明这些水门的分布和功用。北宋熙宁二年（1069年），曾巩在《序越州鉴湖图》上分别记载了具有灌溉和泄洪两种不同功用的泄水建筑物。用于灌溉的，在东湖上有阴沟14座，西湖上则只有柯山斗门1座。此外，位于东湖东端的曹娥斗门和蒿口斗门，其功用是"水之循南堤而东者由之，以入于东江"，明显是用于泄水防洪。而西湖上的广陵斗门和新径斗门则是用于泄鉴湖水入于西江。其余的灌溉斗门和阴沟，也可用来泄洪，只是泄水量较小。这里将闸门分作灌溉和防洪两类，是指其主要功用而言。以上斗门、阴沟都设在鉴湖堤上。此外，在古三江口之南还有一座朱储斗门，位于灌区最北边，用以排泄灌区多余的水量。南宋庆元二年（1196年），徐次铎在《复鉴湖议》中记述水门甚详，其时在湖堤上的泄水建筑物，属于会稽管辖的有4座斗门、4座水闸和13座堰；属于山阴管辖的有3座斗门、3座水闸和11座堰。当年的斗门是大型闸门，水闸形制较小，堰则是无闸门的溢流堰。此外，湖堤上还有临时挖开泄水的小沟和暗沟等，则不在计算之列。在州城东门和西门又有4座水堰。属于会稽的有都泗堰和东郭堰，属于山阴的则有陶家堰和南堰。其中，都泗堰在都泗门外，东郭堰在东郭门外；殖利门外的是南堰，西偏门外的是陶家堰。前三闸在东门和南门，为防止鉴湖下泄的水入城。陶家堰则导鉴湖泄水入西兴运河。

以上所说斗门、堰闸的启闭，都以水则为依据。鉴湖水面常比州城中府河高二三尺。湖下灌区河网相互贯通，灌区内的水位控制则依据建于都泗门东，会稽、山阴交界处的水则。"凡水如则，乃固斗门以蓄之；其或过，然后开斗门以泄之"。前两个水则明显是用来指示鉴湖堤上斗门、堰闸的蓄泄的。

（3）历史地位。

浙江绍兴鉴湖是一座集灌溉、防洪及向城市和运河供水为一体的综合性水利工程，对绍兴地区的环境和经济发展有着重要的作用。最早记载鉴湖的是刘宋时期《会稽记》的作者孔灵符。孔灵符说鉴湖"筑塘蓄水高丈余，田又高海丈余。若水少则泄湖灌田，如水多则开（应为闭）湖泄田中水入海，所以无凶年。堤塘周回三百一十里，溉田九千顷"。《会稽记》久已佚失，这段文字出自北宋的《太平御览》，宋以前的类似引文还见于唐代杜佑的《通典·州郡十二》和南宋的《嘉泰会稽志·镜湖》。《嘉泰会稽志》的引文作"《旧经》

云：湖水高平畴丈许，筑塘以防之，开而泄之。平畴又高海丈许。田若少水，则闭海而泄湖水，足而止。若苦水多，则闭湖而泄田水，适而止。故山阴界内比畔接疆，无荒废之田，无水旱之岁"。

《宋书·孔季恭传附孔灵符传》记载："会土带海傍湖，良畴亦数十万顷，膏腴上地，亩值一金，户、杜之间不能比也。"由此可知，当时绍兴地区的经济繁盛甚至超过了富庶的关中地区，这主要得益于鉴湖的滋润。自此之后，有关鉴湖巨大效益的论述史不绝书。

鉴湖作为一个人工蓄水库，由湖堤、水闸、溢洪道等设施组成了一个完整的灌溉枢纽，起蓄水、泄洪、灌溉、济运、供水等作用，工程技术达到相当高的水平，虽然有些设施是后代逐渐修建的，但北魏时已有水门69所，与东汉初期修建的水门数量差别不会太大，故东汉时鉴湖工程技术处于当时国内的领先地位。

绍兴鉴湖风光

今天鉴湖是古鉴湖东湖、西湖的残余部分，位于越城区和绍兴县境内，面积约50余千米^2。其主干道东起亭山乡，西至湖塘乡，东西长22.5千米，最宽处可达300米以上，平均宽度108.4米，平均水深2.77米，形如一条宽窄相间的河道，镶嵌在绍兴平原上，并在平原南部构成了特有的河港相通、河湖一体的塘浦河湖体系。长期以来一直是这一带生活、生产、航运、旅游等综合利用的水源。这里山水沛然之处不失秀美，河湖交错之地不少恢宏，春夏秋冬，晴雨风雪，景色各异，一派江南水乡风光。

1.2 古灌区

水利是农业的命脉，是古代经济社会发展的基础。要想有丰盈的粮食，农田必须要便于灌溉。因此，兴修水利工程便成为了维持"基本经济区"持续稳定产出的重要条件。1935年冀朝鼎在《中国历史上的基本经济区与水利事业的发展》一书中指出："治水问题，在中国南方与北方，形式上存在较大差异，但是都涉及控制水量与增肥土壤两方面的问题。在南方，不是排洪沟渠携带淤泥增肥农田的问题，而是排除多余积水、利用排干水的沼泽湖床耕种（主要种植水稻）的问题。"

灌区的形成和发展，不仅是农业抗御干旱灾害的前提条件，而且也是农业基本经济区产生的基本条件，还是华夏历史文明孕育的基础。如黄河流域形成的灌区就有宁夏平原、河套平原、关中平原、华北平原、渭河平原等，形成以河湟文化、关中文化、河洛文化和齐鲁文化为代表的"粟作文明"，成为世界农业文明起源的中心区域。河套灌区位于内蒙古自治区中部的河套平原，是引黄河水灌溉的自流灌溉区。河套灌区位于内蒙古自治区巴彦淖尔市、黄河"几"字弯最北端，既是中国最大的一首制自流引水灌区，也是中国最古老的超大型千万亩灌区之一。河套灌区引黄河水灌溉始于秦汉，历经北魏隋唐大规模开发，至清末开挖大小干渠40多条，沿用至今的13条大干渠在此形成，已有2200多年的历史。长江流域形成的灌区有江汉平原、洞庭湖区、鄱阳湖区、安徽沿江圩区及太湖流域等地区，还有河南刁河灌区、江西南车水库灌区、安徽驷马山灌区、湖南六都寨灌区、四川升钟水库灌区及云南渔洞水库灌区等，形成"稻作文明"，对东亚文明乃至世界文明影响甚远。下面，选取宁夏引黄古灌区、内蒙古河套灌区、陕西龙首渠引洛古灌区、江苏里运河—高邮灌区、江西潦河灌区、河南南阳古灌区、河南引沁古灌区、河南古代茹陂灌区、河北滏阳河灌区、云南滇池水利、广东雷州灌区和陕西眉县成国渠遗址进行介绍。

1.2.1 宁夏引黄古灌区

黄河自中卫市南长滩入宁夏境，过青铜峡，到石嘴山市麻黄沟出境，全长397千米。由于黄河在宁夏境内山舒水缓，沃野千里，河面稍低于地面，引黄条件得天独厚，在黄河上直接开口即可引水灌溉。宁夏引黄古灌区主要指秦渠、汉渠、唐徕渠、惠农渠、大清渠等2000多年来不同时期修建的引黄古渠，南北长320千米，东西最宽40千米，面积达6600千米^2，是中国最古老的大型灌区之一。到新中国成立前夕，全灌区直接从黄河引水的大小干渠共39条，总长1350千米，灌溉面积192万亩。

宁夏引黄灌溉的历史可远溯秦汉。当时从匈奴统治下夺回这一地区，实行大规模屯田。《汉书·匈奴列传》记载："自朔方（郡治在今内蒙古自治区乌拉特前旗，黄河南岸）以西至令居（今甘肃省永登县西北），往往通渠，置田官。"东汉也在这一带发展水利屯田。《魏书·刁雍传》载：在富平（今吴忠市西南）西南30里有艾山，旧渠自山南引水。北魏太平真君五年（444年）薄骨律镇（治今灵武市西南古黄河沙洲上）守将刁雍在旧渠口下游开新口，利用河中沙洲筑坝，分河水人河西渠道。新开渠道向北40里合旧渠，沿旧渠80里至灌区，共灌田4万余顷，史称艾山渠。灌田时"一句之间则水一遍，水凡四溉，谷得成实"。开渠后3年即可向今内蒙古五原一带运送军粮60万斛。《水经注》记载，黄河自青铜峡以下还向东分出支河，灌溉富平一带农田。除了朝代更迭和战乱破坏，黄河在这里不曾有过重大灾害，因此早在明代就有"天下黄河富宁夏"的评说。2017年，以"宁夏引黄古灌区"名称入选世界灌溉工程遗产目录，这是黄河干流上的首个世界灌溉工程遗产，代表着中国古代水利工程技术的卓越成就。

（1）灌区概况。

秦汉时期，黄河流域农业生产发展很快，主要表现在普遍使用牛耕、农业生产工具改进、精耕细作技术创新和水利事业发展等方面。秦汉时的宁夏南部是农牧两宜的半农半牧区，有"马千匹，牛倍之，羊万"的畜牧业养殖，也有"以万钟计的粟"。秦汉时期为了加强边防，政府曾数次大规模徙民屯边，于是便在黄河东岸开辟秦渠、汉伯渠，在西岸修建汉延渠、光禄渠，引黄河水灌溉着黄河两岸数十万亩的良亩，在秦汉时已形成了黄河流域著名的引黄灌溉区。秦渠，是宁夏平原灌溉农业文明的开始。秦渠，由青铜峡东岸引水经青铜峡、吴忠到灵武市北门外，全长约60千米，整个走向地处黄河东岸古灵州境内，是早期宁夏平原自流灌溉最理想的灌区。至今，秦渠仍是黄河东岸最大的灌区。从历史角度来看，秦汉时期宁夏平原河东的秦渠、汉渠等大型水利工程，无论在当时还是对后世都很有影响。

宁夏引黄古灌区世界灌溉工程遗产纪念碑

秦始皇二十七年（公元前220年）在河套黄河沿岸筑城屯驻，这是宁夏北部地区的第一次移民开发，水渠开凿，农田垦殖，率肇此时。浑怀障（今宁夏银川月牙湖）、神泉障（今宁夏吴忠利通区西南）军城随之出现。秦朝时期，南部地区的畜牧业发达，"富名遐迩天下"，以乌氏县女大牧主倮（又作"赢"）为代表，她的牲畜之多，数量无计，只能"以山谷量牛马"，连秦始皇对她都"待比封君，以时与列臣朝请"。由于农业和畜牧业的发展，也带动了手工业和商业交换活动的相应发展。

西汉时期，大规模"募民徙塞下屯耕"大兴开渠引水灌溉，"自朔方以西至令居（今甘肃永登西北）普遍修渠溉田"，使得黄河南岸广大新垦区出现"冠盖相望"的繁荣景象。宁夏的农牧业同样得到全面大发展，时北部是被称为富裕代名词"新秦中"的一部分，南部亦"马匹遍野"，"畜牧为天下饶"。

但随着东汉末年衰败，水利建设亦随之减少，主要是对西汉旧渠的修缮利用。汉延渠，就是东汉顺帝永建四年（129年），谒者郭璜督促徙民在秦时修建的旧渠的基础上进一步修缮延伸而成的。

进入南北朝时期，宁夏的社会经济一度得到恢复发展。尤其是北魏薄骨律镇将刁雍在任期间，在屯垦戍边、安置少数民族、兴修水利、恢复农业等方面都作出了突出的成绩。本地生产的粮食自给有余，一次就调"运屯谷五十万斛付沃野镇以供军食"，而且是自行造船，从黄河水道运送的，这又成为黄河中上游水运开发的首创。由于多余的粮食在平地堆放，刁雍于太平真君九年（448年）上表"求造城储谷，置兵备守"，所建之城被魏太武帝赐名为"刁公城"，以示对刁雍嘉奖。北魏孝文帝平定三齐后，于太和初年（477年），将历下（今山东省济南市）兵民迁至薄骨律镇，筑历城（今宁夏银川月牙湖）供居屯。北周时，继续向宁夏移民兴屯。周武帝建德三年（574年），迁2万户于丽子园，置怀远县和怀远郡，这就是今银川市的前身。消灭陈国（国都建康，即今南京市）以后，又迁该国江南兵民于灵州，对河东地区再次进行大规模开发，使这片土地变成与移民老家的江南水乡一样美丽富庶。史称："因江左之人崇礼好学，习俗相化，因谓之'塞上江南'。"这一历史时期，宁夏还是陇右丝路的重要枢纽，固原市北魏墓葬中出土的波斯萨珊朝卑路斯王银币和北周李贤墓葬中出土的玻璃碗、金戒指和金银壶等三件波斯珍品，就是宁夏在中亚交通史上重要地位的物证。

唐代宁夏引黄灌渠有薄骨律渠、汉渠、胡渠、御史渠、百家渠、光禄渠、尚书渠、七级渠、特进渠等。唐徕渠又名唐梁渠，俗称唐渠，始修于汉代，因唐代扩建延长招来民户垦种，故名唐徕渠。渠口在青铜峡附近，引黄河水北流经永宁县、银川市、贺兰县至平罗县境止。经历代整修，一直沿用到今。唐徕渠从青铜峡流出，经永宁县、银川市、贺兰县，渠梢在平罗县。唐徕渠唐徕渠全长154.6千米（干、支渠全长314千米），流经五市、县，渠口进水量160米^3/秒，灌溉田地110万亩，有"塞上龙管"之称。唐徕渠灌区的大规模开发，以及怀远县城（今银川）由黄河河西阶地前缘向阶地中央唐徕渠畔的转移，标志着灌区向地势低洼、湖沼密布、原有盐化土壤的平原中部发展，表明唐代生产力水平提高到了一个新的阶段。

安史之乱后，吐蕃常在这一带用兵。唐代宗大历八年（773年）郭子仪败吐蕃兵于灵州（今宁夏灵武西南）南的七级渠。后5年回纥人进攻灵州，堵塞汉、尚书、御史三渠引水口，破坏唐兵屯田。汉渠在灵武县（今永宁西南，黄河西岸）南25千米，北流20千米有千里大陂，长25千米、宽5千米，相传为汉代所建。它的附近还有胡渠、御史、百家等8条渠，溉田500余顷。郭子仪曾请开御史渠，灌田可至2000顷。元和十五年（820年）重开淤塞已久的光禄渠，灌田1000余顷。唐穆宗长庆四年（824年）开特进渠，灌田600顷。此外，回乐县南有薄骨律渠，灌田1000余顷。《元和郡县图志》称："（贺兰）山之东，（黄）河之西，有平田数千顷，可引水灌溉。如尽收地利，足以赡给军储。"《宋史·夏国传》载：今银川、灵武一带有唐徕渠、汉延渠，无旱涝之忧。北宋前期宁夏一度为西夏政权割据。李元昊在1032—1048年间，曾修建长300多里的李王渠（又名昊王渠），大约是对北魏艾山渠的重建。《元史·郭守敬传》载，其时银川一带有古渠，其中唐徕渠长400里，汉延渠长250里。其他州还有长200里的大渠10条，大小支渠68条，共灌田9万多顷。

元至元元年（1264年），郭守敬修复宁夏灌区。秦家渠的名字也在这时出现，后来简称秦渠，讹传为秦代所开，有人认为是古七级渠。蜘蛛渠在明代称为古渠，也应是元代修的渠道，是今中卫美利渠的前身。明代除利用旧渠外，有铁渠、新渠、红花渠、良田渠、满答喇渠（都是唐徕渠支渠）、石空渠、白渠、枣园渠、中渠、夹河渠（以上在今中卫）、羚羊角渠、通济渠、七星渠、贴渠、羚羊店渠、柳青渠、胜水渠（以上在今中宁）等各渠出现。灌区向青铜峡上游发展，技术上大量修筑石坝石堤，加强引水和泄洪能力。

清康熙四十七年（1708年）开大清渠，灌溉唐徕、汉延二渠之间高地。清雍正四年（1726年）开惠农渠，取水口在汉延渠口下游，灌溉汉延渠以东地区。同年又开昌润渠，灌溉惠农渠以东至黄河间的滩地。雍正、乾隆年间，大清、惠农、昌润三渠均曾多次改口改道，其灌溉面积有很大变动。以上三渠和唐徕渠、汉延渠合称河西五大渠。

民国年间，宁夏灌区分为河东区、河西区和青铜峡上游的中卫、中宁区，据1936年资料，共有支渠近3000条，干渠总长1300多千米，共灌田1.8万顷左右。1959年青铜峡水利枢纽建成后，宁夏灌区又有了迅猛的发展。

宁夏引黄古灌区

（2）水利技术。

自秦始皇派蒙恬在宁夏屯垦开渠为开端，黄河水润泽塞上山川，2200多年来，历朝各代不断开凿出秦渠、汉渠、唐徕渠等14条引黄古渠，逐步形成了覆盖宁夏平原纵横交错、密如网织的古老灌区，造就了"塞上江南"的奇迹，宁夏引黄古灌区成为黄河文化的杰出代表。

宁夏水利沿袭2000多年，除有黄河的方便引水条件外，主要还靠兴修水利的实践，在特定的自然条件下创造和发展了一套独特和完整的水利技术。在引水工程中采用无坝取水形式，多用分劈河面约1/4的垒石长（坝）导河水入渠。闸前渠道也很长，多有长5余千米的。在闸前渠道上设有堰顶略高于正常水位的滚水石堰，称为"跳"，渠水位过高则自动溢流，此下另设退水闸多座，再下则是引水正闸。闸座旧多用木，明隆庆六年（1572年）后，逐步改用石筑。正闸以下，渠两岸长堤也称坝。支斗渠口多为分水涵洞或闸门，称作陡口。不同高程的渠道相交多建木渡槽，称为飞槽。横穿渠道的泄洪和退水的涵洞，称作阴洞、暗洞或沟洞。

渠道疏浚时常使用埽工封堵渠口，即今之草土围堰，也用以修筑护岸、桥、涵、闸等的护坡，以及临时性的拦水工程等。工程岁修时还采用埋入渠底的底石作为渠道清淤的标准。测水位则用木制的刻字水则。入冬后以埽塞渠口称"卷埽"，至清明征夫岁修清淤，立夏则撤埽"开水"。"开水"后先关闭上游支渠斗口逼水至"梢"（渠尾），称"封水"，同时防冲决堤岸。上游各斗口仅留一二分水，称"依水"。水至梢后，就自下而上逐次开支渠浇灌，灌足后再逼水至梢，重新进行一轮封、依、灌。大致立夏至夏至头轮水浇夏田，二轮水立秋至寒露浇秋田，三轮水自立冬至小雪为冬灌，提高土壤墒情，预备来年春耕。夏秋两季能及时浇三四次的，就可以丰收。如农田起碱时，有时于春秋开水洗碱，或三四年中种稻一次洗碱。

在引水工程中采用无坝取水，多用分劈河面约1/4的叠石长（坝）导河水入渠。闸前渠道也很长，临河一侧建有泄水堰闸。支渠以下渠口多为分水涵洞或闸门，称作陡口。不同高程的渠道相交多建木渡槽，称为飞槽。横穿渠道的泄洪和退水涵洞称作阴洞、暗洞或沟洞。

大致立夏到夏至头轮水浇夏田，二轮水立秋至寒露浇秋田，三轮水自立冬至小雪为冬灌，用以提高土壤墒情，预备来年春耕。夏秋两作能及时浇三四次就可以丰收，如农田起碱时，有时于春秋开水洗碱，或三四年中种稻一次洗碱。

（3）历史地位。

早在2000多年以前先民们就凿渠引水，灌溉农田，秦渠、汉渠、唐渠延名至今，流淌至今，形成了大面积的自流灌溉区。秦渠始凿于秦而得名。渠口在青铜峡北，引黄河水向东北流经吴忠市到灵武县。汉渠因相传始凿于汉而得名。渠口也在青铜峡北，引黄河水向东北流到巴浪湖止。唐徕渠又称唐渠，相传始凿于汉而复浚于唐而得名。渠口在青铜峡附近，引黄河水北流经永宁县、银川市、贺兰县到平罗县止。新中国成立之后，建成青铜峡水利枢纽工程，并整理排灌渠道，改良盐碱土，扩大灌溉面积，使"塞上江南"更加富饶。尤其是，黄河青铜峡水利枢纽工程建成，结束了宁夏无坝引水的历史。与此同时，黄河水不仅在宁夏平原上自由流淌，而且开始流向宁夏中部干旱带的干涸土地，比如固海灌区以4亿米^{3}的年均供水量，灌溉着170万亩干涸的土地。其中，基本农田面积102万亩，枸杞、硒砂瓜等设施农业面积68万亩。目前，分布于宁夏北部沿黄河两岸的引黄灌区和中部干旱带的扬黄灌区，现有灌溉面积800多万亩。灌区总干渠和干渠25条、总长2290千米，支渠5300多条、总长12000千米，泵站126座。

由黄河冲击而成的宁夏平原，北起石嘴山，南止黄土高原，东到鄂尔多斯高原，西接贺兰山。宁夏平原地势平坦，土层深厚，利于灌溉垦殖，素有"天下黄河富宁夏"之说。宁夏平原为黄河泥沙冲击而成，是西北地区少有的绿洲，这里海拔1100～1200米，光热资源充足，地势高而不寒，蒸发量大于降水量，但黄河过境水量充沛，空气干燥而土壤不旱，两侧绵延约200千米，与平原高差2000余米的贺兰山，形成了天然屏障，阻挡了来自西北戈壁的沙尘和高天寒流，使得宁夏平原形成了一个得天独厚的生态环境，是农业发展的理想地区，其条件之优越可与埃及的尼罗河沿岸的绿洲相媲美。

宁夏平原盛产水稻、小麦、甜菜和瓜果，高原、山区产糜子、胡麻、大麻等，尤以水稻的优质高产久负盛名，素有"塞上江南"的美称。宁夏的枸杞，有"枸杞甲天下"之说，产销量占全国60%以上。清真牛羊肉、乳制品和毛皮制品深受国内外客商的欢迎。"宁夏滩羊"是我国特有的种质资源，肉质鲜美。宁夏南部山区的马铃薯，栽培历史悠久，属天然的绿色食品。贺兰山东麓是酿酒葡萄种植的最佳适宜区，所产葡萄酒品质优良。宁夏中卫的硒砂瓜富含多种维生素，产品销往全国。宁夏是全国唯一的回族自治区，独特的伊斯兰民族风情，悠久的清真饮食文化，面向全世界1/6的伊斯兰人口，为特色农产品生产及"清真"品牌的开发提供了广阔的市场前景。

宁夏平原虽处于温带干旱区，年降水量不足200毫米，但黄河年均过境水量达300余亿米^3，加上年3000小时的日照时数，光、热、水、土等农业自然资源配合良好，为发展农林牧渔业提供了极其有利的条件。

1.2.2　内蒙古河套灌区

内蒙古河套灌区以三盛公引水枢纽从黄河自流引水，完全实现灌排配套，由总干渠、干渠等七级供水渠道输水至田间地头及湖泊湿地，由总排干沟、12条干沟等七级排水沟道排水，后通过总排干末端红圪卜扬水站扬排到乌梁素海承泄区，最后将多余水量退入黄河，是完整配套的一首制灌排体系。内蒙古河套灌区位于黄河"几"字弯最北端的河套灌区位于内蒙古自治区西部的巴彦淖尔市，北依阴山山脉的狼山、乌拉山南麓洪积扇，南临黄河，东至包头市郊，西接乌兰布和沙漠。内蒙古河套灌区已有2200多年的历史，引黄灌溉面积达1020万亩，是我国最古老的超大型千万亩灌区和重要的粮油生产基地，是我国灌区中的"巨无霸"、灌溉农

内蒙古河套灌区三盛公水利枢纽

业的"里程碑"、可持续灌溉的典范。2019年入选世界灌溉工程遗产名录，这是我国黄河流域主干道上的世界灌溉工程遗产，填补了内蒙古自治区的空白。

（1）灌区历史。

河套灌区是我国著名的古老灌区，也是当今我国最大灌区之一。早在公元前2世纪汉武帝时便引黄河水灌溉，规模很小。中经北魏，相继有续。唐贞元间（785—804年），在今之五原县东土城和西小召一带，曾"凿咸应，永清二渠，灌田数百顷"。河套灌区的全面连续开发，乃是近代的事。清道光十年（1830年），民办开挖缠金渠，这就是河套灌区最早开挖的永济干渠的前身。至光绪二十六年（1900年），民办开挖的永济（缠金）、刚济（刚目）、丰济（中和）、沙河（永和）、义和（王同春渠）、通济（短辫子河渠）、长济（长胜）、塔布河等八大干渠相继浚通，引黄灌溉面积约6.66万公顷。清光绪二十八年（1902年），垦务大臣贻谷到绥远督办垦务和官办水利，遂将各渠整顿、开宽、浚深，并开挖支渠，逐渐有了灌区的雏形。民国时期，各地方争相开挖水渠，最多时开通大小干渠45条，总长达1500多千米，后来由于引水渠口太多，而各渠都是平口承流，互为影响，大渠与小渠争水，小渠引水日趋困难。同时由于灌溉面积不断扩大，小渠被迫并入大渠以解决当时引水困难问题。到新中国成立前夕，直接从黄河引水的渠道减少到20多条，而灌溉面积则发展到19.60万公顷。

新中国成立后，1949年有引黄干渠10条，灌溉面积约19.43万公顷。1952年5月建成黄杨闸，灌区内渠系逐渐配套。至1954年又将10大干渠合并为4大引水系统，即解放闸、永济渠、丰复渠、义长渠。1961年后，自黄河三盛公枢纽引水，分为保尔套勒盖、后套、三湖河3个灌域，作物有小麦、杂粮和向日葵等。灌区土地面积为1.16万千米^2，设计灌溉面积73.7万公顷。1987年实灌面积48.37万公顷。1988年，河套灌区配套工程计划开始实施，配套面积达21.11万公顷。有灌渠991千米，排水沟渠791千米。

1830—1960年的约130年间，河套灌区均为无坝自流引水，灌溉受黄河自然水位的限制，保证程度低，"天旱引水难，水大流漫滩"，这就是当时灌区的实际状况。从1961年三盛公水利枢纽建成开始至1981年的20年间，为有坝引水，提高了灌溉保证率，灌溉面积扩大到44.80万公顷。但有灌无排，地下水位升高，土壤次生盐碱化发展。从1981年打通总排干沟，经乌梁素海至黄河的出口起，后套灌区打通了排水出口后才进入灌排逐渐配套的新阶段，随着配套建设的不断进展，土壤盐碱化已有所抑制，粮食单产也不断提高，至1987年灌溉面积扩大到50.33万公顷。

改革开放以来，巴彦淖尔市陆续完成了农田水利配套、黄河堤防加固、排水改造等一系列重大水利工程项目，完成了灌排配套的第二次跨越，形成了密实的灌排工程体系。据统计，三盛公水利枢纽建成及总干渠运行以来，河套灌区累计引用黄河水3000多亿米^3，其中改革开放40多年来引黄用水量达1923亿米^3；灌区灌溉面积由547万亩发展到20世纪80年代的680万亩，到目前已形成近千万亩规模，牢牢夯实了全国3个特大型灌区之一的地位。特别是改革开放40多年来，河套灌区粮食总产量由3亿千克增加到31.35亿千克，农民人均纯收入由151元增长到14476元。

（2）排灌系统。

"水利兴、河套兴。"新中国成立后，河套灌区经历引水工程、排水工程、灌排配套、节水改造等4次大规模水利建设，实现了从无坝引水到有坝引水、从有灌无排到灌排配套、从粗放灌溉到节水型社会建设的历史跨越，形成比较完善的七级灌排配套体系，孕育悠久厚重的水利文化，承载着河套地区的历史发展进程。

1949年后，进行了大规模的改造和新建。20世纪50年代以来，修建了三盛公水利枢纽，健全排灌系统，又修筑了黄河防洪大堤，同时开展农田基本建设，营造防护林，扩大灌溉面积，形成草原化荒漠中的绿洲。

1958年11月，总干渠开挖；1959年，三盛公水利枢纽开工建设。经过3年时间的艰苦奋战，在磴口县与鄂尔多斯市杭锦旗之间的黄河干流上，一座18道孔洞、全长325.84米的拦河大闸巍然耸立。自此，河套灌区无坝自流、多口引水的历史归于终结，揭开了亚洲最大一首制自流引水灌区的新篇章。1961年建成了三盛公拦河闸和总干渠引水枢纽工程，并开挖了贯穿后套灌区东西长180千米的总干渠，总干渠上建有4座分水枢纽，分别为各大干渠调控水量。总干渠首设计进水流量560米³/秒，运用限量480米³/秒，总引水量45亿米³以上到1967年6月，总干渠土方开挖全线完工，通水至三湖河。年均约50亿米³的黄河水经由灌区10.36万条、7级灌排渠（沟）道及河套水务集团供水管网的接力输送，日夜滋养着河套大地，为河套地区各行各业快速发展提供强有力的支撑和保障。从1961年起，到1981年止，灌溉面积扩大了200万亩，平均每年增加10万亩。总干渠下设干渠、分干渠（灌溉面积在5万亩以上）、支渠（万亩以上）、斗渠（2000亩以上）、农渠（400～500亩）、毛渠（100亩）等六级渠系。共有干渠13条，分干渠40条，支渠222条，斗渠1056条，农、毛渠19375条，各级渠道总长度为16800余千米。

灌区排水系统多与灌水渠系相对应，亦设七级沟道，即总干沟、干沟、分干沟、支沟、斗、农、毛沟等七级。现已建成总排沟1条，干沟12条，分干沟45条，支沟137条，斗、农、毛沟11275条。总排干沟全长206千米，是灌区排水、渠道退水、山洪泄水唯一排入黄河的通道。在总排干沟入乌梁素海处，设扬水站1座，设计流量30米³/秒。站的南侧设自流泄水闸1座，设计流量60米³/秒。平时扬水站抽排，汛期泄水闸自流排水。近几年排入乌梁素海的年水量在3亿米³以上，其中1985年排入水量为5.55亿米³。排水入乌梁素海滞蓄后经退水渠自流排入黄河，退水渠全长24.7千米，在渠首设有泄水闸，设计流量100米³/秒。退水渠泄水能力40米³/秒，远期扩建到100米³/秒。据统计，退水渠年排入黄河水量在1亿米³以上，1983年排入黄河水量3.31亿米³。此外，灌区现已建成各级排水沟扬水站31座，总装机容量达8655千瓦，建成排灌竖井1636眼，控制井沟双排、井渠双灌面积36万亩。全灌区现已建成渠、沟、路、林四配套田108万亩。

总的来说，河套灌区位于黄河上中游内蒙古段北岸的冲积平原，地面高程在1018~1050米之间，地形总的倾斜方向由西南向东北展开，整体以平坡为主。从巴彦淖尔市磴口县巴彦高勒到包头东，黄河在巍峨的山脉与浩瀚的黄沙之间平缓流淌，灌区西与乌兰布和及保尔套勒盖灌域相连，东至乌梁素海以东苏吉沙漠，北至狼山，南至黄河，为一个扇形区域。内蒙古河套灌区引黄控制面积1743万亩，是亚洲最大的一首制灌区和全国3个特大型灌区之一，也是国家和自治区重要的商品粮、油生产基地。

1.2.3 陕西龙首渠引洛古灌区

龙首渠引洛古灌区地处河洛地带，修筑于汉武帝元狩年间（公元前122年至前117年），因穿渠得龙骨，故名龙首渠。这是由于因在隧洞施工中首创"井渠法"，被誉为中国历史上第一条地下渠。其后引洛灌溉代有传承，民国时期在龙首渠基础上修建洛惠渠，古灌区发展为现代洛惠渠灌区，灌溉着陕西省渭南市澄城、蒲城、大荔等三县的74.3万亩农田。2003年9月24日，龙首渠井渠遗址被陕西省人民政府公布为第四批省级文物保护单位。2018年7月3日，龙首渠遗址大荔段被陕西省人民政府归入第四批省级文物保护单位。2021年，龙首渠引洛古灌区成为世界灌溉工程遗产。

龙首渠遗址

（1）灌区概况。

龙首渠引洛古灌区位于陕西省渭南市境内，其前身是西汉时期开凿的龙首渠，首创的"井渠法"在世界水利科技史上具有重要意义。公元前120年，汉武帝刘彻采取临晋郡守庄熊罴建议，在洛河下游澄城县老状跌瀑处开渠引水，征发士卒万余人，历时10余载，建成了北洛河流域时间最早、难度最大的自流灌溉工程。

龙首渠支渠遗址

233年，三国时期的魏明帝曹叡拓展古灌区，在龙首渠下游兴建临晋陂引洛灌溉，充足的粮草使这里成为曹魏政权统一中原的根据地。公元562年，南北朝时期的北周武帝宇文邕重新开凿龙首渠，国力大增。公元719年，唐玄宗时期，同州刺史姜师度在通灵陂引洛灌溉、压碱淤地，收获万计，水利工程强有力地支撑了开元盛世。元、明、清时期，引洛灌溉零星分布，凿井引泉灌溉成为这一时期的显著特点。清代的《池泉分水碑》《水利章程碑》记载了灌溉次序、组织结构、纠纷处理等管理制度。曾经是水神崇拜之地的太白庙、曲里庙、平路庙，演变为古代水事管理的主要场所，沿用至今，庙站合一，传为佳话。

1929年关中大旱，饿殍遍野。社会各界有识之士深感兴水安民的重要性，1930年，主政陕西的杨虎城将军邀请著名水利专家李仪祉回陕，在汉代龙首渠遗址上开始修建洛惠渠工程，历时14年，以工亡52人、耗资300万银元的巨大代价最终建成，冠绝一时、蜚声中外。洛惠渠将历代不同方式的引洛灌溉重新整合，续建扩灌，修建龙首坝、夺村渡槽、曲里渡槽、一号至五号隧洞等大型工程。它的渠线布设、灌区控制科学合理，和龙首渠不谋而合。意大利水利专家沃摩度称五号隧洞为"世界水利工程，隧洞之长以铁镰为第一"。遗憾的是，因多种原因，工程未能产生实际效益。

1949年，洛惠渠迎来新生的曙光。11月，洛惠渠全面复工，施工现场热火朝天、群情激昂，5000多人以"为有牺牲多壮志，敢教日月换新天"的革命精神，仅用150天就完成修复和配套任务。1950年5月22日，洛惠渠正式开闸放水。1953年、1958年、1963年……灌区相继进行较大扩建，至1980年灌溉面积达到77.69万亩。经过70年发展变迁，如今的洛惠渠正向着惠及农业、工业、生态等多维的现代化灌区迈进。

（2）工程技术。

龙首渠是北洛河流域修建时间最早和难度最大的自流灌溉工程。汉武帝元狩到元鼎年间（公元前120年至前111年）根据庄熊罴的建议而修建的。这是开发洛河水利的首次工程，征调了1万多民工，挖通起自征县（今澄城县）终到临晋（今大荔县）的渠道。渠成后，重泉（今蒲城县东南）以东的1万多顷盐碱地得到灌溉，每亩能收10石粮。因此，以井、渠结合的方式修建地下通道，形成穿越铁镰山3.5千米的引水隧洞，被称为"井渠法"。引洛水灌溉临晋平原，就必须在临晋上游的征县（今澄城县）境内开渠。可是在临晋与征县间却横亘着一座东西狭长的商颜山（即今铁镰山）。渠道穿越商颜山，给施工带来了新的困难。最初渠道穿山曾采用明挖的办法，但由于山高四十余丈，均为黄土覆盖，开挖深渠容易塌方。另外，渠道要穿越10余里的商颜山，如果只从两端相

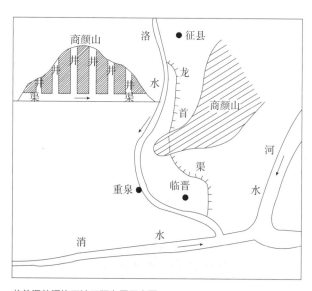

龙首渠井渠施工法工程布置示意图

向开挖，施工面较少、洞内通风、照明也有困难。于是，龙首渠施工就改用井渠施工法。《史记·河渠书》记载当时井渠施工法是："凿井，深者四十余丈。往往为井，井下相通行水，水颓以绝商颜，东至山岭十余里间。井渠之生自此始。"就是在隧洞施工中均匀布设竖井，把长距离的地下渠道分割成多个分部工程，然后相向开挖，以减少误差，竖井一举三得：既增加施工工作面，又能加快施工进度，又可弃土弃渣，兼顾通风采光，提高了工效。井渠施工法开创了后代隧洞竖井施工法的先河，若在渠道沿线多打几个竖井，这样井渠法无疑是隧洞施工方法的一个新创。同时，龙首渠的施工还表现了测量技术的高水平，它在两端不通视的情况下，准确地确定渠线方位和竖井位置，这也是难能可贵的。

龙首渠是我国第一条地下输水渠道，在施工中首创"井渠法"。据近代著名学者王国维考证，这项技术沿丝绸之路先后传到新疆、中亚，发展为著名的"坎儿井"，在水利发展史上是一个重大贡献。

晚清的丰图义仓与汉代澂邑漕仓一脉相承，被誉为"天下第一仓"，发展为今天国家粮食储备库，彰显着河洛灌区的物阜民康、富庶自足。

1931年，近代水利专家李仪祉先生主持兴办泾、渭、洛等"关中八惠"渠工程。其中修建的洛惠渠将历代不同方式的引洛灌溉重新整合，续建扩灌，一坝（龙首坝）、二槽（夺村渡槽、曲里渡槽）、五洞（一号隧洞至五号隧洞）撑起洛惠渠骨干工程架构；其穿铁镰山的五号洞，洞身全长3497米，五易方案，先后采取了洞室压气法、钢板洞壳法、改线挖渠法、井洞结合法、南北相向掘进等施工方法，南段开挖之初即遇水泉，进至22米后水泉极旺，造成洞壳裂缝严重；北段进至183米处遇沙层，至400米处又遇潜泉；历时13年才贯通。

抗日战争时期，晋南、洛阳沦陷，局势动荡、人心不安、工款不继、器材匮乏。紧急关头，时任洛惠工程局局长陆士基和副总工程师李奎顺带领员工，置个人安危于不顾，毅然将指挥机关移驻施工现场，在深沟旷野与潜泉流沙搏斗，不计毁誉、锲而不舍，五易施工方案，终以"工作井工作洞法"于1946年11月26日贯通全洞。1935年，国际联盟派遣水利专家沃摩度（Angelo Omodeo）来洛惠渠工地考察时称"世界水利工程，隧洞之长以铁镰为第一"。五号隧洞作为中西合璧水工建筑之典范，成为龙首渠引洛古灌区的精神高地。

（3）历史地位。

龙首渠的建成，使4万余公顷的盐碱地得到灌溉，并使其变成"亩产十石"的上等田，产量增加了10倍多。这段穿过商颜山的地下渠道长达5000多米，是中国历史上的第一条地下渠，在世界水利史上也是一个伟大的创造。井渠法在当时就通过丝绸之路传到了西域，直到今天，新疆人民在沙漠地区仍然用这种井渠结合的

龙首渠渠首大坝

办法修建灌溉渠道，叫作"坎儿井"。中亚和西南亚的干旱地带也用这种办法灌溉农田。西汉龙首渠的井渠法是中国古代汉族劳动人民高度智慧的结晶，它为世界水利事业提供了宝贵的经验。

龙首渠引洛古灌区已发展成为灌排体系完整的大型灌区，工程由大坝、灌排渠系及配套设施组成，分设洛东、洛西两大系统，包括总干渠1条、干渠4条、分渠13条，总长248千米，灌溉陕西渭南市澄城、蒲城、大荔三县74.3万亩农田，惠及人口69万人。多年来累计引洪淤灌、改良盐碱地23万亩，引水114亿米^3，消纳入黄泥沙2亿吨，灌溉面积上亿亩次，生态、经济、社会效益显著，先后荣获全国科学大会奖、全国先进灌区等殊荣。2020年，龙首渠引洛古灌区正式申报世界灌溉工程遗产。

1.2.4　江苏里运河–高邮灌区

高邮是国家历史文化名城，历来是一片鱼米之乡。京杭大运河淮阴至瓜洲段，称为里运河，里运河高邮段全长43公里，是我国大运河的重要组成部分。里运河–高邮灌区位于江苏省高邮市境内，通过闸、洞、关、坝等水工设施，连通高邮湖和高邮灌区，实现了水在"高邮湖–里运河–高邮灌区"之间的调配，兼顾灌溉和漕运两大功能，是我国古代巧妙利用河湖水系、合理调控河流湖泊的水系连通工程的典范。2021年，里运河–高邮灌区入选世界灌溉工程遗产名录，现存平津堰、南关坝、界首小闸、子婴闸、车逻闸等主要遗产点。

江苏淮安里运河

（1）历史沿革。

春秋时期，吴王兴建邗沟，揭开了古运河建设史的篇章。里运河肇始于春秋时期的邗沟。高邮的灌溉历史，可追溯到造平津堰的811年，距今1200多年。唐宪宗元和年间，淮南节度使李吉甫为阻遏湖水、灌溉农田，兴建水利。《新唐书》记载，李吉甫因"漕渠庳下不能居水，乃筑堤阏以防不足，泄有余，名曰平津堰"。平津堰的修建，和后来陆续建造的水闸、水关、水洞类似，出发点是让运河水位能被合理调节。值得一提的是，"防不足，泄有余"也成为1000多年来高邮水利灌溉一以贯之的建设思路。高邮城西古运河故道边镇国寺塔段，有一段至今尚存明代条石砌成的近百米的古石堰，南来北往的游客在饱览大运河及高邮湖风光之后，都会寻到此地驻足一番。这就是平津堰，淮扬运河段目前所发现的唯一仅存的堰，是大运河开凿史上的水利工程杰作。灌溉工程使得古城高邮万顷良田受水利之惠，物产丰饶。宋代开始，这一区域稻麦一年两熟已趋稳定，高邮就一直是全国粮食主产区。运河漕运打通了交通主动脉，灌溉又提升了粮食产量，促进了两岸经济的发展、人口的增长。

南宋时期黄河夺淮，其水流方向发生改变，淮河出海无路，黄河携淮河从洪泽湖下泄入江。黄河夺淮，令高邮湖盆高于平原农田3米多，形成了"悬湖"。里运河沿线因此具备了自流灌溉的基础。于是，明清时期建设众多石闸、涵洞，方便调水配水。高邮湖水通过运河闸坝向下排放，保障漕运水位和河堤安全的同时，还可灌溉农田，变水患为水利。当地民间口口相传的"五坝岁连固，下河秋获肥"，也正是这个道理。

新中国成立前，高邮地区沿大运河一线只有零星引用运河高水位自流灌溉。1950—1952年，高邮先后修建了车逻闸、八里铺洞、永平洞，并兴建了永丰洞。由于里运河东西堤得到治理，加上上游洪泽湖增加了蓄水量，提高了调节能力，从而为发展自流灌溉创造了条件。1953年，高邮在原有河道基础上又进一步加筑圩岸、兴建涵闸洞工程（计兴建小型涵闸洞33座）和兴办小型自流灌溉区。当年，从北至南共建成子婴闸、界首小闸、琵琶洞、难关闸等8个灌区。1956年，小型自灌区又增加到11处，自流灌溉面积增加到13.85万亩。

目前，高邮灌区通过运河东堤的子婴闸、界首小闸等8座闸洞，引运河水自流灌溉，经干、支、斗三级渠道灌溉农田；通过南水关、琵琶洞引运河水为城区河道提供活水水源，保障城区河道清水长流。

（2）工程特点。

里运河-高邮灌区在江苏省高邮市境内，通过闸、洞、关、坝等水工设施，连通了高邮湖和高邮灌区，实现了水在"高邮湖-里运河-高邮灌区"之间的调配，兼顾了灌溉和漕运两大功能。"湖-河-灌区"是开放的复杂系统，从蓄水、调水、漕运、配水到灌溉，是协调运行的有机整体，实现了动态平衡，通过闸、洞、关、坝等水工设施实现水系连通，促进了区域生物多样性，诠释了"天人合一"、人水和谐的可持续发展理念。在这个系统中，水资源的空间和时间分布上的不平衡得到了一定程度的解决，水资源的利用效率明显提高。

里运河-高邮灌区的工程自西向东共有三大功能区，分别是高邮湖、里运河、灌区。高邮湖与里运河间有西堤三闸，里运河与灌区间有归海五坝、南水关、东堤六闸九洞，由此形成一个完善的灌溉调配体系，通过运

里运河-高邮灌区

堤的水闸、水关、水洞，让水在湖、河、田之间自由发挥作用，实现高邮湖蓄水、西堤三闸调水、东堤六闸九洞配水功能，最终达到灌溉目的。

首先，系统化的工程布局理念。里运河－高邮灌区经长期建设发展，灌、排、挡、降工程体系之健全精巧，是系统论方法在历史灌溉工程上的成功运用，它以"湖""河""潭"为蓄水三大载体，以"闸""洞""关""坝"为灌溉调水四个通道，以"干""支""斗"渠为灌溉配水三级网络，形成了完善的灌溉用水体系。这一水工遗产的工程布局有三大体系化特点：载体明确，就是以"湖""河""田"为灌溉水的三级载体；输水通畅，就是以"闸""洞""关""坝"为灌溉水输水通道；终端配水，就是以"干""支""斗"三级渠系为灌溉配水的终端。在此基础上，里运河－高邮灌区形成了蓄水、调水、漕运、配水、减水，最后达到完善的灌溉体系。

其次，是创造性地"河湖分离"。明代以前，运河以相互连通的众多湖泊为运道。1489年，户部侍郎白昂巡视运河时，为避免船行湖中遭遇风浪倾覆，科学设计运道，率先提出在高邮开越河。从次年3月开始，用了4个月的时间，开挖成"起州北三里之杭家嘴，至张家沟而止，长竟湖，广十丈，深一丈有奇。两岸皆拥土为堤……"的河道，就是遗存至今的运河故道。此后船只经高邮，风涛化为坦途。

同时，实现了两大动态平衡。河湖分离使高邮湖成为调节里运河水量和水位的"水柜"，即当运河水量多时，通过闸坝等水工设施放运河水入河道进农田，蓄水以利灌溉；当运河水量少且水位低时，则泄湖水入运河，以抬高运河水位、保证航运畅通。这样就基本实现了旱涝的水位平衡、灌溉与航运的双重动态平衡。

最后，灌区工程建造工艺也尤为突出，是当时独特的工程技术的运用体现。南关坝主体为条石结构，基础为密集杉木桩，周边为三合土。各条石之间用石灰糯米汁灌注，用铁锭连接，坝面形成流线型溢流面。这样结构严谨的坝体，历经了数百年洪水考验仍保存完好。

（3）历史地位。

明清时期，高邮湖水通过运河闸坝向下排放，保障漕运水位和河堤安全的同时，还可灌溉农田，变水患为水利。当地民间口口相传的"五坝岁连固，下河秋获肥"。

里运河－高邮灌区是南水北调东线工程源头段首个面积超过50万亩的大型灌溉区。高邮境内运河两岸已建成九闸九洞及四座归海坝，形成较为完善的灌溉排水体系。灌区引里运河水自流灌溉，总引水能力150个流量，有效灌溉面积3.26万公顷，有主引水干渠105.8千米、支渠546.8千米、斗渠1600千米，治水理念科学、工程布局完善、建造工艺先进。里运河－高邮灌区不仅有天赋的自然美，丰富的浅滩湿地，为各种鱼鸟和水生植物的生长、栖息、繁衍提供了得天独厚的生态环境，其中已知野生动植物达500多种，鸟类就有40科194种，还有人为的"复合美"，"稻鸭共作"这种立体种养复合生态不仅经济高效，更完美地诠释了"天人合一"的传统农耕思想，对现代生态农业发展具有重要启示。

1.2.5　江西潦河灌区

潦河灌区位于江西省西北部修河水系潦河流域，始建于唐朝太和年间人们在北潦河南支下游修筑蒲陂，至今已有近1200年的历史。明清时期相继在中游、上游兴建乌石潭陂和香陂，成为江南丘陵地区典型的古代引水灌溉的系统工程。新中国成立后，潦河灌区又相继兴建4座灌溉工程并延续至今，灌溉农田33.6万亩，惠及

潦河灌区

人口26万人，是赣西北的重要粮仓。2021年11月，江西潦河灌区入选世界灌溉工程遗产名录。

（1）历史沿革。

潦河发源于九岭山脉，属修河一级支流，分为南、北潦河，北潦河又分南、北两支。潦河从位于赣西北的九岭山脉蜿蜒而出，向东流经江西省宜春市奉新县、靖安县及南昌市安义县等3县境内。

潦河灌区位于江西省西北部，属于修河支流潦河流域。灌区工程最早始建于唐太和年间，古人在北潦河南支下游修筑蒲陂，开渠导水，灌溉农田千余亩，其后，又陆续于明成化十二年（1447年）、清乾隆十六年（1751年）在中游和上游依次兴建乌石潭陂、香陂，是江南丘陵地区典型的古代引水灌溉的系统工程。20世纪50年代改建和扩建达到现有规模，是江西省兴建最早的多坝引水灌区。潦河灌区工程是一座以防洪、排涝、灌溉为主的大型灌溉工程，由7座引水大坝、7条主干渠、362座主要渠系建筑物、148条支渠、456条斗农毛渠组成；干渠总长152千米，支渠总长480千米，支渠以下斗农毛渠总长788.5千米。设计灌溉面积33.6万亩，受益人口26.1万人。

（2）工程概况。

潦河灌区主要由蒲陂、乌石潭陂、香陂组成，是江西兴建最早的多坝自流引水灌区，以灌溉为主，兼有防洪、排涝、水土保持等功能。作为江南丘陵地区现存最完整的传统灌溉水利系统，古人沿潦河自下而上梯次置陂，三座水陂相距仅8千米，属于南方丘陵地区典型的筑坝引水工程形式。据史料记载，这三座陂堰的最早创建，都是经过民众的亲身勘察。他们深入考察当地水源和地理环境，科学考证，并根据当地的自然条件和社会需要进行了综合规划。主陂坝、主干渠道及闸门、垄口等共同构成了工程的总体布局，主陂坝、闸门的位置安排也显示出当初的合理规划设计。

1）蒲陂工程。蒲陂工程是潦河灌区里最早的灌溉水利工程。蒲陂古堰始建于唐文宗太和（827—835年）年间，由新吴县从善乡（今奉新县干洲镇）人在北潦河南支转弯处拦河修堰，开渠导水，引河水灌溉农田，惠泽的农田达到了千亩。史载古时土坝有十余丈，至今已不复存在。清康熙五十一年（1712年）至雍正五年（1727年），当地民众两次对该陂进行维修，将原有的柴土旧基改为块石砌筑，块石之间用三合土涂刷，以加强其牢固性。目前，陂堰遗址还清晰可见，尚存有数量庞大的块石和条石。

在蒲陂上游约3千米的乌石李家村畔，是奉新县从善乡（今干洲镇）民众于明成化十二年（1476年）修建的乌石潭陂（又名洋濠堰），灌溉奉新、靖安两县农田万余亩；在乌石潭陂上游约1千米处的靖安县项家马草湖畔，则是清乾隆十六年（1751年）重修的香陂，灌田两三千亩。

蒲陂古堰位于今靖安县香田乡白鹭村车下陈村上1千米处的北潦河南支转弯处，今名北潦闸坝。始建于唐太和年间（827—835年），新吴县从善乡（今奉新县干洲镇）人在北潦河南支转弯处拦河修堰，开渠导水，引河水以灌溉农田，受益面积达1000余亩。因修筑陂堰处多菖蒲，故名蒲陂。蒲陂修筑土堤共超15千米，为防止干渠渠水泛溢，在15千米长的土堤上共开设了16道蓄泄闸口。多余渠水再向南流时，又在渠尽处修筑一道土堤，在堤上设置一道闸口，可用以灌溉堤下农田，使工程灌溉效益最大化。明朝时这里仍有低矮的柴桩卵石坝，清朝时改为干砌块石坝，改称湖堰，引水渠长约5千米，灌溉奉新境内农田；其时安义曾将引水渠道接抵孔湖，灌溉田数十余里。

1950年春，江西省人民政府水利局根据北潦河水量丰富、下有大片农田需要灌溉、地形优越、有扩灌条件等实际情况，对蒲陂进行了改扩建，更名为北潦闸坝，把干渠向高地延伸14千米，扩灌到安义县境内。其后1968年、1977年、1997年、2005年、2013年又先后进行了除险加固，形成现有规模，现灌溉农田5.39万亩。蒲陂古堰是奉新县最早创修的水利工程，迄今已有1180余年。

2）乌石潭陂。乌石潭陂又名洋濠堰，位于靖安县香田乡乌石李家。北潦河南支河水流至此地形成一深潭，深潭周边多黑色巨石，故名乌石潭。同治版奉新县志《乌石潭陂记》中记载，"河中巨石，砥柱中流，乡民重地势而以人工，因之为陂"。

为解决奉新县从善乡湖西村一带的农田灌溉问题，自明成化十二年（1476年）余鼎汉创修以来，从善乡民分别于嘉靖四年（1525年）、清道光三年（1823年）、民国29年（1940年）进行了重修。新中国成立后，南昌专区潦河水利管理处又于1954年进行了扩建加固，并更名为洋河闸坝。后经1965年、1973年、1981年、1999年、2013年又分别进行了除险加固，形成现有规模，目前灌溉农田1.59万亩。

在明嘉靖四年（1525年）的复修中，靖安县村民为了灌溉位于洋濠渠南边的田地，在洋濠渠主渠南面开挖了一条分渠，在主渠中设立一根槔木以抬高水位，使渠水南北分流。经双方反复试验，确定"距堰口随路量计七尺，槔木围圆三尺七寸五分"。槔木围圆的尺寸保证了奉、靖两县农田均能得到渠水的充分灌溉，是两县古代劳动人民合理利用水资源和均分水利的典型例证。

此外，乌石潭陂充分利用河中"巨石"拦河筑坝，陂坝泥沙淤积少，不用"淘滩"；在河堤上植树成林，护陂固圳，至今古樟群保存完好，是古人因地制宜、人水和谐相处的典范。

3）香陂。香陂又名马子堰和解放闸坝，位于靖安县双溪镇马草湖。始建于明代，拦截北潦河青山支河水筑陂，陂长10丈，灌田325亩。清乾隆十六年（1751年），堤长增至64丈5尺，灌田增至4000亩。清咸丰四年（1854年），青山水圳被洪水冲毁。清同治三年（1864年），复凿石开圳200余丈，灌田增至7000亩。1951年扩建，渠长增至21千米，灌田增至3.65万亩。2016年，坝首遭受洪水损毁。2018年，为将灌溉泄洪与城市抬水工程相结合，在原解放闸坝下游1.24千米处新建了解放闸坝，成为一座以灌溉为主，兼有泄洪等综合功能的中型闸坝。

（3）历史地位。

唐太和年间，古人在北潦河南支修筑蒲陂（现称北潦闸坝），开渠导水，灌溉农田千余亩。随着农业灌溉的发展需求日益增大，分别于明成化十二年（1476年）、清乾隆十六年（1751年）在北潦河南支上游依次兴建乌石潭陂（现称洋河闸坝）、香陂（现称解放闸坝），成为最早的灌区工程。

潦河灌区是在蒲陂、乌石潭陂和香陂三座陂堰的基础上逐渐发展起来的。新中国成立后，党和国家高度重视水利建设，致力于潦河灌溉工程的系统治理和改造，在当时机械极少、物资严重缺乏、经济极其困难的情况下，用6年时间完相继兴建西潦南干、西潦北干、安义南潦、奉新南潦4座闸坝，形成现有7座闸坝、7条干渠、362座渠系建筑物、213条支渠、456条斗农毛渠、152千米干渠的规模，灌溉面积33.6万亩，现有实灌面积25.4万亩，受益人口26.1万人，受益范围涉及宜春、南昌两市的奉新、靖安、安义等3县27个乡（镇）场，是一座以农业灌溉为主，兼有防洪、发电、水土保持等综合功能的大型水利工程，是江西省兴建最早的多坝自流引水灌区。

潦河灌区灌区建成以来，全面改善了潦河流域农业灌溉条件，防洪能力不断加强，灌区粮食生产能力不断提升，改善灌溉面积10.05万亩，粮食生产年平均增产750万千克，实现粮食总产量2.81亿千克，是赣西北重要粮仓，培育和催生出"奉新大米""奉新猕猴桃""安义绿能"等一大批农业区域公共品牌，持续推动灌区农业由传统农业向现代农业、品牌农业转变，是赣西北重要的农业基础设施。

1.2.6 河南南阳古灌区

南阳市位于河南省西南部，地处伏牛山以南，汉水以北地势较高，东、北、西三面环山，南部开口的盆地，成为一个向南领斜的扇形盆地，唐白河水系贯流其中，形成独立的水利区。南阳古灌区位于今河南省南阳地区，与关中郑国渠、成都都江堰齐名，并称三大灌区。

秦统一以后，"迁不轨之民于南阳"，强迫六国贵族、商人及手工业者云集南阳，客观上促进了南阳经济的发展。西汉时期，南阳郡属荆州刺史部，辖36县，地域广袤，除今天南阳地区全部外，还包括平顶山地区和襄阳地区的一部分。

西汉建昭五年（公元前34年），召信臣担任南阳太守。南阳气候干燥，土地贫瘠，同时又经历战乱，当地几乎生产不出多少粮食，当地百姓也经常因粮食问题产生纠纷。同时南阳缺粮的关键在于地理干旱种不出粮食，而南阳水源并不缺乏，因此只要开发得当便不会种不出粮食。是以治水便成了解决所有问题的关键。

汉元帝时召信臣主持开通灌区，首先拦蓄河水修建水闸堤堰，保证水源充足，然后再由水库开渠引水灌溉农田，通过灌区让农田不受干旱影响，从而提高粮食产量。他带领百姓修筑陂塘和渠道，凡是亲力亲为，出入于田间，住在乡野亭舍之中，受到百姓拥戴。在召信臣兴建的数十处水利工程中，最著名的是六门陂和钳卢陂。

唐白河

六门陂又称六门堰、六门堨，兴建于汉元帝建昭五年（公元前34年），位于南阳穰县西（今河南邓州西三里）的湍水之上。湍水即今南阳盆地的湍河，发源于今河南内乡县北界与嵩县、西峡县的交界处的翼望山，东南流经今内乡县东、邓州市北，至新野县北汇入淯水（白河）。"湍水又经穰县为六门陂。"汉元帝建昭五年（公元前34年），召信臣带领当地民众载"断湍水，立穰西石堨。至元始五年，更开三门为六石门，故号六门陂也。溉穰、新野、昆阳三县五千余顷。汉末废毁，遂不修理。"可见这项工程主要是筑拦河坝壅遏湍水，设三座水门引水灌溉。至汉平帝元始五年，又扩建三座石门，合为六门，因而称作六门堨。至东汉末年，六门堨曾一度荒废。西晋武帝太康年间杜预予以修复，南朝刘宋时继续修复使用，至唐宪宗元和年间（806—820年）仍继续发挥作用。六门陂是一项"功在当世，利在千秋"的水利工程。其水量可满足穰县（今邓州）、新野、涅阳（今邓州东北）三县5000多顷田地的灌溉。

钳卢陂，一名玉女陂、王泽陂，有东、中、西三条渠，引白河支流沔河水。工程遗址位于今邓州市南30千米处。《通典》卷二《食货二·水利田》记载："元帝建昭中，召信臣为南阳太守，于穰县理南六十里造钳卢陂，累石为堤，傍开六石门以节水势。泽中有钳卢玉池，因以为名。用广溉灌，岁岁增多，至三万顷，人得其利。"唐人杜佑为避唐高宗李治的名讳而改称。又记载："汉元帝建昭中，召信臣为南阳太守，复于穰县南六十里造钳卢陂，累石为堤，傍开六石门，以节水势。泽中有钳卢玉池，因以为名。用广溉灌，岁岁增多，至三万顷。"为了防止农民争水，召信臣为百姓制定平均用水的规约，镌刻在石碑上。农田既得灌溉，百姓无不努力耕作，于是收获增加，蓄积有余。钳卢陂后世屡有兴废，元末尽堙。

召信臣不仅大力兴修水利工程，也注重管理。他"为民作均水约束，刻石立于田畔，以防分争"开了灌溉用水管理制度的先河。由于建设与管理并重，让农田灌溉问题得到缓解，改善了农民生活，使得南阳水利得以长盛不衰，呈现一片兴旺景象。于是荆州刺史启奏他"为百姓兴利，郡以殷富"，朝廷予以重赏。

据北魏时人郦道元的《水经注》等书记载，汉代南阳地区水利工程众多。除了上述六门堰、钳卢陂外，还有邓氏陂、安众港、马仁陂、唐子陂和赵渠等。

马仁陂在今河南泌阳县北35千米处。据后世方志记载，马仁陂"上有九十二岔水，悉注陂中，周五十余里，四面山围如壁，惟西南隅稍下，可泄水。汉太守召信臣筑坝蓄水，复作水门，以时启闭，分流磏（石遂）等二十四堰，灌溉民田千余顷，今故迹犹存"。

沘水又西南与南长、坂门二水合，其水东北东北出湖阳东龙山，其水西南流经湖阳县故城南，其水四周城溉，其水南入大湖，"湖水西南流，又与湖阳诸陂散水合，谓之板桥水。又西南与醴渠合，又有赵渠注之。二水上承派水，南经新都县故城东，两渎双引，南合板桥水。板桥水又西南与南长水会，水上承唐子、襄乡诸陂散流也。唐子陂在唐子山西南，有唐子亭。……陂水清深，光武后以为神渊"。唐子陂在今河南唐河县南百里，与湖北枣阳市交界处。又有醴渠和赵渠以引水灌溉。此外，还有召渠，又称召堰，在唐县（今唐河西），当为召信臣率领民众所开，安众港在今河南邓州市东北赵河畔。《水经·淯水注》记载"涅水又东南径安众县，堨而为陂，谓之安众港。"

东汉南阳为中原大郡，又是汉光武帝刘秀的家乡，宛县（今南阳）号称"南都"，统治者非常重视此地社会经济的发展，常选择能臣为郡守，杜诗就是其中之一。东汉建武七年（公元31年），杜诗"迁南阳太守。性节俭而政治清平，以诛暴立威，善于计略省爱民役。造作水排，铸为农器，用力少，见功多，百姓便之。又修治陂池，广拓土田，郡内比室殷足。时人方为召信臣，故南阳为之语曰'前有召父，后有杜母'"。从上述记载可知，杜诗任南阳太守七年间，"修治陂池，广拓土田，郡内比室殷足"，即修建水利工程，扩大灌溉面积，开垦土地，发展农业生产。具体而言，就是修复钳卢陂。史称西汉召信臣修钳卢陂石堤石门，"人得其利。及后汉杜诗为太守，复修其业"。东汉时堵阳（治今方城县东）堵水之上有东陂和西陂。"堵水于（堵阳）县西，堨以为陂，东西夹岗，水相去五六里，古今（应为左右）断岗两舌。都水潭涨，南北十余里，水决南溃，下注为湾，湾分为二：西为堵水，东为荥源。堵水参差，流结两湖。故有东陂、西陂之名。二陂所导，其水支分，东南至会口入比。"

汉代召信臣、杜诗在南阳盆地大修水利，教民种稻，水稻种植盛况空前，成为当时南阳盆地的主要农作物。张衡《南都赋》中"开窦洒流，浸彼稻田"就是对当时水稻种植的描写。两汉时期的水稻种植，主要分布在今唐河、邓州和南阳、新野。

东晋十六国战乱频仍，南阳盆地唐白河流域的六门陂等水利工程难免被破坏或废弃。南朝宋文帝元嘉二十二年（445年），沈亮任南阳郡守，唐白河流域有古时石堨遗存。沈亮签世祖修治之，云："窃见郡境有旧石堨，区野润腴，实为神皋，而芜决稍积，久废其利，凡管所见，谓宜创立。"此言旧石堨，当为淯水上的六门堨，遂予以修复。至南北朝后期，南阳盆地还有楚堨、安众港、邓氏陂、左陂、赭水陂、豫章大陂、马仁陂、唐子陂等水利工程在发挥效益。

明代南阳地区水利事业以邓州最为显著。邓州的水利设施，元代末年湮废殆尽。洪武年间渐为修复，其后"户繁土辟，水利益兴，灌溉稻畦，遍于四境"。明弘治六年（1470年），曾下诏兴修召公渠，明正德年间（1505—1521年），疏导破堰约有40余处，其后又有湮废。明嘉靖三十一年（1552年），又修复了36陂、14堰，并筑堤浚渠。水利事业兴盛一时。淯水（即白河）四渠在明代也曾多次修复。明宣德年间（1425—1435年）修复上石堰、马渡港，明正统年间（1436—1449年）修复沙堰。这一时期修复疏浚前代遗迹的有邓州的黄家堰、下默河堰、楚堰、黑龙堰、塘堵堰等，内乡的郑渠堰、东俞公堰、西俞公堰、默河堰等，新野的沙堰、黑龙堰等，镇平的西河堰、上石堰、下石堰、棘林堰、柳林堰等，南阳县的上石堰、马渡港、聚宝盆、泉水堰。新建的水利工程主要有邓州的吕公堰、马龙堰等，内乡的珍珠堰、黄水河堰、木寨堰、北峪堰、长城堰、西河堰、螺丝堰、三层堰、塔子湾堰、青山河堰、沐河堰、揣家堰、老高堰等，镇平的三里河堰、江石堰、湮河堰、沙埠口堰、方山渠、沿岭河渠、杜家河渠、寨子河渠、芦苇河渠、高丘店渠、四道菩萨泉渠、柳泉铺渠等。

1.2.7　河南引沁古灌区

沁河是黄河的一条重要支流，发源于山西省平遥县黑城村，穿过太行山，在河南省济源市五龙口进入冲积平原，经沁阳、博爱、温县，在武陟县汇入黄河。引沁古灌区是河南省境内开凿历时最长、保存最为完好的古代水利设施。灌溉工程始修于秦代，发达于汉、唐，唐元和年间灌田曾达5000余顷，直至唐代中叶，仍被称为秦渠，宋代时称为古枋口，明代弘治时还称为广济渠枋口堰。元以后各代都有较大规模整修。灌溉南北高低不同的农田，季节罐区能引取全部河水。灌区下游发展井灌，当沁河水量充足时给以补源回灌地下水。地下水的下降，导致盐碱地不治而愈，温县等地古代曾是千年盐碱窝，如今成了小麦高产区。

沁河第一湾

（1）工程概况。

豫北地区西北为太行山，地形以山地和山前丘陵为主，中间夹有几个小盆地，耕地大多分布在小盆地和沟谷丘陵地区，其南濒临黄河，为平原地带，是耕种指数最高的地方，主要河流有漳、卫、洹、丹、沁等，为水利事业的发展奠定了良好的基础。秦时在今济源市东修有枋口堰，以木为闸门，开凿沟渠，引沁水灌溉农田，一直延续到西汉。

东汉元初二年（115年），汉安帝曾诏令修理河内等地旧渠，通水道以便灌溉。曹魏黄初六年（225年）前后，司马孚为野王（今沁阳）典农中郎将，上表称沁水"自太行以西，王屋以东，层岩高峻，天时霖雨，众谷走水，小石漂进，木门朽败，稻田泛滥，岁功不成。臣辄按行，去堰五里以外，方石可得数万余枚。臣以为方石为门，若天旸旱，增堰进水，若天霖雨，陂泽充溢，则闭防断水，空渠衍涝，足以成河"。司马孚亲眼看到沁水流域的稻田被洪水冲毁，并建议改建木闸门为石闸门得到魏文帝的采纳。于是司马孚率领民工采取附近的方石，夹渠岸垒砌为石门，代替木枋门。枋门所在处称枋口，在今济源市东北15千米处。石门修成后，发洪水时关闭，利用入渠之雨水灌溉；枯水时开门引沁水，并增高拦河溢水堰，逼水入渠。石质水门经久耐用，可以更有效的调节灌渠水量，提高灌溉效率。据《水经注》记述，引沁古口灌渠系统当时可以灌溉今河南沁阳、温县、博爱、武陟、济源等县市相当一部分土地。

宋初渠首枋口堰废毁，宋嘉祐八年（1063年）兴复引济水的千仓渠。熙宁间京西路提举陈知俭制订《千仓渠水利科条》，其中就有关于浇灌稻田的用水规定。金末元初时丹沁灌区在战乱中受到严重破坏。到元代，中统元年（1260年），豫北干旱，在怀孟路（治今河南沁阳）地方官谭澄的主持下，开始重建引沁灌区的唐温渠，引沁水以灌田，民用不饥。次年，元世祖忽必烈下诏，继续在沁水下游修建广济渠。这项工程由提举王允中、大使杨端仁督修，募集丁夫1651人，从太行山南麓引沁水入河。共修石堰长一百余步、宽二十余步、高一丈三尺；造石斗门桥一座，高二丈、长十步、宽六步；浚大渠四条，总长338.5千米，经济源、河内（今河南沁阳）、河阳（今河南孟州）、温、武陟五县，村坊463处；又在渠北岸开减水河，防止涨水时淹没民田。工程竣工后，可灌五县土地三千余顷，"浇溉近山田土，居民深得其利"。因受利较大，因此名为广济渠。但20余年后，"因豪家截河起堰，立碾磨，壅遏水势。又经霖雨，渠口淤塞，堤堰颓圮。河渠司寻亦革罢，有司不为整治，因致废坏"。直至元文宗天历三年（1330年），当地官吏和百姓呼吁重修渠堤，并提出了具体方案，改渠首的土堰为石堰。

明代沁河流域的引水灌溉工程有长足的发展。明代前期，元代在原有基础上修建的广济渠引沁灌溉工程仍然继续发挥作用。明万历三十二年（1604年），时任河内知县的袁应泰根据广济渠引水、用水的实际情况，针对引沁灌溉和用水管理方面存在的弊端，主持制定《广济渠申详条款》。该条款明确规定："明河基以防侵占""定渠堰以均利泽""泄余水以免泛滥""设闸夫以便防守""分水次以禁搀越""栽树木以固堤岸"。袁应泰还对各条款作了一些若干具体规定或解释。其中，第五条要求24堰各建一闸，"俱各用锁""相应编定水分，自下而上挨次引灌"，并对24堰的用水次序、灌溉时间长短、引水交接手续等都作出明确规定，最大程度上避免了过去农户或者豪强争、抢、夺、偷及徇私舞弊等不法行为，大大减少了用水纠纷。

清初，沁河流域的广济渠"日久弊生，豪强梗法，使水则霸截上流，挑河则偏苦小户，遂有纷纷告退，不愿使水，亦不应夫者，以至河壅塞不能受水，广济仅涓涓耳"。时任河内知县孙灏于清顺治十五年（1658年），"按水利纠夫，躬行督率，首尾挑浚，宽深如故，各堰闸渠尽行修复"。清康熙十年（1671年），河内（今沁阳）、武涉"各筑沁河堤"；康熙十六年（1677年），怀庆知府杨廷耀组织人员疏浚被泥沙堵塞的利丰渠口。清乾隆五年（1740年），河内县知县胡睿榕、县丞相薛乐天等主持重新修浚利丰渠，同时还对引沁渠口之三洞进行了疏浚，于河内县西古章村和马坡村各建一水闸，令济源县梁庄减水闸"非大水，闭勿启"，使"利丰河百年淤塞，豁然大能矣""非大水闭勿启。旱魃巨浸，俱不为灾"；乾隆四十九年（1784年），河南巡抚何裕成要求怀庆府组织疏浚广济渠，"引沁水以灌田，民用不饥"；沁河水利工程重新发挥巨大的灌溉效益。灌区内的济源、河内、孟县（今孟州）、温县、武陟等县的百姓深受其惠，尤其是河内受益最多。

（2）工程特色。

引沁灌区最重要的工程是五龙口引水设施，位于济源市五龙口镇沁河出山口处，五龙口镇即由此得名。它和四川都江堰、陕西郑国渠一样，同属秦代水利设施，是我国最为古老的水利工程之一，不但具有很高的历史文化价值，同时也是研究我国古代水利科学的重要实物。

据《济源县志》记载，五龙口水利工程初建于秦始皇二十六年（公元前221年），因渠首采用"枋木为门，以备蓄泄"，始名枋口堰，也称枋口或秦渠。自此以后，各朝代均有扩建：东汉时安帝救令"修理旧渠，以溉公私田畴"。三国时曹魏典农中郎将司马孚奉诏重修，改枋木门为石门，是该项工程史上具有重要意义的里程碑。

唐时河阳节度使温造上奏朝廷，对枋口堰又进行了大的扩建，水利作用大为增加，可灌溉济源、河内（今沁阳）、温县、武陟四县农田5000顷，并改称广济渠。元代也曾有扩建，灌溉区域增至孟县。明隆庆二年（1568年）至天启年间，疏浚广济渠，新开广惠渠。明万历年间扩建次数最多，规模也较大，先后创修了新广济渠、永利渠、利丰渠，并在渠首修了闸门等。至此，形成"五龙"分水之势，统称五龙口。

五龙口水利设施的主要特点，一是利用沁河自然水位和灌区地势之间的高差引水，无须筑坝或人工提水；二是采取隧洞式多进水口引水。进水口建筑分两层，下层两孔水眼进水，雕以吞水状龙首；中层设闸室，可以根据需要起闭闸门控制引水量，同时还可以避免汛期沁河水过大冲坏引水设施。

在广济渠和永利渠引水洞上方，有人工开凿的两洞石窟，分别以"袁公祠"和"三公祠"题名。内置明代兴修五龙口水利工程的地方官员石雕像22尊，正中人物分别是河内县令袁应泰和济源县令史纪言。石窟外另有数通碑碣，其上有唐代诗人白居易和宋代诗人文彦博等题咏枋口诗词、明代开凿渠首的记事，以及明崇祯四年（1631年）农民起义军占领五龙口的有关情况等。

（3）历史地位。

20世纪60年代，引沁灌区人民一锤锤、一钎钎，在太行和王屋二山之腰、邙岭之脊，开凿长达120千米的"人工天河"，建成沁河自晋入豫第一座大型山岭灌区。开灌以来，在保障灌区粮食安全、区域经济社会发展、人民群众奔小康等方面发挥了重要作用。引沁渠修建于1965年，1969年建成。渠首位于晋豫交界济源市的沁河峡谷紫柏滩，渠尾止于孟州槐树口，全长120千米。引沁总干渠蜿蜒绕行于太行、王屋山麓和北邙岭脊，飞崖走壁，穿山越涧，共劈山凿洞320处，跨越沟河215条，过险坡陡崖90处，凿洞56处，建大型渡槽8座，修涵洞84座，筑土坝19座，建各类桥、涵、闸330座。有干渠15条，总干加支渠16条，支渠138条，斗渠1243条，渠系工程长达2000余千米；中小型调蓄水库37座，蓄水池200座，提灌站156座，机井1676眼，发电站12座。灌区经过初创、扩建、配套、加固改善和节水改造，已形成一个"引蓄结合、以蓄补源、长藤结瓜、综合利用"的供水工程网络。

20世纪70年代开始，在古灌区的上游，陆续建设的工程有引沁灌区（渠口在河南济源）和引入工程（渠口在山西安泽）。沁河水资源比较紧缺，20世纪90年代，沁河下游成为季节河，下游河床滩地都种满庄稼，多数年份都能获得较好收成。

五龙口水利工程自建成以后，一直发挥着良好的灌溉作用。据《济源县志》记载，仅广惠河，清代就可灌溉济源、沁阳两县土地25000亩。新中国成立以后，地方政府又对其进行了改造维修，拆除了明代修的利丰渠首闸门等设施，建成广利总干渠枢纽工程。据1957年统计数据，广利引沁灌区面积达到 55.7万亩。时至今日，这一古老的水利设施仍然发挥着很好的效益。

1.2.8 河南古代茹陂灌区

茹陂在今河南省东南部固始县东南清河灌区，东汉末扬州刺史刘馥开凿。早在春秋时期，楚相孙叔敖就在家乡期思（今固始县北）史河东岸的蒋集修建了期思陂。东汉建安五年（200年），扬州刺史刘馥又在今固始史河岸边的卧龙集修建茹陂。明代的清河灌区就是在古期思破和茹陂灌溉工程的基础上进行了重新修复和扩建。灌区陂塘遍布，灌溉用水先由渠入陂，然后由陂入田，是一种典型的渠塘结合的灌溉工程。

（1）工程概况。

刘馥（？—208年），字元颖，沛国相（今安徽省宿县西北）人，东汉末三国初魏官吏；建安初，曹操为司徒椽；东汉建安五年（200年）为扬州刺史。据《三国志·刘馥传》载："馥，既受命，单马选合肥空城，建立州治""数年中，恩化大行，百姓乐其政，流民越江山而归者，以万数，于是聚诸生，立学校。广屯田，兴治芍陂及茹陂、七门、吴塘诸堨以溉稻田，官民有畜"。他经营了七八年，这些水利工程都延续到后代。其中，在淮河南岸的河南光州固始县东南，刘馥率众修建了茹陂水利工程。《元和郡县图志》卷九《河南道五》记载："茹陂，在县东南四十八里。建安中，刘馥为扬州刺史，兴筑以水溉田。"南朝梁武帝大同元年（535年），光州仙居县（治今光山县西北仙居店）民众自发修筑仙堂六陂水利工程，用以种稻。

明代利用史河为源流，在古代期思和茹陂灌溉工程的基础上修复和发展起来。其引水口在固始县的黎集，在史河上打沙土坝，凿开东岸的石咀头引水向北，称为清河；又在史河下游自东岸开渠引水称为湛河，引水向东湛河中部与清河尾相会。由于清河长90里，湛河长40里，合计百余里，故又有"百里不求天"灌区之称。明代在清河和湛河上分别建有两座石闸、十几座控制蓄水的土坝以及36处陂塘。从明英宗天顺三年（1459年）开始重新修建清河、堪河两大灌区。这两个灌区发挥了60多年的效益之后，在世宗嘉靖年间（1522—1566年）又进行了整修扩建，使两大灌区连成一片。

（2）工程特点。

茹陂灌区工程是典型的"一河取水多首制引渠与陂塘串联的水利系统"，换言之，其水利系统主要是将河渠之水通过闸坝调节水流，注入相应陂塘，以储蓄水资源，供农田灌溉之需。可见，陂塘、闸坝、河道都是陂塘水利系统的重要组成部分。若使水利系统发挥最大的灌溉效能，对三个部分都要进行必要的维护。

明代对清河和湛河上的4座水闸先后都进行了重修。明成化十五年（1479年）重新修建了清河上的均济闸，新修的闸上可以行走车马。洪武二年（1369年）和嘉靖三年（1524年）两次修了清河上的中闸。成化三年（1467年）疏浚了湛河，并将溥惠和匀利两闸由原来的木闸改为石闸。其中，均济闸是引水口的节制闸，引水流量的大小靠均济闸节制；中闸是清河上重要控制建筑物，关闭中闸，可将清水灌入下胜湖和石梁堰，还可以将清河中过剩水量，通过石梁堰河口排入泉河。

清河两岸其他34处陂塘依靠清河上临时筑坝节节拦水、次第蓄水。当时90里长的清河，将灌区内的全部陂塘轮灌一遍，需要1个月时间。灌区还设立了管理机构，负责水闸和土坝的启闭和管理。在中闸的石碑上明确规定每座土坝闸门启闭时间。在湛河上有溥惠、匀利两座水闸，灌区内共有陂塘16处。湛河一方面直接从史河引水，另一方面承受清河的尾水、退水，用两座水闸抬高水位，引水入湖堰陂塘。清河灌区引水口的选择和工程布置及管理，都是非常科学的，是劳动人民智慧开发水利的象征。

自明穆宗隆庆年间（1567—1572年）以后，由于天灾人祸接连不断，灌区的水利设施日渐荒废，特别是在明神宗万历年间（1573—1620年），一场特大水灾使水利工程遭到严重破坏，在以后近百年的时间里一直没有得到很好的恢复。

1.2.9　河北滏阳河灌区

滏阳河灌区，位于河北省邯郸市永年区南沿村镇南沿村和西沿村滏阳河的北岸，是明代修建的8处水利设施，因在广府古城以西，故俗称"西八闸"。全长近10千米，从明嘉靖八年（1529年）始建，至崇祯十四年（1641年）期间，先后建成惠民闸、济民闸、普惠闸、阜民闸、便民闸、润民闸、广仁闸、广济闸，历时112年。8座闸大部分保存完好且一直沿用，是河北省现存最大的明代灌溉水闸群。2013年5月，西八闸被国务院公布为第七批全国重点文物保护单位。

（1）修建历史。

西八闸，按地理位置自西向东依次排列，分别为广仁闸、普惠闸、便民闸、济民闸、广济闸、润民闸、惠民闸和阜民闸。清光绪《永年县志》载："闸旁稻畦沟洫四注，每当谷纹绉风，蛙鼓喧夕，景候类江南水乡，旧志列为八景之一"。从明嘉靖八年（1529年）至崇祯十四年（1641年），先后修建惠民闸、济民闸、普惠闸、阜民闸、便民闸、润民闸、广仁闸、广济闸等8处滏阳河上的水闸。8座闸自西向东编为一至八闸，其中，七闸"惠民闸"建于明嘉靖九年（1530年），是8座闸中修建最早的一座，而且是灌溉面积最大的闸之一，达9000亩；修建最晚的是五闸"广济闸"，建于明崇祯十四年（1641年）。8座闸建设历时112年，最终形成一组庞大的自流渠灌系统。

惠民闸匾额

明嘉靖八年（1529年）始建惠民闸，嘉靖九年（1530年）完工，惠民闸在南沿村村北，闸板上方有一额碑，上刻有"惠民闸"，落款为"嘉靖八年七月创建"，但是字迹已经模糊。这是八闸中修建最早的一座，整个闸体保存完好，现仍能使用。

明嘉靖三十九年（1560年）修建济民闸，在西沿村村西，该闸早年湮没，1949年以后复建，匾额上刻有"济民闸，直隶广平府立，明嘉靖三十九年三月建"。济民闸是灌溉面积最大的闸之一，达9000亩。

明嘉靖四十二年（1563年）修建普惠闸，在大慈村西，现已淤塞。

明嘉靖四十三年（1564年）修建阜民闸，明万历七年（1579年）重修，额匾上书写"阜民闸"，但是字迹模糊。

明万历十五年（1587年）修建便民闸，在大慈村西，后淤塞废弃，1958年复建。

明万历十六年（1588年）修建润民闸，在西王庄村北，该闸体基本完好，额匾上书"润民闸"，在闸东北10余米处，立有万历十六年所刻"广平府创建润民闸记"石碑。

明万历四十二年（1614年）修建广仁闸，此闸已经淤塞，但匾额和闸台完整，横书"广仁闸"。开闸可浇地3000余亩。

明崇祯十四年（1641年）修建广济闸，在西沿村村南，后淤塞废弃，已重建。

（2）工程管理。

滏阳河灌区在明清时代就有一套管理制度，是仿效古代井田制的办法，以10亩为一丘，90亩为一井，每井设立一井长，主管灌区的各项事务，这是西八闸灌区较早的管理制度。在民国11年（1922年）所立的《重修柳林闸创建河神庙碑》碑文中，有"永年八闸埝，改为至早于二月二十日筑埝，至迟于十月初一日撤埝，在筑埝期内，仍照前议每逢一六开放一次，俾利舟行……"的记载，可见，以前西八闸启闭也有规定的时间，且要兼顾航运。

1949年后，当地政府非常重视灌事业，建立了统一的管理机构，西八闸灌区由永年县统一管理，1950年成立了水利委员会西八闸分会，1958年又改为西八闸管理所，并在西大慈村西建起了闸管所。1962年以后，西八闸归滏阳河管理处管理。

滏阳河灌区是地势低洼、排水不畅、沥涝成灾、盐碱严重的地方，当地群众称之为下坡地，并流传着"春天白茫茫，雨季水汪汪，旱了收蚂蚱，涝了收蛤蟆"的俗语。1967年，在华北局派来的内蒙古水利厅工程技术人员的主持下，由永年县水利局和滏阳河管理处工程技术人员配合，对整个滏阳河灌区进行了细微勘测、统一规划和全面修复改造。经过两个冬春大干，灌区改造取得明显成效，5万亩盐碱地由原亩产不足50千克提高到平均亩产225千克。同时，对当时能使用的闸进行全面的修复和改造，在原砖石砌筑的旧闸前，全部加修钢筋混凝土闸首和闸房，配备钢筋混凝土闸门和手摇式启闭机，大大方便了启闭和管理。

由于水资源短缺、种植结构调整等客观原因，滏阳河灌区的灌溉面积约5000亩，涉及17个村。虽然灌溉面积比以前小了，但每年的通水时间有250天左右，二、四、六、七、八闸的使用次数并不少。1962年，为了统一管理，将峰峰、西闸、马头、张庄桥、柳林、苏里、西八闸、莲花口、黄口等14个分散的小灌区，统一归邯郸专区滏阳河灌区管理处进行管理。控制面积达到64.5万亩，成为邯郸境内第二大灌区。

（3）历史地位。

西八闸闸体均为砖石砌筑，涵洞式结构。闸体为长方体，闸体结构严密，工程坚固耐久，历经400多年运行，除一、三、五闸已废弃外，二、四、六、七、八闸迄今仍在使用。西八闸原能灌溉农田4.12万亩，滏阳河水量最大时，控制面积可达9万亩，北岸数十里农田受益。每至秋末，清风徐来，稻浪涌动，香飘四野，蛙声阵阵，让人心旷神怡，可与江南水乡媲美，故这一带原有"永年小江南"的美称。清光绪《永年县志》载："闸旁稻畦沟洫四注，每当谷纹绉风，蛙鼓喧夕，景候类江南水乡，旧志列为八景之一。"

滏阳河灌区对当时农业生产的发展起到了很大的作用，为中国古代水利史的研究提供了资料，具有重要的历史和科学价值。仍在使用的五座闸，是滏阳河西大慈村和田堡村段的重要水利设施，仍发挥着重要的作用。

1.2.10 云南滇池水利

盘龙江是昆明的母亲河，也是流入滇池的最长最大的一条河。老昆明立于大山之下、大湖之上，得山得水，自是宝地。但冬春易旱，夏秋易涝，又是大患。唐宋时滇池北岸建起了拓东城、鄯阐城等，地势很低很潮湿，总是受到水灾的困扰。元代昆明城中原来环湖地区常有洪涝水患。元初，赛典赤主政云南，于1262年在滇池上游修建松花坝，建坝闸、修河渠，引水灌溉；在滇池下游海口疏浚海口，建闸调剂滇池水位治理云南滇池。赛典赤在到达云南之前有治理都江堰的水利建设经验，故滇池建设的原理和都江堰有相通与相似之处。1955年后在湖的上游各个河流上先后修建10余座大中型水库，沿湖修建几十座电力排灌站，解除洪涝灾害，并确保农田灌溉和城市工业、生活用水。湖内产鲤鱼、鲫鱼、金钱鱼等。

（1）工程修建。

战国末期，楚人庄蹻入滇带去了先进的农业生产技术，西汉时期汉武帝在滇池设立了郡县，汉末时这里已经有了水利。如"以广汉文齐为太守，造起陂池，开通溉灌，垦田二千余顷"，这是滇池目前所见最早有水利的记载。为保障财产和生命的安全，除了灌溉外，减少水灾也就在所难免了，历代自然会兴修水利，保证农业和滇池周边的居民安全。如民国成书的《新纂云南通志》引明代陈文《南坝闸记》："尝筑土各为二堰于河之要处，障其流以溉田，凡数十万亩。元时云南平章政事赛典赤复增修之，民甚赖焉。"由此可知，在滇池上游建坝的历史要远早于元代。赛典赤是"复增修之"，可此可见，从汉代到元代初年，滇池多有水利工程的修建。滇池的水利自秦汉至唐宋有一个延续和传承的过程。

昆明母亲河——盘龙江

赛典赤（1211—1279年），全名"赛典赤·赡思丁·乌马儿"，回族，是出身于中亚细亚土库曼的贵族。他曾充任过元太祖成吉思汗的帐前侍卫，担任过山西北部地区的达鲁花赤和燕京路的判事官。元世祖忽必烈定都北京后，他在朝廷管理过财政，之后，又在陕西、四川等地任过地方高级官员。当时因云南地处边陲，又是多民族聚居之地，阶级关系和民族关系十分紧张，统治阶级内部的矛盾尖锐激烈。元世祖为了改变这种状况，解决各种矛盾，把云南彻底纳入全国统一的范围，决定设立云南行中书省，委派赛典赤为首任平章政事。

元初中央政府首先要控制云南，就必须屯田，保障军需，而滇池和洱海作为平坝，其水利建设具有样板和示范作用。元初赛典赤来到云南时，滇池一方面湖面缩小，水位下降至1892米左右；另一方面又常常泛滥成灾。赛典赤考察昆明山川地貌和历次洪灾后得知，水患的主要原因是流入滇池的河道及出水口——海口与流出河道淤塞，导致水流不畅、江水及滇池水位升高造成的。为彻底解决灾患，赛典赤对流入滇池的盘龙江等6条河流做了疏浚，对滇池的出水口——海口与螳螂川河道进行疏通拓宽，以泄滇池之水，使出入水量保持相对平衡。又在昆明北部建松花坝水库以拦洪蓄水。还把盘龙江水分流入金汁河，既增强了泄洪作用又扩大了灌溉面积。治理滇池工程浩大，耗时3年，到至元十五年（1278年）始告结束。工程完工后，顺应了滇池流域的水循环要求，改善了农田水利条件，推动了农业的发展，保护了中庆城，为昆明城随后的发展创造了重要条件。

弘治十四年（1499年），为进一步改善滇池水环境，官府组织"军民卒数万人挖滇池，遇石则焚而凿之，于是水落数丈，得池畔腴田数千顷，夷汉利之"。这次疏浚河道，增加了千顷田地，又付出了缩小同等滇池水域面积的代价，这一时期的滇池面积已缩小为350千米^2。清朝为了治涝，先后疏挖海口河、盘龙江等河道10多次，其中以雍正九年（1731年）工程最大，除加高了盘龙江等部分河堤外，还把梗塞在海口河中的牛舌滩、牛舌洲和老埂挖掉，使湖水得以直泄，滇池水位下降后又造田1.3万多公顷。

民国27年（1938年）昆明水利局曾组织修挖昆明河道27处，1940年又挖掘盘龙江淤泥，培土护岸。民国35年（1946年）12月在松花闸上游约7千米处建混凝土重力坝，名谷昌坝，对昆明地区防洪抗旱起了较大的作用，"免除干旱涝者二万二三千亩"。

新中国成立后，1950—1953年，政府先后动员市民义务劳动，疏浚盘龙江，筑成部分石堤。1957年9月两次暴雨，盘龙江超过历史最高水位，淹田地万余亩；政府组织了10万军民堵塞决口，加固河堤，奋战3天，才排除险情。1958—1959年又改建盘龙江上桥梁的桥孔，疏浚盘龙江河道。1959年又在松花闸原址加高了拦河坝，增大了水库面积，谷昌坝被淹没在松花坝水库里。

1966—1967年又将盘龙江部分河道改直，加砌河堤和石护坡，在江上建机械闸门、排涝泵站，又在玉带河头设启闭闸，分流盘龙江洪水。1988年之后盘龙江的水患终于得到彻底治理，因盘龙江是流入滇池的主要江河之一，使得滇池的压力也大大获得缓解。

（2）标识性工程——松花坝。

松花坝，又叫松华坝。《中国水利建设史》载："古代无坝引水的灌溉和供水工程，也做松花坝，在云南省昆明市东北盘龙江上游出山口处。元至元年间，云南平章政事赛典赤主持兴建。始建为土坝，盘龙江经坝分为2条干渠引水，取名金汁河，东行70余里，入滇池，当时灌溉面积号称万顷。"这就是元代初期，云南省平章政事赛典赤主持修建的一座大型分水坝——松华坝。由于当时滇池的水域很广，今天的梁家河一带、云津市场以南、官渡以西那时都属于滇池水域，雨季洪水一来，常常造成水患。元朝至元十四年（1277年），赛

昆明松华坝水库

典赤大举治理昆明水利，上段由赛典赤亲自督工，把昆明东北"邵甸九十九泉"引入盘龙江上游，在今上坝村凤岭和莲峰之间最窄处筑起松华坝，这是昆明最早的土坝，当时还安装了闸门，在坝东疏浚金汁河，分流盘龙江水，既可减轻盘龙江水灾，又可灌溉盘龙江东岸数万顷田地。这是最早的"昆明头上一碗水"。

松华坝坝址选得很到位，坝基是玄武岩层，十分坚固，被称为"豪钥"，昆明人从中受惠达700年之久。据清康熙《云南府志》记载，昆明人对赛典赤感怀不已，为他建了一座石将军庙，立像祭祀。赛典赤死后就葬在松华坝旁的马家庵山坡上，至今墓地仍在，可见当时人们对松华坝水利的重视。如今始建于元代的松华坝早已不存。

1946年，位于松华坝上游7千米的芹菜冲建起了一座水库，那是云南的第一座溢流式重力坝，也是当时全省最大的砌石溢流重力坝。为纪念汉朝在这一带建立的谷昌县，又取"年谷丰昌"之意，将这座水库命名为"谷昌坝"。谷昌坝由云南大学土木系教授设计，坝高16.5米，坝顶长55米，蓄水量为220.9万米^3，历时7个月建成，按当时的币制，耗资共9亿元。谷昌坝建成后，既能拦洪蓄水，又能灌溉农田，还能提供城市用水，效益很高，也是当时"昆明头上一碗水"。20世纪50年代以后，昆明发展迅速，这"一碗水"马上就嫌少了。

1958年，在赛典赤的松华闸坝旧址上建起了巨大的松华坝水库，库容比谷昌坝大了近百倍，汛期水位高时，谷昌坝会被完全淹没，"两碗水"融为"一碗水"。但是，即便被淹在水底，谷昌坝还是松华坝水库的"碗中碗"和"前置库"，能拦截90%以上的入库泥沙——这就是说，谷昌坝对保护松华坝水库饮用水水质，延长松华坝水库寿命，仍然发挥着非常重要的作用。

现代松华坝水库最初的功能是防洪和农业灌溉。水库建成后，昆明城市防洪标准由20年一遇提高到百年一遇，保护下游防洪面积70余千米^2。随着昆明城市的发展，1990年后松华坝水库主要功能转变为城市供水，2003年后又停止农灌供水，成为饮用水专用水源。经过多次改扩建，松华坝水库的总库容达2.19亿米^3，多年平均可供水量1.5亿米^3，成为昆明城区饮用水重要水源和安全备用水源——说它是"昆明头上一碗水"，名副其实。

1.2.11 广东雷州灌区

广东雷州灌区即雷州青年运河灌区位于广东省西南部的雷州半岛北部，即九州江以南、南渡河以北，东以鉴江流域为界，西临北部湾。灌区地势北高南低，平缓向南倾斜。灌区地跨湛江市的廉江市、遂溪县、雷州市、吴川市、麻章区、赤坎区、坡头区、霞山区和茂名市辖的化州市。运河总干河长74千米，另有四联河、东海河、西海河、东运河、西运河等5条分支及其干支渠，总长5000多千米。运河于1960年建成，因位于雷州半岛，开凿者以青年人为主，故取名"青年运河"。

广东雷州灌区青年运河渠首枢纽（刘立志　摄）

（1）工程概况。

雷州半岛远古以来就是干旱的重灾区。炎荒酷热、旱魔肆虐，十种九不收，人民祖祖辈辈生活极端贫困，以草结舍，以薯充饥。遇上大旱灾，草根树皮啃尽也难于度荒，饿殍载道，哀鸿遍野。《隋书·地理志》载："自岭以南二十余郡，大率土地卑湿，皆多瘴疠，人尤夭折……尽力农事，刻木以为符契……诸僚皆然。"在被贬谪至此的苏辙笔下，雷州"陆水奔驰，雾雨蒸湿……出有践蛇茹蛊之忧，处有阳淫阴伏之病"。雷州东西两面临海，是台风多经之地，海岸线长，滩涂面积大。自南宋起，雷州知军事何庾、戴之邵先后率雷州百姓挖渠筑堤，堤防海潮，渠送水解旱，同时用淡水冲刷盐碱化的农田。巨大的沟渠网络，最终造就了东西洋22万亩良田的"雷州粮仓"。

胡簿，宋绍兴年间任雷州军师。宋绍兴二年（1132年），他组织郡民，首筑东西洋御湖堤围。历经10余年艰辛，筑起3条大堤，为围垦府城东南万顷洋田及保障数千户民众的生命财产做出了卓越贡献。

何庾，春陵人，宋绍兴二十八年（1158年）任雷州军师。上任后，他组织民众兴建"两塘三渠"大型引灌工程。其中修特侣塘，蓄水260万立方米，灌田1.7万亩；修西湖塘，蓄水50万立方米，灌田0.5万亩；开一渠自西湖闸出西山，南灌白沙洋田；开一渠自西湖东闸至通济桥转与特侣塘水合灌东洋田；开一渠自特侣塘南流与西湖水合灌东洋。民众深为感激，称工程为"何公渠"，并建"扬功阁"以纪念。

戴之邵，福建福安人，宋乾道五年（1169年）任雷州军师。上任后，因南北堤损毁严重，他于堤外增筑新堤，并增离加大堤身，使堤长增达23000余丈，设涵洞99座，增垦农田数百顷。后又改造沟渠，一是在特侣塘开新渠，引水南流与西湖水汇灌东西洋田；二是开二十四渠，灌溉东北上游之田。工程竣工后，民众称为"戴公渠"，并立其生祠于"扬功阁"。

新中国成立后，雷州人民一直渴望通过兴修水利，改变干旱面貌。一直在酝酿建设大水库蓄水，开凿运河贯通半岛南北，从根本上治理雷州半岛的旱患。1956年3月，中央和广东省委对九洲江和雷州半岛进行调查规划设计，计划由国家投资，用10年时间兴建鹤地水库、青年运河，在第三个五年计划期间施工。在难得的历史机遇面前，为了尽快改变雷州半岛干旱穷苦的面貌，中共湛江地委主动担当，于1958年作出"关于兴建

雷州青年运河水闸（刘立志　摄）

雷州青年运河的决定"：拦腰斩断九洲江，移山造海建水库，改天换地开运河，形成河涌交错、湖泽棋布的水网，从根本上治理雷州半岛的旱患。这无疑是一桩擎天惊世之举，雷州大地一片欢腾，人们欣欣鼓舞，奔走相告。工程包括两大部分，计划建设蓄水量10.3亿米³的鹤地水库，开凿174千米的青年运河。拦截九洲江筑坝建水库是在廉江市河唇镇鹤地村，故称之为鹤地水库；运河工程艰巨，重任交由青年一代担负完成，而命名为青年运河。1959年12月31日总干渠基本完成，1960年3月运河第一次放水春耕，1960年5月14日总干渠建成通水。

雷州青年运河包括主河和四联河、东海河、西海河、东运河、西运河等五大干河，全长271千米，主、干河分出的干支渠4039条，总长5000多千米。雷州青年运河以农业灌溉为主，综合工业、生活供水和防洪、发电、养殖、航运、旅游等功能。灌区总土地面积868万亩，总耕地面积343万亩，可灌溉面积228万亩，灌区农作物得种指数为1.60，灌区设计灌溉面积200万亩，有效灌溉面积146.6万亩。灌区工程自1960年建成以来，改变了雷州半岛南渡河以北地区的干旱面貌，发挥了巨大的社会效益、环境效益和经济效益，对稳定当地人民生活、促进社会经济发展作出了不可磨灭的贡献。

（2）历史地位。

雷州青年运河以农业灌溉为主，综合工业、生活供水和防洪、发电、养殖、航运、旅游等功能，是全国重点大型灌区，在全国434个大型灌区中位列第34位，位于广东省首位。1960年3月首次放水春耕，灌溉茶山村、那良村等地农田，从此解决了一直以来的干旱难题。如今，雷州青年运河常年保障着146万亩农田旱涝保收，维护着灌区868万亩土地的耕作生态，解决了400万人生活用水及工业用水问题。

1.2.12　陕西眉县成国渠

渭河横贯陕西中部，纳关中秦岭北麓河溪与渭北千、漆、泾、洛等河之水，为黄河最大支流，灌溉历史悠久。远在商周时期，今宝鸡、岐山、彬县、长安等地就有引泉、打井、修池灌溉的生产活动。从秦汉到清代，在渭河及其支流兴建水利工程此起彼伏、延绵不断。成国渠自汉建成以后，经魏、晋、隋、唐诸代，到宋神宗

陕西眉县成国渠

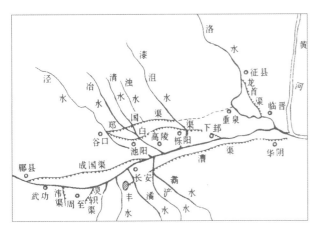

成国渠示意图

以后逐渐湮废，历经沧桑1200余年。成国渠从今陕西眉县东北的渭水北岸起，引渭水经扶风、武功、兴平、咸阳复入渭，全长约120余千米。

（1）工程概况。

秦汉时期，以长安为政治中心的关中地区，农田水利灌溉技术领先全国。八百里秦川拥有万亩良田，非常适于耕种。但是，关中平原的降雨很少，而且雨量分布极不均衡，西边雨量相对多于东边；而且一般夏秋季节雨水多一些，冬春季却很少，这就导致旱灾频繁发生。

为了克服这些困难，汉武帝在关中平原大兴水利。《汉书·地理志》载："眉有成国渠首受渭。"《元和郡县志·凤翔府·眉县》载："成国渠在县东北九里，受渭水以溉田。"当时采取的措施是，用渭河的水，以及它丰富的支流，大规模引水灌溉，形成了一个关中农田水利网。在汉武帝修建的引水灌溉工程中，最有名的就是成国渠，也就是现在宝鸡峡最早的前身。

当时，汉武帝修建的成国渠，自眉县杜家村以南东门渡口处引渭水东行，经祁家、河池、南寨进入扶风县境内，东经牛蹄、龙渠寺、绛帐到武功县下川口，至柴家嘴过漆水，从牛家寨折南向东，经普集镇、永台、水渠进入兴平桑镇、三渠村、惠子坊入咸阳，至咸阳市秦都区东南坊入渭，长约75千米，灌溉今眉县、扶风、杨陵、武功、兴平、秦都等6县（区）的农田。

成国渠自建成以后，经魏、晋、隋、唐诸代，到宋神宗以后逐渐湮废。三国时期，魏青龙元年（233年），尚书左仆射卫臻主持重新修整了成国渠，并在汉代的基础上向西扩展，一直到达现在宝鸡东边的千河开渠引水。这次扩建，让关中地区的经济实力大幅提升，而关中实力的增强，为抵抗蜀汉助了一臂之力。《晋书·食货志》载："青龙元年开成国渠，自陈仓至槐里，引千水溉舄卤之地。"西魏大统十三年（547年），在武功县境水与漆水河交汇的三江口建"六门堰"，用以节水，调控水量。

到了唐代，成国渠的灌溉效益达到了最大化。贞观年间（627—649年）对昔日的成国渠进行了重修，取得了巨大的成功。除继续引渭水、千水外，又汇集川、香谷、漠谷、武安等4水入渠，灌溉武功、兴平、咸阳、高陵等县农田2万余顷，效益可与郑国渠相媲美，故有渭白渠之称。到宋朝时，我国的经济中心东移，以及战乱的影响，渭河流域的发展逐渐衰败下去，存在了1200年的成国渠逐渐衰败下去。明成化年间（1465—1488年），在原成国渠上段的基础上开通济渠，从宝鸡县阎家滩引渭水，东流至武功注入漆水河，退入渭河。从此，漆水河以东的成国渠道再未复修而废弃。

经考古调查，从武功至咸阳的85千米内，已发现10余处成国故渠的横断面和纵剖面。其主要遗迹包括：武功县漆水河东岸渭惠一支渠渡槽东北300米处，故渠遗迹嵌于一崖面上；张堡村北（张堡火车站北），遗迹见于渭惠一支渠北20米平整土地的崖面上；郝家堡村西北渭惠一支渠北200米处，平整土地时有3个横断面；西孟村北渭惠一支渠北，起土壕内东西两壁均可见清晰的横断面；曹家店北肖马村沟壕里；上寨村北大土壕里；焦村几条沟均有遗迹；寨陈村沟壕里；兴平县纸坊头村北砖瓦窑取土壕；宋村（马嵬坡西，西宝公路南）；板桥抽水站东南退水渠北；豆马村北，原第一生产队饲养室北两个土壕中有3个横断面；渭城区窑店北2千米，13号公路东侧一小支渠中；红旗抽水站，73斗门南250米一支渠中，北距长陵约1500米。所有出露断面大致相同。以兴平县豆马村北起土壕为例，故渠在渭惠高干渠南400米，低于高干渠20米。

（2）历史地位。

成国渠的渠首在今天眉县境内，然后向东经过今天的扶风、兴平等县，流入西汉上林苑的蒙茏渠。整个渠道以渭水为水源，位于渭水北面，虽然长度小于白渠，但是灌溉面积远远大于白渠所灌溉的区域。西汉后期，成国渠一度成为最主要的灌溉渠道，在关中西部农业发展过程中发挥了很大作用，在提高粮食产量等方面都具有重要意义。三国时期魏国的卫臻为抵抗蜀国，在汉代成国渠的基础上修了东延段，使得关中平原沃野千里，为魏国军队提供了有力的后勤保障，在一定程度上为击退诸葛亮的五次北伐提供了支持。

关中的水利灌溉再次兴盛时已到了民国时期，1929年关中大旱，兴修水利的呼声越来越高。1930年，杨虎城任陕西省政府主席，召回李仪祉任省政府委员兼建设厅厅长，主持兴修渭惠渠。1935年3月5日，陕西省渭惠渠工程处正式成立，由李仪祉任处长，在眉县魏家坝设坝引水，灌溉眉县、扶风、武功、兴平、咸阳农田。1935年4月开工建设。1937年，灌溉面积达到17亩以上的渭惠渠终于修建成功了。

新中国成立以后，陕西省开始规划修建宝鸡峡，1958年开工修建，到1974年终于完成整个工程，顺利实现了"引水上原"的梦想。宝鸡峡引渭灌溉工程共修建库区结合工程5座，架设渡槽11座，凿通隧洞13座，修建倒虹2座，修建退水道10座，修建支渠、支分渠、斗渠共1400条，全长1607千米。从成国渠到渭惠渠，再到如今的宝鸡峡，2000多年过去了，渭河水依然滚滚东流，这方古老的水域，滋养着关中平原世世代代的子民。

1.3 灌溉井泉工程

地下水是重要的自然资源，地下水的合理利用和有效保护，对于古代经济社会发展和生态环境可持续发展具有重要作用。其中，井水是地表水下渗积累而来的，泉水是从地下水天然出露至地表形成的。井泉水资源是重要的地下水源。

水井的出现和发展，是原始先民们与自然界斗争和生产实践的产物，是伴随原始农业定居及生产发展而产生的。在一定程度上，水井使人类摆脱了对地表自然水资源的完全依赖，在生产生活中能够更好地利用水资源，解决了众多人口的城邑饮水问题，使人们不再仅仅依靠河水，而可以选择距离河边较远的地方居住，大大方便了人们的生产和生活。更为重要的是人类利用井水灌溉农田，大大增加了农作物的产量。比如江苏苏州草鞋山水井、河北藁城台西水井、河南洛阳矬李水井、山东泰安于庄水井、浙江诸暨桔槔井灌、新疆坎儿井、西藏萨迦古代蓄水灌溉、山西古晋祠和山西霍泉灌区等。从某种意义上说是，水井的出现，是文明社会的一种表现和重要特征，在人类发展史上具有划时代的意义。水井为农业生产发展做出了重要贡献，促进了原始农业的发展；同时，也为城市的出现和国家的形成创造了条件。

1.3.1　江苏苏州草鞋山水井

1992—1995年，中日对苏州草鞋山遗址古稻田开展合作研究，通过考古发现了距今6000年左右的马家浜文化时期的水田和灌溉系统结构遗址。其中有水井10口，分布于发掘出的东、西两片水田遗迹周围。草鞋山遗址揭示了距今6000年左右的马家浜文化时期，当时已出现水稻田与水井（蓄水坑）、水塘、水路等相配套的灌溉系统，为追溯中国早期稻作农业的起源与发展提供了重要证据。苏州草鞋山遗址1956年被发现，1957年正式命名，1995年被公布为省级文物保护单位，2013年升级为全国重点文物保护单位。

（1）基本概况。

关于江苏草鞋山水井的修建缘由，不同的学者说法不一，有的学者根据草鞋山遗址的水井位于水田群中，认为这个时期大面积修建的水井应该是用于农业生产。但有的学者认为草鞋山遗址发现的水井，曾用于灌溉，但是在其他地方未必如此，同时草鞋山水井在严格意义上来讲只能叫坑或者是渗水池。

江苏苏州草鞋山共发现10口水井，水井皆为土穴井，形制有椭圆形、圆角方形、圆形等，口径大小不等，深度在1.5米以上。东片水田有水井6口，南、北、中部皆有分布，是稻作生产体系结构的一部分。从已揭露的南北长30米，东西宽10~17.5米范围内的水田分布情况来看，区内44处水田块可以通过南、北、中三组水井为水源进行灌溉。西片水田有人工大水塘2个、水田11块、水沟3条、蓄水井（坑）4个，以及相关水口。水井以椭圆形为主，兼有长方形，深1.8米左右。水田田块面积较小，小者几平方米，大者十几平方米，为小块水田群。

这是两种类型的灌溉系统：一是以蓄水井（坑）为水源的灌溉系统，由蓄水井（坑）、水沟、水口组成，所有田块和水井相互串联，可相互调节水量；通向水井的水沟，上游未发掘，据判断应有水源地存在；从东区已揭露的南北长30米、东西宽10~17.5米的范围内水田的分布情况来看，区内33处水田块，可以南、北、中三组水井为水源进行灌溉；南部有水井J35，这是一座口径1.8米×1.5米、深1.9米的大型井，存水量可达

草鞋山遗址文物保护单位标识牌

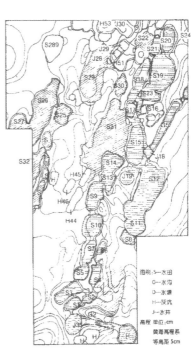

草鞋山水田遗迹（东）分布图

63

近3米³，一般情况下已能满足南部8处水田的用水量；中部有水田S9、S13~S15，则用水井J18、J19来进行灌溉；北部有水井3座（J28，J29，J30），分布在北部的田块可以这3座水井为水源进行灌溉；应该指出的是，以上这三组以水井为水源的灌溉系统，不是相互分割的，而是互通的，全区的所有田块和水井都是相互串联在一起的整体，所需水量的大小可相互调度；从上述分析可知，以水井为水源的水田体系，其特征是以打破生土的各种形状和深度不等的水井作为水田中供水来源；灌溉系统由水井、水口、水沟组成，这种灌溉系统已涉及基于实质需要的技术构思，反映了原始稻作文化的基本面貌。二是以水塘为水源的灌溉系统，所有田块均分布在大水塘沿岸，有水口沟通水塘，田块之间相互串联，可调节稻田水量；西片的灌溉系统比东片进步，从田边挖水井（坑）汲水发展到挖水塘，通过水口从塘中引水灌溉，又通过水口排水；同时还发现了穿牛鼻耳高领罐的盛水容器。

（2）历史地位。

环太湖流域位于长江三角洲的江南地区，以太湖为中心，北抵长江，南达杭州湾及钱塘江，包括今上海市、江苏省东南部和浙江省北部。这一区域地势低平、水网密布，孕育了环太湖流域的史前文明。

根据目前考古资料，我国迄今发现年代最早的水井遗迹是河姆渡遗址二层发掘的一座浅水井。到了距今6000年的马家浜文化时期和距今5000年左右的良渚文化时期，已经出现了农田灌溉用水。马家浜文化时期草鞋山水田以及与水田配套的水沟、蓄水坑（水井）、水口等灌溉设施被认为是"中国最早的稻作农业灌溉系统"。这一灌溉系统水源除水井外，还有池塘蓄水，共发掘了74块水稻田遗迹，以及众多炭化粳籼稻谷，为中国稻作农业的起源、栽培稻起源的研究提供了实物依据，是中国水田考古与研究方面取得的一项重要成果。

江苏苏州草鞋山水井是古代劳动人民智慧的结晶，它为当时农业发展提供了重要的灌溉水源，也是我国文化遗址的重要组成部分，为研究我国水利发展史提供了实物。

1.3.2　河北藁城台西水井

台西是位于河北省藁城县城西10千米处滹沱河南畔的一个村落，因其位于大土丘"南台"之西200米处而得名，"南台"之北400米处又有"北台"，台西村东北260米处还有"西台"。这三个"台疙瘩"，实际上是古人为了避免水灾威胁，修建加固地基的一部分，后人又将高地的土挖平，所以就剩下这三个"台疙瘩"了。1973—1974年，考古工作者在保存最好的"西台"顶部和东西两侧进行了考古发掘，一处距今约3400年的商代中期文化遗址面世。这处文化遗址包括房屋、水井、灰坑和墓葬，其中有陶器、石器、骨角器、铜器、蚌贝器、漆木器、甲骨、丝织品、麻织品、玉器、陶文符号、植物种仁、铁矿石和铁渣等3000余件较完整的文物。1982年7月，台西遗址被列为河北省重点文物保护单位，2006年被列为第六批全国重点文物保护单位，2021年入选河北百年百项重要考古发现名单。其中，藁城台西水井位于台西村商代遗址内，有水井6口。在藁城台西水井遗址发现一件圆底印纹硬陶罐和一件木桶，从汲水工具的发展进程可以看出，修建河北藁城台西水井为原始先民们的生产和生活提供了重要的水源。

（1）基本概况。

河北藁城台西村遗址的两口商代水井，其支护结构也是采用木构井干方式。台西村一号水井，井口直径2.95米，深为5.9米；井口以下4.5米开始直径缩减，形成一个"二层台"；井底设木构井干，共叠置4

滹沱河藁城段

层，高0.82米；节点为搭口交接，井干周围尚有30余根桩木加固。这口井中也遗存有当时汲水失落的完整或破碎的陶罐，有的颈部尚系有绳索。汲水桶发现于井底，木质，口径24.8厘米，高23.7厘米；扁椭圆口，状似盔形，系用一块木瘿子掏成；两侧有对称的圆孔，用以系绳汲水。早期水井J2，上口为椭圆形，直径1.38~1.58米。井底为圆角长方形，长1.48米。自井口至底深3.7米。井壁凹凸不平，略呈筒状，井底有木质井盘，盘分内外两层。内盘"井"字形，由两层圆木两两相互叠压而成，高0.24米。四角内外均插木桩数根，作用是加固井盘。井内除少量的碎陶片外，发现一件圜底印纹硬陶罐和一件木桶。水桶不大，可以用手提取，推测当时不一定有辘轳或桔槔一类的装置。

晚期水井J1，圆形，上口直径2.95米，深5.1米。井筒上粗下细，比较平滑，从井口向下至深4.5米处，向内收缩，使井底部形成了一个圆形的"二层台"。井底也有井盘，但井盘结构与水井J2不同，只有一层，由四层圆木搭成"井"字形，高0.82米。所有圆木未经去皮，仅两端稍加修平，互相重叠咬合，顶端插入井壁四周。井盘内外各有加固用的大小木桩30余根。在井盘内堆满汲水时落入的陶罐，罐子颈部还可见绳子痕迹。

1985年，在河北省藁城县台西村遗址中，考古人员又发现4口带有木制井盘的水井，尤其是水井J5，经解剖发现，当时先挖长宽各5米余的长方形大井口，内收下挖至井底，做好木盘后填土筑平台，再填土筑成圆形井筒至井口。其结构的独特之处在于井盘外四周还有横竖两层密排的细木桩以防淤塌；井底平铺直径为5~13厘米粗的木柱11根，柱距为3~15厘米，以防淤塞。

（2）历史地位。

藁城台西村遗址处于中原文化和北方长城地带之间，为商朝石家庄地区先民已掌握文字、冶铁、酿酒等技术的证明，对社会进化研究具有重要的参考价值。河北藁城台西水井是当地先民生活用水的主要来源，也为当地农业及生产用水提供了水源。同时，水井的修建也充分体现了古代劳动人民的智慧，为水利灌溉工程的修建打下了良好的基础，是中华水文化的重要组成部分，具有重大的文化价值和文化效益。

1.3.3 河南洛阳矬李水井

在中原地区，龙山时期已经发现2口水井，一口在汤阴白营遗址，另一口在洛阳矬李遗址。洛阳矬李遗址位于洛阳市南郊约12.5千米的古城公社矬李大队，遗址区是一处南北约700米、东西约500米的台地，矬李村就坐落在遗址上。遗址就在伊水、洛水之间，东南距伊阙约5千米。位于伊、洛河三角平原龙山文化的矬李遗址水井和位于汤阴县龙山文化的白营遗址的木构架支护深水井，印证了"伯益作井"等文献记载。根据测定，这些先民村落的遗址出现于距今3900~4100年，相当于夏禹治水和夏王朝建立初期的历史时期。河南洛阳矬李水井的修建，大大提高了当时的农业水平，也是我国水利灌溉文化的重要组成部分。1986年，洛阳矬李遗址被列为第二批河南省文物保护单位。

（1）工程概况。

夏朝的建立，标志着氏族制向奴隶制的转变，在人类社会发展史上是一个巨大的进步。夏朝时期出现了定居农耕，农业、畜牧业成为人们衣食所依。"尽力乎沟洫"，建立起了初期的农田排灌工程，更加有利于开发土地，发展农业种植。同时，人们为了解决生活用水，逐渐挖掘修建较深的井。在湿润多雨的地区，挖井挖到一定的深度就会出水，为人们生活解决了重要的水源问题。这样夏朝就结束了靠天吃饭的情况。

河南洛阳矬李水井的井口为圆形，口距地表0.9米，口径1.6米，深6.1米见水。井径上部较粗，深至4.75米处往一侧收缩成0.8米，以防倒塌，以下未做清理。填土距口部深约2.75米处是一层红烧土，以此为界，上部为脏土，下部为花土。包含物丰富，有陶器和石器。在水井附近发现一段宽2~3米、深1米的水渠。根据上述考古发现水井和水渠遗迹，结合井内出土的大量汲水器和生产工具如锛、凿、刀、铲等石器来看，当时水井已被用于农业灌溉。因此，河南洛阳矬李水井的修建不仅是供人们生活饮用，也逐渐用于手工业生产和农业灌溉。

（2）历史地位。

根据目前所掌握的考古材料，早在6000多年以前，黄河下游地区已经发明了水井。黄河中游地区，在龙山文化时代已经脱离了原始锄耕农业阶段，进入耜耕时期，河南洛阳矬李遗址中，已发现沟渠遗迹。

河南洛阳矬李水井的修建，为当时人们的生活解决了重要的水源问题，促进了土地的开发和农业种植的发展。沟洫和水井的出现及运用，也使得当时的农业生产发展到一个比较高的水平。同时，河南洛阳矬李水井也是当时历史文化的象征，对研究我国水利灌溉史具有重要的历史文化价值。

1.3.4 山东泰安于庄水井

泰安于庄水井共2口，位于于庄遗址第6文化层即西汉时期。山东泰安于庄水井位于泰安市宁阳县伏山镇于庄村东南约300米处，平面呈不规则长椭圆形，南北约210米，东西约120米，面积约25000米²。2018年5月，济南市考古研究所发掘西汉水井2口，出土器物绝大多数为陶片，另有少量瓷片、石器、兽骨等。该水井修建于西汉至明清时期，对研究宁阳地区大汶口文化晚期至明清时期的农业及社会经济发展具有重要的历史文化价值。

（1）修建缘由。

山东地区冬季干燥寒冷，夏季高温多雨，春季干旱少雨；春季旱情较重，夏季常有洪涝发生，水资源不平衡。为了充分利用水资源，蓄水灌溉，山东省充分发展了井灌技术，凿井灌田。

宁阳县境内地势东高西低，东部多为低山、丘陵，西部多为平原。宁阳县居泰山、曲阜、水泊梁山旅游区三角中心。北枕大汶河，南临古镇兖州，西接古中都汶上县，东与新泰市相连。宁阳县始建于汉高祖七年（公元前200年），因邑置宁山之南（宁山之阳），故名宁阳。宁阳治所在今县城南8.5千米的古城村，废于晋，复于金。宁阳在隋代称龚邱，宋代称龚县。两汉时县域皆小，人口万户，隋唐后渐次开拓，逐渐形成现在的县域。

于庄水井 J2

西汉初期，政府重视农业生产，牛耕和铁制农具的使用更加普遍。正如《盐铁论水旱》载："农，天下之大业也；铁器，民之大用也。"使用铁农具的范围也从中原地区逐渐向宁阳扩展。随着人口数量的增长和生产力的不断发展，为了扩大生存空间，宁阳开辟新的水资源已成当务之急，再加上长期开沟挖掘所积累的技术经验，水井便呼之欲出。

井灌对农业生产的促进作用主要表现为提高了农业劳动生产率和单位面积产量。马克思说，农业中的劳动生产率，"问题不只是劳动的社会生产率，而且还有由劳动的自然条件决定的劳动的自然生产率"。换句话说，农业生产就是利用水、土、光、热等自然因素，促进作物的生长。凿井溉田，就是利用地下水这个自然资源，以提高劳动的自然生产率，进而提高整个农业劳动生产率，增加单位面积产量。恩格斯说："历史过程中的决定性因素归根到底是现实生活的生产和再生产……归根到底仍然是经济的必然性。"井灌发展的根本原因，也正是社会经济和农业生产发展的结果。

经考古发现，于庄遗址中西汉时期遗存较少。其中水井2眼，均开口三层下，J1为土圹，平面近圆形，直壁略内收；J2在土圹内，用大量残瓦、陶片砌筑井圈。井内出土可辨器物主要有板瓦、筒瓦、罐、盆、豆等，其中以瓦居多。

山东省中部山地一带地下水资源丰富。明代为了保证漕运的畅通，把山东省西部诸泉全部引入会通河，"滑滴皆为漕利"，民间只得凿井灌田。到崇祯时，由于出现连续多年的大旱，山东按察使蔡懋德"教民凿井，引水灌田"，以抗旱救灾。清代山东井灌发展迅速。乾隆年间久官山东的盛百二著《增订教稼书》，列有《开井》专篇，谓："水旱二者，旱之害尤甚。而蔬烟地不虞旱者，以有井也，则区田、代田必多开井，其势难广种。然家种三四亩，其力易办，虽有旱岁，不至流离。"倡导在大田中凿井抗旱。因用砖衬砌井，工费稍大，贫家不能办，故他在书中还介绍了临清州刺史王君溥教民用荆薄代替砖衬砌井的方法。清道光十七年（1837年），山东道监察御史胡长庚上疏说：山东地土宜井，要劝谕农民"多穿土井"，俟浇灌获益，"积有余资"后，再砌砖井。光绪初期，华北大旱，山东亦掀起凿井抗旱热潮，灌溉水井迅速发展。如博平县（今茌平县西）于清光绪元年（1875年）凿井1200余眼，宁阳县也出现"田中多井"的情况。后来山东省在1930年根据58个县的资料进行统计，共有灌溉水井23.3万眼。

（2）历史地位。

山东宁阳于庄水井的修建促进了当地农业的发展，提高了农田水利技术。明清时期凿井灌田有了明显发展，凿成六七十万眼灌溉井，并形成一定规模的井灌区。六七十万眼灌溉水井的凿成，大体能使六七百万亩农田受浸润之利，"收常倍于常田"，为华北地区发展水利灌溉开辟了一条重要途径。同时，山东泰安井灌技术也充分体现了古代劳动人民的智慧，具有深厚的历史文化价值。

1.3.5　浙江诸暨桔槔井灌工程

在我国，井灌有悠久的历史。最早记载是《世本》的"汤旱，伊尹教民田头凿井以溉田"，这说明在商代已有了水井灌溉记载。春秋战国时期，由于提水工具桔槔的发明，井灌逐渐成为农业灌溉的一个组成部分。《庄子·天地》里记载："子贡南游于楚，反于晋，过汉阴，见一丈人方将为圃畦，凿隧而入井，抱瓮而出灌，搰搰然用力甚多而见功寡。子贡曰'有械于此，一日浸百畦，用力甚寡而见功多，夫子不欲乎？'为圃者卬而视之曰'奈何？'曰'凿木为机，后重前轻，挈水若抽，数如泆汤，其名为槔。'"这可认为是楚人使用桔槔引水灌溉的证明。由于桔槔搭建简便、成本低廉，在中国长达2000多年的历史上，桔槔井灌在地下水丰富的地区应用十分广泛。

浙江诸暨桔槔井灌工程遗产位于浙江省诸暨市赵家镇的泉畈村，地处会稽山走马岗主峰下的黄檀溪冲积小盆地，多年平均降水量1462毫米，土壤以砂壤土为主，地下水资源丰富、埋深浅，枯水期地下水埋深在1~3米，雨季则在1米以内。这里的桔槔提水井灌历史悠久，最早可追溯至南宋。数百年来，凿井并用桔槔提水成为泉畈村居民灌溉的主要方式，目前仍在使用。诸暨井灌工程遗产堪称桔槔这一古老提水机械的"活化石"。

诸暨泉畈村桔槔井灌工程

（1）工程概况。

浙江诸暨桔槔井灌工程最早可追溯至南宋时期，是由桔槔—水井—渠道构成的灌溉工程，也是我国最早利用地下水资源的工程形式。诸暨桔槔井灌工程在赵家镇的修建和长期使用有其独特的自然条件，也充分体现了水利工程因地制宜的特点。古井主要分布在赵家镇泉畈村、赵家村、花明泉等村周边，共有古井8000多眼。尤其是泉畈村一带，不仅有八角井、六角井、方井、圆井，还有唐代古井、钱王井、大王井，海拔只有50米，而周边山地海拔却有几百米，最高处有800多米，所以井水充盈，形成了泉畈村独特的农耕文化和生活方式。

诸暨桔槔井灌工程充分体现了水利工程因地制宜的特点。遗产区丘陵盆地的地形特点、下为基岩上覆砂壤的地质条件、丰富的降水和优越的地下水循环条件，为桔槔井灌的修建创造了客观基础。而汇水面积小、水位水量变差大的黄檀溪不能直接为区域农业提供充足而稳定的灌溉供水，在黄檀溪盆地相对封闭的空间内，在传统工程技术条件下，也不可能为仅仅数千亩农田付出巨大投入修建大型水库或跨流域调水工程。赵家镇选择简单易行、低成本的桔槔井灌方式成为必然。

桔槔的结构相当于一个普通的杠杆，在其横长杆的中间由竖木支撑或悬吊起来，横杆的一端用一根直杆与汲器相连，另一端绑上或悬上一块重石头。当不汲水时，石头位置较低（位能亦小）；当要汲水时，人则用力将直杆与汲器往下压，与此同时，另一端石头的位置则上升（位能增加）。当汲器汲满后，就让另一端石头下降，石头原来所储存的位能因而转化，通过杠杆作用就能将汲器提升。汲水过程的主要用力方向是向下，由于向下用力可以借助人的休重，因而给人以轻松的感觉，也就大大减轻了人们提水的疲劳程度。这种提水工具是中国古代社会的一种主要灌溉机械。

诸暨桔槔井灌工程体系由两部分组成：拦河堰，增加区域地下水补给量；田间桔槔井灌系统，由若干个灌溉单元组成，每个灌溉单元均包括古井、桔槔与灌排渠系等。诸暨赵家镇一带俗称"丘田一口井"，每丘田都有一套由古井、桔槔提水器械、田间灌排渠道等共同组成的小而精的灌溉工程体系，成为一个相对独立的灌溉单元，当地称作"汲水田"。井壁由卵石干砌而成，部分粉砂壤田里，井底部用松木支撑，井壁外周用碎砂石做成反滤层。提水桔槔由拗桩、拗秤、拗杆和配重石组成，提出的井水则通过简易的渠道，浇灌到田块各处，田块间规划布置有排水渠道，农田涝水可由此排泄入黄檀溪下游。

（2）工程价值。

所谓桔槔，就是许多古井旁都高耸着的一种竹木构成的打水工具，当地人简称为"拗"。桔槔汲水灌溉，水顺着沟渠流入田中，再渗入地下，回流入井，构成了一个完整的生态水循环小系统，古老而科学的农耕方式，就这样代代传承。泉畈村是诸暨井灌留存最多的村落，而在赵家镇，很多村落曾经都是井灌区。20世纪30年代以前，这个盆地有井8000多眼，1985年统计时还有井3633眼，灌溉面积6600亩。在城镇化进程中，许多古井被填埋，今天泉畈村核心区还有古井118眼，灌溉面积400多亩。桔槔井灌持续经营数百年，为移民安居、人口增长、经济文化发展发挥了基础支撑作用。而且水利效益至今仍在延续，汲水田旱涝保收，成为当地农民家庭的生活支柱。

诸暨桔槔井灌工程遗产完整保留了传统的工程设施型式和使用方法，是古老的提水器械和早期灌溉文明型式的历史见证。遗产的历史演变，见证了区域社会、经济、文化发展历程，见证了农业社会中灌溉对区域经济文化发展的支撑作用，拗井的工程效益仍在延续，堪称传统桔槔提水井灌的活化石。

诸暨井灌工程遗产充分利用区域自然条件，因地制宜，用最为简易的古老工程设施型式，发挥了充分的灌溉效益。赵家镇先民在约200年前已对地下水循环机理有科学认知，并据此通过工程设施人为增加地下水的入渗补给，将迅速流失的地表水资源转而存蓄于地下，提高灌溉可供水量。遗产的科技价值还体现在拗井群科学的规划布置、古井结构的科学设计，以及简易、有效的管理制度等方面。合理的井群布置，使位于不同高程、属于不同农户的每一丘田都有井水能够灌溉。每丘田形成一个相对独立的灌溉单元，桔槔井灌工程设施具有明晰的归属与使用权且与耕地一致，加之地下水资源分布的相对公平，为减少用水纠纷创造了客观条件，对涉及不同农户用水权益的，又通过乡规民约形式确立了合理完善的协调机制，体现出朴素而有效的管理智慧。

桔槔承载有悠久而独特的中国传统文化与哲学思想。诸暨桔槔井灌在发展演变过程中与越文化融合，衍生出具有浓厚区域特色的"井灌"文化，并反映在居民生产生活中，特别是在当地民谣、戏剧等文化形式中表现出来。遗产区居民对千百年来逐渐形成的"井灌"文化有高度的认同感和自豪感。拗井已成为诸暨赵家镇独具特色的文化符号之一。

1.3.6　新疆坎儿井

坎儿井是荒漠地区特殊的灌溉系统，是开发利用地下水的一种很古老的水平集水建筑物，适用于山麓、冲积扇缘地带，主要用于截取地下潜水进行农田灌溉和供给居民用水，是我国新疆吐鲁番地区进行农牧业生产和生活取水的主要方式之一。新疆的坎儿井主要分布在吐鲁番盆地与哈密盆地，暗渠总长度约5000千米，可与万里长城、京杭大运河并称为"中国古代三大工程"。吐鲁番的坎儿井总数达1100多座，全长约5000千米。坎儿井在《史记》中已有记载，时称"井渠"。现存的坎儿井，多为清代时期陆续修建的，至今仍浇灌着大片绿洲良田。

新疆坎儿井（一）

（1）修建缘由。

新疆吐鲁番地区自古有"火洲""风库"之称，气候极其干旱。吐鲁番植被稀少，因此有植被的地方就会特别受珍惜和重视。有水源，才会有人群；有人群，才会有绿洲；有绿洲，才产生了吐鲁番绿洲文明。为了依靠水源生存和生活，吐鲁番古代劳动人民用智慧和双手创造了坎儿井，把融化后渗入吐鲁番盆地下的天山雪水用坎儿井引流出来，大规模应用于生产生活。得益于坎儿井的推广使用，吐鲁番地区很早就产生了较为发达的绿洲灌溉农业文明，吐鲁番人民进而开拓出了一片片绿洲。因此，可以说坎儿井是绿洲文明的源头，孕育了吐鲁番古老的绿洲文明，"没有坎儿井就没有吐鲁番，没有坎儿井就没有吐鲁番的文明"。作为一种水利灌溉系统，坎儿井承载了吐鲁番独特的文化。

新疆坎儿井是干旱地劳动人民在漫长的历史发展进程中创造出的一种地下水利工程。坎儿井引出了地下水，让沙漠变成绿洲，古代称作"井渠"。汉代以来吐鲁番水资源大范围的开发利用，使得我们的先人依托水资源把吐鲁番建设得更美，形成了具有独特地域特色的绿洲文明，让它成为了东西方文明交汇的枢纽，因此，坎儿井水利系统不仅仅是中华文明体系下灿烂的文化成就之一，更是世界文明的重要组成部分。

（2）工程特色。

新疆的坎儿井，都分布在非常干旱的地区，当初人们缺乏把各山溪地表径流经由戈壁滩长距离引入灌区的手段及提水机械，于是根据当地水文地质特点，创造出用暗渠引取地下潜流进行自流灌溉的一种特殊水利工程。新疆坎儿井的布置，一般是大致顺着冲积扇的地面坡降，亦即顺着地下潜流的流向，与之相平行或斜交，由竖井、暗渠、明渠和涝坝等四部分组成。

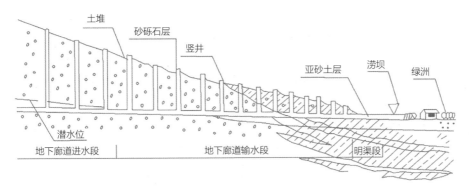

坎儿井结构示意图

其中，暗渠是坎儿井的主体，分段设置，长度一般为3～5千米，最长的超过10千米。暗渠的出口，称龙口，龙口以下接明渠。明渠是暗渠出水口至农田之间的水渠。明渠与暗渠交接处建有"涝坝"。竖井与暗渠相通，用于出土、通风、定向。竖井分布疏密不等，上游比下游间距长，一般间距为30～50米，靠近明渠处为10～20米。竖井的深度最深可达90米以上，从上游至下游由深变浅。其构造原理是：在高山雪水潜流处，寻其水源，在一定间隔打一深浅不等的竖井，然后再依地势高下在井底修通暗渠，沟通各井，引水下流。地下渠道的出水口与地面渠道相连接，把地下水引至地面灌溉农田。

涝坝具有重要的作用。一是蓄水，它位于暗渠的出口处，可将冬季从暗渠中流出的水储存于此，新疆冬季气温太低，农业生产停顿，而坎儿井却在继续出水，涝坝便可将冬水储存起来，供来年春天使用；二是晒水，这里的地下水，主要来源是融雪，水温很低，如从暗渠引出，立即循明渠灌溉农田，低温便会严重影响庄稼发育，引出的水只有先储存在涝坝中，经过晾晒后再灌溉农田，才利于作物生长；三是便于统一调配农田用水，涝坝的创建，使坎儿井工程更臻完备。

坎儿井暗渠

新疆何时开始兴建坎儿井？多数学者认为可以上溯到西汉。理由是，自汉武帝起，西汉大力经营西域，并在轮台、渠犁（今库尔勒地区）、车师（今吐鲁番地区）等地驻兵屯田。这一带雨量稀少，空气干燥，屯田时必须兴修水利，特别是很少受蒸发威胁的坎儿井。他们认为，穿凿坎儿井技术，在屯田西域之前兴建龙首渠时即已掌握，而车师等地地下水资源又很丰富，驾轻就熟，完全可以在西域发展井渠灌溉。坎儿井的迅速发展，始于清代对新疆的大规模开发。尤其是清后期，在林则徐、左宗棠等人的关注与努力下规模快速扩大。1845年，林则徐在赴南疆途中路过吐鲁番地区，对坎儿井极为赞叹。随后他将坎儿井广为推行，使吐鲁番的大片荒野变成膏腴良田，当地人因此也称坎儿井为"林公井"。1864年，阿古柏在英俄两国的支持下侵入新疆，钦差大臣左宗棠率师入疆，于1877年收复失地，并开始全面开发利用新疆的水资源举办屯垦，在吐鲁番地区开挖坎儿井185处。1949年，吐鲁番地区可使用的坎儿井达1084条，年出水量达5.081亿米^3，灌溉土地28.99万亩。1957年增加到1237条，年出水量达5.626亿米^3，可灌溉土地32.14万亩。

新疆坎儿井（二）

新疆坎儿井（三）

新疆坎儿井按水文地质条件和分布情况可分为三种类型：①山区河流补给型坎儿井，分布在火焰山以北的灌区上游地区，集水段较长，出水量较大，水量稳定，矿化度低；②山前潜流补给型坎儿井，分布在火焰山以南冲积扇灌区上缘，由直接引取山前侧渗形成的潜流、天山水系渗漏与火焰山北灌区引水渠系渗漏等形式补给地下水，集水段一般较短；③平原潜流补给型坎儿井，分布在火焰山南灌区下游，地层为土质构造，水文地质条件差，一般出水量较小，矿化度较高。

（3）历史地位。

坎儿井的出现对发展当地农业生产和满足居民生活需要等都具有很重要的意义。众所周知，干旱区年均蒸发量一般可达2000毫米，而每年平均降水量大多在200毫米以下。坎儿井作为一种地下输水工程，在减少水量蒸发方面有着重大的意义。坎儿井不仅具有减少蒸发、防止风沙的作用，而且具有节约能源、降低污染的功能，营造了良性的生态系统。

首先，在漫长的历史发展过程中，新疆坎儿井作为吐鲁番的水文化遗产具有重要的历史文化价值，已成为人类文明史上的里程碑，它不仅是世世代代居住在吐鲁番的各族劳动人民利用和改造自然的巧妙创造，亦是一条联络吐鲁番与内地情感的纽带，更是中华民族井渠文化的重要组成部分。

其次，坎儿井的施工工艺非常环保，对地表的破坏少，造成的水土流失也少，保护了自然生态环境，具有重要的生态效益。

最后，坎儿井以其独特的亮丽风景，吸引众多国内外游客慕名前来参观，创造了巨大的经济和社会效益，尤其是在强调生态文明开发的今天，坎儿井具有不可比拟的旅游开发价值。

1.3.7 西藏萨迦古代蓄水灌溉

萨迦古代蓄水灌溉系统位于西藏自治区日喀则市，地处高原温带半干旱季风气候区，平均海拔在4000米以上，年降水量约150~300毫米，是目前海拔最高的世界灌溉工程遗产。从宋元时期开始，当地人民在冲曲河沿线逐步建立起蓄水灌溉系统，明清时期灌溉系统的利用和管理体系趋于完善。据不完全统计，目前仍在使用的蓄水池有400多座。这套完善的蓄水灌溉系统，助力日喀则发展成为"世界青稞之乡"。2021年，西藏萨迦古代蓄水灌溉系统入选世界灌溉工程遗产。

（1）工程概况。

萨迦县属于藏南珠峰地区东北部的一部分河谷地区，是喜马拉雅褶被带的一部分，处于印度板块和欧亚板块相撞击断裂缝合带的典型地段。萨迦县属于高原温带半干旱季风气候区，年降水量为150~300毫米，10年中只有3~4年降水是充足的，水资源在当地非常宝贵。为了能充分有效利用水资源，从宋元时期开始，当地先民克服了高海拔、寒冷等困难，顺势而为，逐步在冲曲河（萨迦河）沿线建立起蓄水灌溉系统，主要覆盖了以萨迦寺为中心的萨迦县、拉孜县等区域。萨迦县境内的地势高差大，地形复杂，地貌类型多样，导致建筑材料运输困难。

"萨迦"为藏语音译，意为"灰白土"，是参照当地地域环境，因元朝帝师八思巴在当地修建萨迦寺而得名。根据历史记载，当时八思巴管辖着西藏13万户居民，在发展过程中逐渐开发出该区域的水利灌溉系统，使得当时百姓能在此地放牧和生产。据日喀则防洪治河的史料记载，驻藏大臣松筠于丁巳年来到日喀则，其《丁巳秋阅吟·还至后招》（"后招"即日喀则）一诗曰："江岸旧无堤，奔湍任所之，番黎群苦诉，疏导适其宜。"意指江河的岸边本来没有河堤，百姓都被洪水支配，处处哭诉，只有疏导才能够解决这种问题。表明了该灌溉系统不仅能够灌溉，还能够防洪。为降低造价，智慧的古人顺势而为，把一个个蓄水池就建在萨迦冲曲附近，个别因地形原因采取引水措施。在高海拔、高寒地区，古人巧妙地做到了现代水利工程所努力达到的兴利除害效果。

历经几个世纪的改进，灌溉系统的利用和管理体系已趋完善。如今，该灌溉系统仍然沿用借鉴古代的工程形式和管理方式：由两名"措本"（藏语，意思是河湖管理者）协同工作，主要负责上游水土保持、定期清理沉淀池至进水口的通道及沉淀池里的淤泥杂物、每年雨季前对蓄水池逐个进行安全检查等，还负责调解争端，如两田间的小水渠被过路人或牲畜毁坏及用水纠纷等；不同水闸的开关只能由"水女"（今天的巡河员）操作，擅自开关水闸的会受到严惩；水闸开关时，所涉每户会派出一名代表，蓄水池闸一开，等在各自小水闸前的每户代表会打开通往自己小水渠的石板或木门。自然而然就形成了从措本到水女再到户民的独特的三级管理模式。

（2）工程结构。

萨迦古代蓄水灌溉系统不仅能够灌溉、抗旱，还能够防洪，具有极高的科学价值。在结构形式上，西藏萨迦灌区北流的萨迦冲曲在萨迦寺北面分成三道支流，由一座三门水闸控制，三道支流通向三个蓄水池，其间亦各有一水闸控制，这套灌溉系统的周围即水浇地。用石头修建的蓄水池大体为矩形，采用敞口形式，由引水渠、池体和出水管网等几部分组成，蓄水池依据不同地形条件具有不同的结构形式。小的蓄水池容积几千米³，大的6万米³左右，特别大的10万米³左右。蓄水池敞口晒水，使得原本由融雪冰水汇集成的冰凉的池水温度得到大大提升，有助于青稞在高寒环境下茁壮成长。

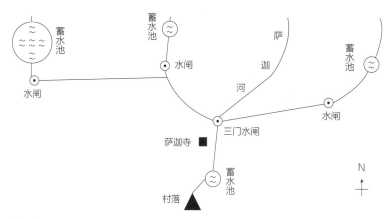

萨迦古代蓄水灌溉系统（主体部分）示意图

历经几个世纪的改进，到明清时期，西藏萨迦古代蓄水灌溉系统的利用和管理体系已趋完善。在元代，萨迦作为西藏的首府，农业较周边地区发达兴盛，很好地战胜了半干旱气候带来的灾害。

（3）历史地位。

萨迦灌区是农业发展的基础支撑，对西藏地区文明发展具有重要意义。萨迦是集合区域民俗、宗教和水利建筑文化的枢纽，其最著名的当属萨迦寺，凭借着该水利系统及政府的支持，最终成了当时西藏最巍峨的寺院建筑。而萨迦派是在萨迦寺的基础上兴起的，可以说没有萨迦寺就没有萨迦派，而没有水利的发展也不会有萨迦寺的建成。萨迦派成为元朝在西藏统治的代表，奠定了1279年以后元朝中央对西藏地方行使行政管理的基础。同样，元

萨迦古代蓄水灌溉系统导引雪水和冰水进入蓄水池的明渠

代的萨迦以农业为第一产业，对于当时的萨迦来说，发展农业最重要的就是水。正是因为有了水利设施的加持，萨迦的农业发展迅速，到元代，萨迦已经成为西藏的首府。

萨迦古代蓄水灌溉系统体现了藏族先民在高寒地区适应自然、战胜自然客观条件的智慧。萨迦蓄水灌溉系统主要覆盖了以萨迦寺为中心的萨迦县、白朗县、定结县、岗巴县、拉孜县、定日县、谢通门县等区域。据不完全统计，萨迦灌区仍有400多个蓄水池在发挥作用，惠及30多万人，约占西藏自治区总人口的10%。萨迦古代蓄水灌溉系统灌溉着河谷平原约10万亩的青稞产区，助力日喀则发展成为"世界青稞之乡"。萨迦古代蓄水灌溉系统仍然沿用着古代的工程形式和管理方式，做到了真正意义上的"活态传承"。

1.3.8 山西古晋祠

山西古晋祠坐落于太原西南方20千米的悬瓮山下，是远古时期晋水的发源地。《山海经》记载："悬瓮之山，晋水出焉。"中国最早的水利灌溉设施就在晋祠公园内——智伯渠。智伯渠是依山水地形修建的春秋时代人工水利灌溉设施，为当时的农业生产增产增收奠定了基础，同时还可以避免汾河发生洪灾。传说是春秋末年晋国的智伯所开，所以就起名为智伯渠，又名海清北河。晋祠共有三眼名泉，分别是善利泉、鱼沼和难老泉，泉水流量很大，灌溉了晋祠周围数万亩良田。

山西古晋祠

晋祠灌区是山西境内最为古老的灌区之一。从春秋时期（公元前453年）筑智伯渠引晋水（即晋祠泉）算起，至今已有2500年历史。晋祠灌区位于太原市南郊汾河以西，水源取自晋祠泉水。灌区灌溉渠道系统中包括南北两条干渠，北渠即智伯渠，南渠源自隋开皇年间开凿南河、中河及后来修建的陆堡河。灌区干渠全长17.3千米，干渠上有建筑物146座。附属支渠82条，总长88.4千米。另有工农退水渠16.5千米，设计最大排水量12米^3/秒。至2015年，灌区灌溉

山西古晋祠龙头

面积已发展至2.61万亩。晋祠古泉已于1994年断流，智伯渠遗迹以景观形式存在。灌区使用循环用水系统，有地下水井、地表蓄水塘坝等多种水源，可用于工业、农业、渔业等多目标供水。山西古晋祠是全国重点文物保护单位。

（1）智伯渠。

太原是国家历史文化名城，是一座有2500多年建城历史的古都，"控带山河，踞天下之肩背""襟四塞之要冲，控五原之都邑"，地处黄河中游，支流汾河贯穿该市。太原是三晋文明的发源地之一，创造了灿烂辉煌的文化，形成了深厚的人文底蕴。

春秋末期，晋国世卿智伯逼迫韩、魏两家与他联手攻取晋阳城，并开凿此渠引晋水围灌晋阳。因韩、魏两家倒戈，决开河堤倒灌智伯军营，智伯大败。之后赵、韩、魏三家又瓜分了晋国，这就是历史上有名的"三家分晋"。后人将智伯开挖的这个水渠加以修浚，成为灌溉农田的水渠，是我国最早的有坝引水灌区典范。渠上建有小桥8座，形式各异，以连通两岸。另有流碧榭、真趣亭、不系舟、玉琼祠等园林建筑，或傍水而筑，或跨于渠上，构成一幅生动优美的山水长卷。

智伯渠

智伯渠的拦河坝原来是为壅水攻城作战修筑的。郦道元在《水经·晋水注》载"昔智伯之遏晋水以灌晋阳。其川上溯，后人踵其遗迹蓄以为沼，……沼水分为二派，北渎即智氏故渠也。昔在战国，襄于保晋阳，智氏防山以水之，城不没者三版，……其渎乘高，东北注入晋阳城，以周灌溉。"防山，是在山谷拦河筑坝。坝筑成后，上游即形成蓄水库，这就是所谓的"沼"。蓄水后，库内水位升高，这时要开渠从库内引水，渠道位置自然较高，就是"其渎乘高"。正因为"乘高"，才有利于引水东下，水攻晋阳城。壅水灌晋阳发生在周定王十六年（公元前453年），战后若干年劳动人民"踵其遗迹"加固大坝，开渠引水灌田，变水害为水利，创造了原始的有坝取水枢纽。

"溉汾西千顷田，三分南七分北，浩浩同流，数十里淆之不浊；出瓮山一片石，冷于夏温于冬，渊渊有本，亿万年与世长清"。水滋养了生命，在人水和谐相处的漫长过程中，也创造了许多灿烂的水文化。

（2）晋祠泉。

发轫于太原悬瓮山脚的晋祠泉，古称晋水。据《晋祠志》记载："其水如从瓮底漏出，涌流若沸，色碧如玉。"千百年来，清澈的泉水顺渠道蜿蜒穿越晋祠，灌溉着附近的千顷良田，成就了当地"千家灌禾稻，满目江南田"。晋祠共有三眼名泉，分别是善利泉、鱼沼和难老泉。其中难老泉水量最大，与周柏、宋代彩塑一同被誉为"晋祠三绝"。

"善利泉"和"难老泉"是构成晋祠水源的两大源头。"善利"源自老子的《道德经》里"上善若水，水利万物而不争"，意思是最高的善就像水一样，水能够滋润万物却从来不与万物去相争。而"难老"出自《诗经》"永锡难老"之意境，形容泉水源源不断且生生不息，保持清澈透明。善利泉位于圣母殿前的北侧，唐叔虞祠西南，朝阳洞之东，又名北海眼，意为水神居所，水源长久，源源不断之意。鱼沼泉在圣母殿的前方，位

三晋名泉（魏建国　王颖　摄）

晋祠难老泉亭（魏建国　王颖　摄）

于圣母殿与献殿之间，水流量很大，仅次于难老泉。难老泉有"晋阳第一泉"的美称，它自水母娘娘草垫下的水瓮中汩汩流出，经分水亭张郎塔处的10个小孔三分向南、七分向北流到晋源一带，灌溉了晋祠周围数万亩良田。

难老泉亭建于泉眼上，位于水母楼东。北齐天保年间（550—559年）创建，明嘉靖年间（1522—1566年）重建，亭长4.2米、宽4.8米、高9米，面积为85.17米^2，为八角攒尖顶。斗拱昂嘴的做法突显明代特点，而间架依然保留着北齐风格。亭内泉眼深约10米，砂石砌筑。泉口围以木栏杆，游人可凭栏观赏晶莹透明的泉水。

关于难老泉，还有一个"柳氏坐瓮，饮马抽鞭"的故事。

传说在距晋祠北边约10公里的金胜村，有一个名字叫柳春英的姑娘，嫁到了晋祠所在地的古唐村。她婆婆虐待她，一直不让她回娘家，每天都叫她担水。水源离家很远，一天只能担一趟。婆婆又有一种脾气，只喝身前一桶的水，故意增加担水的困难，并且担水时不许换肩，折磨她。有一天，柳氏担水走到半路上，遇到一个牵马的老人，要用她担的水饮马；老人满脸风尘，看样子是远路来的，柳氏就毫不迟疑地答应了，把后一桶水递给了马。可是马仿佛渴极了，喝完后一桶水后连前一桶也喝了。这使柳氏很为难：再担一趟吧，看看天色将晚，往返已经来不及了；不担吧，挑着空桶回家，一定要挨婆婆的辱骂鞭挞。正在踌躇的时候，老人给了柳氏一根马鞭，叫她带回家去，只要把马鞭在瓮里抽一下，水就会自然涌出，涨得满瓮。

转眼老人和马都不见了。

柳氏提心吊胆地回家，试试办法，果然应验。以后她就再也不担水了。婆婆见柳氏很久不担水，可是瓮里却总是满的，很奇怪。叫小姑去看，发现了抽鞭的秘密。又有一天，婆婆破天荒允许柳氏回娘家，小姑拿马鞭在瓮里乱抽一阵，水就汹涌喷出，溢流不止。小姑慌了，立刻跑到金胜村找柳氏。柳氏正梳头，没等梳完，就急忙把一绺头发往嘴里一咬，一口气跑回古唐村，什么话没说，一下就坐在瓮上。

说也奇怪，春英坐到瓮上后，水势顿时变缓，一下子由汹涌的大水变成了涓涓细流，顺着草垫子不停地往外流泄。不一会儿，村里的大水渐渐退了，人们才想起春英，纷纷赶到她家。只见春英端然坐在水瓮上，一手持梳、一手挽发，正在安详地梳头。

不管人们怎么呼唤她，她也不应声，临近一看，原来春英早已坐化成仙了。只有那股清泉，从她坐的水瓮的草垫下涓涓流出，这就是潺潺不息的难老泉水。

从此之后，春英用自己的生命换来长流不息的难老泉水，养育着古唐村世世代代的村民，灌溉着古唐村千万亩良田。村民们为了纪念春英，就在她坐的水瓮处盖了一座名为"水母楼"庙宇，尊称她为"水母娘娘"。

晋祠不仅能用来祭祖敬神，其泉水更是生存的源泉。诗人范仲淹就在诗中写道"千家溉禾苗，满目江乡田"，描述了晋祠泉水的价值所在。千百年来，晋祠泉水灌溉着3万多亩农田，这在以旱作农业为主的黄土高原，确实罕见。当地所产晋祠稻米，为米中上品，其中晋祠镇有一片河漫地所产稻米被列为贡品，与天津小站米齐名，因此晋祠镇盛产贡米的村就命名为"小站营"。

然而，受地下水超采、煤矿开采等因素影响，流淌了数千年的晋祠泉于1994年彻底断流。此后数年，该泉泉域地下水位还以每年2米左右的速度下降。近年来，太原晋源区通过关停煤矿企业，不断加大水利基础设施建设，修订出台《晋祠泉域水资源保护条例》，采取多种手段修复水生态，使晋祠泉域地下水位连年回升，2021年上升了2.3米。今后，晋源区将通过水源置换、生态治理与修复，进一步加大汾河向晋祠泉域补水的力度，力争实现晋祠泉水2025年前自然复流。

1.3.9　山西霍泉灌区

霍泉是山西著名的岩溶大泉，因发源于霍山而得名。霍泉灌区位于山西省洪洞县广胜寺镇霍山广胜寺下寺旁，属于下降泉，为汾洞县境内最大的泉流，也是山西省的大泉流之一。早在唐朝贞观年间就建设了灌溉工程，主要工程设施有霍泉泉源1处、干渠3条、支渠10条；泉眼108处，其中较大的有20余处。泉水出露集中

洪洞广胜寺下寺霍泉航拍

（魏建国　王颖　摄）

于南北长57米、东西宽16米的方池内，由池周围坡积层涌出，主要水源为霍泉泉源。霍泉灌区是山西省规模最大的泉水自流灌区。

（1）修建缘由。

霍泉灌区属于黄河支流汾河下游流域泉群，霍泉岩溶地下水主要由大气降水直接入渗补给，其次为变质岩裂隙水侧向补给，在东部边缘局部有碎屑岩裂隙水侧向补给。泉域面积为1272千米^2，泉水水质良好，是洪洞县重要的水源地之一。

河东道的范围包括今山西全省和河北省西北的部分地区，西邻关中地区，是李渊、李世民父子起兵反隋的基地，也是唐代的重要农业地区之一。太原是李渊父子起兵的发祥地，又是唐朝的北藩重镇，时有"北都"之称。唐朝开国之初，即于武德年间（618—626年）"屯田太原""岁收粟十万斛"。除了引晋水灌溉外，唐代在太原府以南还兴建了许多灌溉工程，其中以霍泉灌区较为最著名。霍泉出于赵城县（今洪洞县北赵城镇）东北10千米的霍山南麓广胜寺下。贞观年间于泉源下流百步许分水，修南北两渠。北霍渠渠口宽1丈6尺1寸，得水7分，溉赵城县24村共385余顷田；南霍渠渠口宽6尺9寸，得水3分，溉赵城县4村及洪洞县9村共69余顷田，建有水神庙。

洪洞广胜寺下寺水神庙外景
（魏建国　王颖　摄）

（2）工程概况。

霍泉泉域西界由北向南可分为3段。由胡家沟至圪同一带受霍山大断层影响，碳酸盐岩含水层与下盘石炭二叠系碎屑岩相接，为弱透水边界；圪同至耗子里一带，碳酸盐岩含水层与第四系沙砾石、亚砂土夹砾石相接，为中等透水边界；由耗子里至灵石后鼓嫣一带岩溶含水层与前寒武系变质岩接触，构成相对隔水边界。

东界及东南界以奥陶系顶板埋深800~1000米等深线为界，距古县城北1千米钻孔，"奥灰"埋深826米，喀斯特发育，静止水位标高685.74米，高出地表8米以上。"奥灰"埋深1000米等深线为相对滞水边界，由北到南自马背—李元—古县城东—苏堡为界。

南界为东西向展布的大断层，落差大于500米，两侧含水层与非含水层对接，水力联系微弱，可视为相对阻水边界。由东到西有苏堡—胡家沟。

北界由东向西自后悔沟一沁源花坡一段，因河底向斜翘起端将区域隔水层抬高，构成霍泉与洪山泉域边界。花坡至马背一段因花坡断层两盘大部岩溶含水层与隔水层对接，视为相对隔水边界。以上划分泉域面积1272千米^2，其中碳酸盐岩裸露面积664千米^2，碎屑岩面积为608千米^2，变质岩局部出露。

据广胜寺下寺水神庙碑文记载，唐代就利用泉水灌田。唐贞观年间（627—649年）开挖的南、北霍渠，灌溉着原洪洞、赵城36村4.11万亩土地。但是伴随而来的是争水斗殴。《山西通志》记载："洪赵争水，岁久，至二县不相婚嫁。"广胜寺分水亭现存碑文《霍泉分水铁栅记》记载："霍麓出泉，溉田千顷。唐贞观年间，分南北二渠，赵城十之七，洪洞十之三。因分水不均，屡争屡讼。雍正三年乙已夏，创制铁栅，分为十洞，界以墙，南三北七，秋九月起工，四年丙午春告竣，水均民悦。"这就是广胜寺洪三赵七分水亭的真实历史。但是在晋南一带，却广为流传着一个油锅捞铜钱分水的故事，传说当时赵城县一个勇敢年轻的小伙子，飞快地把手伸进油烟翻滚的油锅，捞出七枚铜钱，从此霍泉分水赵七洪三。

自唐代以来，霍泉灌区充分利用水源，解决了用水纠纷，开发了礼拜水神。新中国成立后，废除了旧的水利制度，成立了霍泉渠水利管理委员会，先后对南北二渠进行了工程维修、改建和扩建，新开挖了东风渠，在泉源引水浇灌霍泉灌区和南垣灌区的24余万亩土地，使霍泉泉水管理走上了正规化、规范化轨道。

霍泉北干渠，原名"北霍渠"，全长14.28千米；下有三支、四支、六支、七支、八支等5条支渠，全长22.9千米；有20条干斗渠，全长60.5千米；由泉源引水七分向北浇灌广胜寺、明姜、赵城、南王、圣王等5个乡镇67个村，灌溉面积5.0231万亩。霍泉南干渠，又名"南霍渠"，得水三分，又称"三分渠"，灌溉着原赵城县道觉等4村、洪洞县曹生等9村0.69万亩土地。东风渠（霍泉新南干渠）是从霍泉引水，流向东南注入曲亭水库的地下输水暗道。兴建这项工程主要目的是充分利用水源，解决南垣有地缺水的矛盾，同时解决霍泉南干三支灌溉用水和县化肥厂用水及沿线8处电灌用水矛盾。1975年3月18日破土动工，1979年12月1日通水受益。使霍泉余水输入曲亭水库，解决南垣10多万亩土地灌溉用水。该渠全长19.2千米，暗道占9.3千米。渠道为矩形，渠宽2.4米、高2.3米，渠道纵坡1/2700，过水量4米^3/秒。该渠道途经广胜寺、苏堡、曲亭等3个乡镇的8个村庄，跨越炭窑沟、石姑姑河、富裕沟、洞峪沟、火石沟、三条沟、二条沟、汾西沟、洪安河、黄腰沟、屯儿沟等11条沟涧，穿过虎头山等4座山。工程有倒虹吸3座，土洞19个，石洞3个，涵洞6座，石拱渡槽和薄壳渡槽6座。

霍泉分水亭

（3）历史地位。

自唐朝以来，霍泉灌区大大促进了当地农业发展，有效解决了用水纠纷。新中国成立后，霍泉灌区通过整修渠道，使灌溉面积由5.05万亩增至10.1万亩，充分发挥了霍泉的灌溉效益，特别是改革开放以来，解决了用水矛盾，常年担负着山西焦化集团工业用水和洪洞县城生活用水，已成为支撑洪洞经济的重要保证。今天，霍泉跨越晋中、长治、临汾等3市6县，保护面积为1272米^2，源泉域范围内其中临汾地区448米^2。泉周边建有海场、分水亭、碑亭、水神庙等，是著名的旅游景点和灌溉水源。

1.4　陂塘堰坝

"陂"，原指人工修筑的堤坝，依地势将周边水源引至低洼地汇集成塘。但后来泽薮也称"陂"，都表示筑堤约束水面，进行围垦的意思。陂是在多雨期蓄水，以保障农业灌溉的小型水利工程。陂塘是利用丘陵起伏的地形特点，经过人工整理的储水工程，是在原有湖泊周围的低处筑堤，蓄水灌溉。

传说夏禹治水时曾"陂障九泽"，韦昭注："障，防也。"这大概是利用自然地形稍加修整而成的堤坝，用以防止洪水的漫溢，保护附近的农田和居邑。这种"泽陂"技术的发展，在一定条件下可能导致人工蓄水陂塘的出现。《诗经·陈风·泽陂》中记载"彼泽之陂"，《毛诗诂训传》中记载："陂，泽障也。"这可能是早期筑堤障水的蓄水陂塘。陂塘蓄水工程最先出现在淮河流域一带，汝南、汉中地区也颇发达。

汉代，陂塘兴筑已很普遍，陂塘水利加速发展。《淮南子·说林训》中有关于陂塘灌溉面积的计算："十顷之陂可以灌四十顷。"中小型陂塘适合由小农经济时期的农户修筑，南方地区雨季蓄水以备干旱时用，修筑尤多。元代王祯的《农书·农器图谱·灌溉门》中记载："惟南方熟于水利，官陂官塘处处有之。民间所自为溪堨、水荡，难以数计。"明代仅江西一地就有陂塘数万个。

总之，修建陂塘蓄水灌溉是春秋战国时期农田水利工程发达的一种表现。楚国兴修的芍陂是古代最早的大型陂塘，之后陂塘兴起，诸如江西抚州千金陂、吉安槎滩陂、遂川北澳陂等，为我国南方缺水山区发展稻作农业奠定了基础，对农业生产具有不可低估的作用。

与此同时，堰坝是建筑在渠道里的一种拦河蓄水、引流入沟灌田或积水推动筒车的设施。现今能见到堰坝有两种：一种是由石块砌成的半圆形堰坝，利用关堰把渠水堵住，提高水位，以便提取渠水灌田；另一种多建在河面较宽的渠道中，砌成高3~4米的斜面滚水堤坝。堰坝的堰门可便于船舶往来，灌溉稻田。在长江流域还有"堰"这种水利工程，如四川乐山东风堰、浙江丽水通济堰、浙江龙游姜席堰、浙江金华白沙溪三十六堰等横越河川的过水水利工程，可以改变水流的特性。安徽歙县渔梁坝、云南昆明松花坝等可拦截江河渠道水流，以抬高水位、调节径流、集中水头，用于防洪、供水、灌溉、水力发电、改善航运等。一般而言，堰的尺寸比水坝小，水会在障碍物的后面累积成水潭，积满后会越过顶部流往下游。堰经常用来引水进入灌溉圳道、防范洪水、测量流量及增加水深以利于通航。另外，在台湾彰化县还有八堡圳和曹公圳等灌溉用的水渠，也是用来灌溉农田的。

下面，我们选取安徽寿县芍陂、四川乐山东风堰、陕西汉中三堰等进行介绍。

1.4.1　安徽寿县芍陂

芍陂是中国古代淮河流域水利工程，又称安丰塘，位于今安徽省淮南市寿县南。春秋时期楚庄王十六年至二十三年（公元前598年至前591年）由孙叔敖创建（一说为战国时楚子思所建）。芍陂引淠入白芍亭东成湖，东汉至唐可灌田万顷。隋唐时属安丰县境，后萎废。自唐朝起称安丰塘。1949年后经过整治，现蓄水约7300万米^3，灌溉面积4.2万公顷。

芍陂迄今已有2500多年，比都江堰、郑国渠还要早300多年，是名副其实的"中国历史上最古老的水利工程"。芍陂作为中国水利史上最早的大型陂塘灌溉工程，通过科学的选址、合理的工程布局，充分利用充沛的水源，筑堤拦蓄源自江淮分水岭北侧的山源河水，下控1300多千米^{2}的淠东平原。1988年，安丰塘（芍陂）成为全国重点文物保护单位。2015年，芍陂成功入选世界灌溉工程遗产名录，成为安徽省首个世界灌溉程遗产；同年，芍陂成为第三批"中国重要农业文化遗产"。目前，芍

芍陂灌溉工程（一）

陂（安丰塘）周长为24.6千米，蓄水陂塘面积为34万千米^2，环塘水门22座，有分水闸、节制闸、退水闸等渠系配套工程数百座，渠系总长度为678.3千米，蓄水量最高达1亿米^3。

（1）工程修建。

孙叔敖当上了楚国的令尹之后，继续推进楚国的水利建设，发动人民"于楚之境内，下膏泽，兴水利"。在楚庄王十七年（公元前597年）左右，主持兴建了我国最早的蓄水灌溉工程——芍陂。芍陂因水流经芍亭而得名。工程在安丰城（今安徽省寿县境内）附近，位于大别山的北麓余脉，东、南、西三面地势较高，北面地势低洼，向淮河倾斜。每逢夏秋雨季，山洪暴发，形成涝灾，雨少时又常常出现旱灾。

当时这里是楚国北疆的农业区，粮食生产与当地的军需民用关系极大。孙叔敖根据当地的地形特点，组织人民修建工程，将从东面积石山、东南面龙池山和西面六安龙穴山流下来的溪水汇集于低洼的芍陂之中。修建5个水门，以石闸门控制水量，在天旱时有水灌田，同时避免水多时洪涝成灾。后来又在西南方向开了一道子午渠，上通淠河，扩大芍陂的灌溉水源，芍陂达到"灌田万顷"的规模。芍陂建成后，安丰一带每年都生产出大量的粮食，很快成为楚国的经济要地。楚国更加强大起来，打败了当时实力雄厚的晋国军队，

安丰塘（芍陂）孙公祠

楚庄王也一跃成为"春秋五霸"之一。

300多年后，楚考烈王二十二年（公元前241年），楚国被秦国打败，考烈王便把都城迁到寿春（今安徽寿县寿春镇），并把寿春改名为郢。芍陂经过历代的整治，一直发挥着巨大效益。东晋时因灌区连年丰收，遂改名为"安丰塘"。如今芍陂已经成为淠史杭灌区的重要组成部分，灌溉面积达到60余万亩，并有防洪、除涝、水产、航运等综合效益。为感戴孙叔敖的恩德，后代在芍陂等地建祠立碑，称颂和纪念他的历史功绩。

（2）工程续建。

三国时期，曹魏在淮河流域大规模屯田，大兴水利，多次修治芍陂。建安五年（200年），扬州刺史刘馥在淮南屯田，"兴治芍陂以溉稻田"，达到"官民有蓄"。建安十四年（209年），曹操亲临合肥，亦"开芍陂屯田"。魏正始二年（241年），尚书郎邓艾大修芍陂，在芍陂附近修建大小陂塘50余处，大大增加了芍陂的蓄水能力和灌溉面积。

西晋太康年间（280—289年），刘颂为淮南相，"修芍陂，年用数万人。"说明芍陂已建立了岁修制度。南朝宋元嘉七年（430年），刘义欣为豫州刺史，镇寿阳（今安徽寿县），伐木开榛，修治陂塘堤坝，开沟引水入陂，对芍陂做了一次比较彻底的整治，灌溉面积恢复万顷。

隋开皇年间（581—600年），赵轨为寿州长史，对芍陂再次修治，将原有的5个水门改为36个，这在排灌方面，是个很大的发展。宋明道年间（1032—1033年），张旨知安丰县（今安徽寿县），他对安丰塘做了较大规模修治，"浚渒河三十里，疏泄支流，注芍陂；为斗门，溉田数万顷；外筑堤，以备水患"。由于疏浚了水道，使灌溉面积达到历史最高水平。

北魏郦道元在《水经注》中对芍陂有较详细的记载，芍陂当时有5个水门：渒水至西南一门入陂，其余四门均供放水之用；其中经芍陂渎与肥水相通的2个水门可以"更相通注"，起着调节水量的作用。明清两代对芍陂的修治多达24次，但规模都不大。

元代以后，安丰塘水利日渐萎缩，除陂塘自然淤积外，主要因为豪强地主不断占湖为田，使陂塘面积日益缩小，日趋湮废。至近代，安丰塘仅长10余千米，东西宽不到5千米，灌田仅8万亩。

安丰塘（芍陂）

在2600多年的历史中，芍陂的面积发生了剧烈的变化。芍陂初建时面积很大，之后随着区域人口增加，对土地的需求也随之增加，芍陂湖区不断被围垦成田。6世纪时，蓄水面积已减少大半；16世纪围垦严重，16世纪末芍陂面积已萎缩至40多千米^2；清代又经围垦，现在芍陂蓄水面积为34千米^2。在这一过程中，芍陂的堤防不断加高，控制工程不断完善，运行管理也越来越精细，通过调控能力的增强，实现灌溉效益的最大化。1958年，芍陂被纳入淠史杭灌区，灌溉供水保证率进一步提高。

（3）工程特色。

芍陂灌溉工程体系主要由蓄水工程、灌溉水门、灌排渠系及防洪工程组成，仍基本保留19世纪时的工程型式和格局。

芍陂蓄水面积34千米^2，北、东、西三面环堤，总长26千米，最大蓄水量9070万米^3。历史上芍陂的水源，一部分为南面大别山发源的众多山溪水，称为"山源河"；一部分则是引淠河水，称为"淠源河"。纳入淠史杭灌区之后，淠河之水通过淠东干渠进入芍陂，成为其主要水源。芍陂塘底高程为26.00～27.50米，堤顶高程为30.50～31.00米，灌区农田高程为22.50～26.00米，基本为自流灌溉。

芍陂通过塘堤上的21座水门节制水位并向灌渠配水。历史上芍陂的水门数量和位置不断变化：初建时只有5座，6世纪时增至36座，到18世纪则改为28座，1949年后在清代基础上整合为21座。

芍陂是国家主持修建的大型公共工程，工程和灌溉管理则由政府和民间共同参与。历代政府均负责组织陂塘、水门和骨干渠道的修建和维护，并制定规章。公元前2世纪的汉武帝时期，在这里设立了专门管理芍陂的陂官。20世纪50年代，芍陂堤旁考古挖掘出东汉都水官铁权，见证了当时国家政府行使芍陂管理的权威。著名的水利工程专家王景治理芍陂，制定了岁修制度，并立碑公告；灌区农民则组织管理基层灌溉用水秩序。现在芍陂的管理仍是官方和民间相结合的方式，安丰塘分局作为政府机构，负责芍陂及干支渠工程维护管理，支渠以下各级渠道及用水分配则由受益村镇农民管理。

（4）历史地位。

春秋中期以后，楚国相继在江淮流域和太湖流域建成一批陂塘工程，用于农田灌溉，其中芍陂对后世农业生产产生重要影响。芍陂与都江堰、漳河渠、郑国渠并称为我国古代四大水利工程，而芍陂位列中国古代四大水利工程之首，是全国现存最早、保存较好的古代大型水利灌溉工程，以其独特的水文化和历史底蕴著称于世。

由于芍陂的兴建，使这一地区成为著名的产粮区，使楚国东境出现了一个大粮仓，为庄王霸业的建立奠定了坚实的物质基础。迄今虽已有2500多年，但其一直发挥着不同程度的灌溉效益。

芍陂灌溉工程（二）

1.4.2 四川乐山东风堰

东风堰位于青衣江夹江段左岸，于清康熙元年（1662年）开工建设，距今已有350余年，是四川省乐山市夹江县境内一座以农业灌溉为主，兼有防洪、发电及城乡工业、生活供水、城市环境供水等功能的综合性水利工程，灌溉夹江县漹城、黄土、甘霖、甘江等4个乡镇48个村5113公顷农田。

东风堰堰头采用无坝引流的取水方式，在渠道上采取"开缺湃水"的排水方式，不仅没有阻碍青衣江的有效行洪，也减少了渠道的淤塞而保障畅流。1930年上移东风堰堰头时，为了保护千佛岩石窟摩崖造像群不受破坏，特意在千佛岩山体中开凿了约400米的隧洞，使"堰向岩心而穿过，未伤千佛之身"，做到了"千佛与琼液共存，万咏与清流同唱"。

东风堰的历代建设者们在实施堰渠改造维护衬砌时，均采用与其自然景观相协调的圬工建筑材料。在对东风堰的各项建设中，夹江县委、县政府充分考虑了人文生态景观和世界灌溉工程遗产的形象风格，在渠线布置、断面型式、衬砌材料、衬砌型式的选择上均与遗产风貌、古代灌溉文化等人文景观及夹江县规划打造的峨眉前山旅游度假区相配合。

东风堰水利工程尊重自然规律，是水利工程与人文景观的有机融合，以致达到"天人合一"的境界。

（1）工程概况。

青衣江源于四川省宝兴县夹金山，全长289千米，流域面积12928千米^2，水量丰沛，夹江段多年平均流量为515米^3/秒，丰富而稳定的水量使两岸成为灌溉农业发达区域，元、明时期逐步形成众多小型渠堰如八小堰、市街堰。清康熙元年（1662年）青衣江水资源短缺，时任夹江县令王世魁于青衣江竹笼筑坝、开渠，引水灌溉，并将下游的八小、市街等灌渠纳入工程体系中。堰首引水口位于毗卢寺外，因寺得名毗卢堰。清光绪二十六年（1900年）更名为龙头堰。1930年，渠首引水口因河道下切，引水困难。时任夹江县长胡疆容将取水口由龙脑沱改到上游迎江石骨坡。渠道须流经千佛岩石窟造像群，为避免破坏千佛岩石窟造像群，特修一个隧洞——穿山堰穿千佛岩山体，长约400米。1967年更名为东风堰。1975年取水口由石骨坡再次上移到迎江群星村五里渡。2008年，五里渡千佛电站建成，渠首进水口进入电站水库，灌区供水保证率显著提高。东风堰沿用至今，已有350余年的悠久历史，成为青衣江流域传统无坝引水灌溉工程的典范。

350余年来，古堰渠首曾多次上移，以抵消青衣江河床不断下切的影响，从而保持了灌区的可持续利用。今天的灌溉面积已由当初的467公顷发展到5113公顷，增加了10余倍，灌区农作物复种指数由原来的2.34提高到2.68，农作物种植面积由17.53

东风堰

东风堰

万亩增加到20.05万亩；通过改造中低产田土，每年新增产值1587.68万元，按综合水利分摊系数进行效益分摊，每年新增产值444.55万元。

（2）工程技术特点。

东风堰是川蜀地区沿江无坝引水自流灌溉工程的典型代表。无坝引水是充分利用河流水文、河道地形和区域自然地理条件，直接在河道上引水的水利工程形式，具有工程规模较小、就地取用建筑材料的特点，它使河流的环境功能、水运功能及地下水与地表水的天然循环机制均得以保持完善。东风堰于夹江县青衣江五里渡附近引水，总干渠长12千米，东、西干渠分别长4.8千米和13千米。

（3）历史地位。

东风堰因其当时先进的工程技术和灌区管理成为西南地区沿江可持续性灌溉工程的卓越范例，通过传统的无坝引水技术，实现自流灌溉，引水流量50米³/秒。

东风堰流经国家级重点文物保护单位千佛岩摩岩造像景区，与千佛岩风景区构成青衣江畔动静相宜的历史文化走廊。治水碑刻与石窟造像并存，见证了灌溉工程在区域历史文化中的重要地位。这一工程展现了传统水利设施的可持续利用，以及水利与当地文化的结合，可以说是东亚地区濒临消失的沿江灌溉农业的缩影，2014年被列入首批世界灌溉工程遗产名录。2017年，东风堰成功入选水利部"水工程与水文化有机融合"十个典型案例之一。

东风堰之所以入选世界灌溉工程遗产名录，其优势在于所采用的无坝引水、自流灌溉、官民共管等先进技术和管理模式上，其历史文化价值主要体现在千佛岩石刻造像、古径口、龙脑石、古栈道和水利石刻等方面。

东风堰的灌溉、防洪、供水保证了青衣江沿岸的农业灌溉，起到保护沿岸生态环境、抗旱减灾的作用，推动了当地社会经济发展，对沿岸水土保持与生态建设起到了重要作用。

1.4.3　浙江丽水通济堰

通济堰，与都江堰、它山堰、郑国渠、灵渠并称为中国古代五大水利灌溉工程，其位于浙江省丽水市莲都区碧湖镇堰头村边，建于南朝萧梁天监四年（505年），自宋元至清，历代多次续建整修。大坝呈弧拱形，长275米、宽25米、高2.5米，初为木条结构，南宋时改为石坝，是一个以引灌为主、蓄泄兼备的水利工程，距今已有1500多年历史，是浙江省最古老的大型水利工程，也是世界上第一座拱形坝体、最古老的水上立交桥、现存最早的堰渠法规碑刻实物。"通济"之名始于南宋绍兴八年（1138年），范成大在处州（今丽水）任上，亲自主持修整并制定、撰写堰规，立碑勒石。1961年，通济堰成为首批省级文物保护单位，2001年列入第五批全国重点文物保护单位，2014年成功入选世界灌溉工程遗产名录。

通济堰

（1）工程概况。

南朝以前的碧湖盆地，松阴溪在雨季时经常泛滥成灾，吞噬成片的庄稼和耕地。大旱时，松阴溪水又白白地流失，大量农作物枯死造成绝收。灾荒年景，碧湖盆地的百姓叫苦不迭。于是，坚守故土的先人们奔走呼吁，请求官府在松阴溪上修筑围堰，沿着碧湖盆地开挖堰渠灌溉农田，利用堰渠湖塘分流洪水，一劳永逸地解决了困扰千年的难题。

通济堰建于南朝萧梁天监四年（505年），郡人参政何澹（民间称何丞相）奏请朝廷"为图久远，不费修筑"，调兵3000人，历时3年重建通济堰，大坝由原来的木筱结构改为结石结构。为使其永固，造铁炉36座，用铁水灌入石坝缝隙中，使大坝牢不可摧，至今已经历了1500余年溪水冲击的考验，仍然完好无损。

宋政和初年（1111年）创建的石函，将横贯堰渠的泉坑水从堰渠上引出，通过干、支、斗、农、毛五级渠道、大小概闸调节分流，并利用众多湖塘水泊储水，形成以引灌为主、储泄兼顾的竹枝状水系网，结构科

通济堰堰头

学合理，历经千余年效益不减。通济堰的竹枝状灌溉网，据说在平原上迂回23千米，干渠上分凿出的大小支渠、毛渠多达321条。

通济堰水利工程是由拱形大坝、通济闸、石函、叶穴、渠道、概闸及湖塘等组成的水利灌溉体系。

通济堰的拦水坝位于丽水市区西南25千米的瓯江与松荫溪汇合口附近的堰头村。大坝长275米，宽25米，高2.5米。上游集雨面积约3150千米^2，引水流量为3米^3/秒，每天能拦入堰渠水量约为20万米^3。

通济堰渠道呈竹枝状分布，由干渠、支渠及毛渠等3部分组成，蜿蜒穿越整个碧湖平原。干渠始于拦水大坝北端的通济闸，渠水经堰头村、保定村，穿越碧湖镇、平原、石牛，流抵下圳汇入瓯江，迂回23千米。干渠分支渠48条、毛渠321条、大小概闸72座，进行分水调节，并多处开挖湖塘以储水，形成以引灌为主、兼顾储泄的竹枝状水利灌溉系统，使整个碧湖平原上的3万余亩农田得以旱涝保收。

通济闸为紧靠拦水坝的第一道闸，它控制堰渠总水流量，为全渠道的灌溉枢纽；位于概头村的开拓闸，是通济堰的一座中心闸，通济堰由此分出东支、中支和西支；位于上阁村的城塘概闸又把通济堰划分为上源、中源和下源。除此之外，还有龙子殿概、木栖花概、下概头概、金丝概、河东概、丰产概等多处概闸进行分水和调节水流量。为了便于蓄水和排灌，各支渠和毛渠利用概闸拦蓄多余的渠水，还配以众多的湖、塘、水泊与支渠和毛渠相通，其中给洪塘为最。石函引水桥建于北宋政和初年（1111—1115年），总长18.26米，净跨10.24米，桥墩高4.75米。叶穴为叠梁结构的木构概闸，始建于宋，清光绪二年（1876年）重建。

洪塘位于保定村西北，"周九百二十三"，塘内蓄水可灌溉农田2000余亩。整个通济堰灌溉网络纵横交错、合理得体，形成了以灌为主、蓄泄相兼的水系布局。

（2）工程特点。

1）最早的自流灌溉工程。古人因势利导在通济堰筑坝拦水入渠，使渠水由高向低自流灌溉整个平原。通济堰大坝是整个碧湖平原海拔最高之处（堰头村海拔73米），比碧湖镇驻地（海拔67米）、原平原乡驻地九龙（海拔62米）和堰渠的出口处——下圳（海拔56米）都要高出许多。大坝在大溪与松荫溪汇合处的大港头向西500米处，弓形大坝弓脚南端在堰山山脚，北端在引水渠东岸大堤，大堤上种植着数千株千年香樟，使大坝两端基脚更为牢固。同时，大溪从龙泉港流下来的水流，在汇合处必定产生旋转，部分水流向西冲向拦水坝，可抵消松荫溪大水对大坝的冲力。

2）独特的筑坝技术。主要指通济堰拱坝的铁水灌缝和松木填基技术，是大坝千年永固的重要原因之一。现存保留完好的通济堰石砌拱坝是南宋开禧元年（1205年）重修的。在此之前，该坝为木筱结构，松荫溪上游一发大水，水坝就被冲损，岁岁春节皆需进行一次大修，费工又费时。为了使大坝千秋永固，免除劳役之苦，提高灌溉功效，时任参知政事的何澹，就奏请朝廷，调兵三千，花了3年时间，对大坝进行大修重建。重建的大坝用千株大松木作为坝基，松木在水中是永远不会腐烂的。当时，人类还没发明混凝土，为使石坝增强整体性，就沿江筑起36座炼铁炉，将炼成的铁水铸到石坝缝内。

3）科学的排沙功能。大坝北端设有净宽2米两孔、深至坝底的排沙门，上游大水冲下来的沙石，利用排沙门的急流，自动排到大坝下面；北端还设了一座净宽5米的过船闸，此闸除供过往船只通行之外，也起着排泄沙石的作用。由于此两处的排沙石，历经800年大坝的上方，仍是清水荡漾、深不见底，为通济堰提供了川流不息的水源。在保定村（界碑）附近的通济堰渠上，原来也有一座直通瓯江大溪的排沙门

通济堰石刻

（又名叶穴），当打开排沙门的闸门时，堰渠中堆积的沙石淤坭，就可直泄大溪，为人们免除不少清理渠道的劳役之苦。

4）首创水上立交桥。离拱形大坝500米处，有一条名为"泉坑"的山坑，其水横贯通济堰渠道，每遇山洪暴发就挟带大量沙砾和卵石冲泻而下，淤塞渠道，使堰水受阻，需经常疏通，影响灌溉效益。北宋政和元年（1111年），知县王褆按邑人叶秉心的建议，在通济堰上建造了一座立体交叉石函引水桥，俗称"三洞桥"。把泉坑水从桥面上通过，进入瓯江，渠水从桥下穿流，两者互不相扰，避免了坑水的沙石堵塞堰渠，使渠水畅通无阻，无须年年疏导，真是"石函一成……五十年无工役之扰"也，充分显示了当时设计、建筑的高超水平。

5）巧妙的概闸分流。通济堰水渠由72座概闸进行分水调节。概闸的分水调节是非常科学奇巧的，主要概闸处都分出左、中、右三条支渠，由木概枋来调节水流。三条支渠的渠底高差各不相同，中渠为最低，木概枋也由上、中、下三块组成。当所有概枋开启时，渠水只顺中渠而下，左右支渠基本无水；当概上一块概枋时，渠水流向左、中支渠；当概上两块概枋时，三条支渠均有水流；当三块概枋都概上时，渠水流向左右支渠，中渠无水留下。

（3）历史地位。

通济堰水利工程，连同碑刻，是研究我国古代水利工程的珍贵资料。《通济堰规碑》对通济堰的管理机构设置、用水分配制度、经费来源及开支、如何平衡各方的权益、处理手段，甚至细到入山砍篠时几点上工、几点收工等均作了详尽细致、公正可行的规定。《通济堰规碑》是世界上最早使用的古代农田水利法规之一，也是世界上现存最早的堰渠法规碑刻实物。

通济堰亭

浙江碧湖平原地势西南高、东北低，落差20米，通济堰即根据这样的地理形势营造，从而基本实现了自流灌溉，不需再靠外力支援。遍布碧湖平原的竹枝状堰渠使碧湖平原大部分农田受益，通济堰渠水由一条主渠而下，每隔一段距离就分凿出支渠，再由支渠分凿出毛渠。整个通济堰共有321条支、毛渠，灌溉网络纵横交错，分布得体合理。为了便于蓄水和排泄，各支渠除了利用尾闸拦蓄多余的渠水外，还配以众多的湖、塘、水泊与支、毛渠相通，用于调节季节性水流量，积储余水以备旱时之用。通济堰是碧湖平原上的水利命脉，沿袭各朝代都曾经无数次对其加以整修、养护、管理，现仍较完整地保存了古代灌溉网系的原貌，至今依然发挥着巨大的灌溉效能。通济堰上游集雨面积为2150千米^2，每天能拦入堰渠水20多万米^3，灌溉着整个碧湖平原中部和南部4万多亩粮田。

1.4.4　陕西汉中三堰

汉中盆地位于秦岭和巴山之间，处于中国南北地理分界线秦岭——淮河南侧。这里气候温和湿润，雨水充沛，河流众多，也是长江最大支流——汉江的发源地。汉中三堰主要由山河堰、五门堰和杨填堰组成，位于陕西省汉中市，是中国古代汉中灌溉农田的一项伟大水利工程。山河堰，位于陕西省汉中市汉台区河东店镇褒河口，因褒水（褒河）又名山河水而得名，是中国古代汉中引褒水灌溉农田的一项伟大水利工程，与关中的郑国渠、白公渠和四川的都江堰齐名于世，也是汉中历史上最早的水利灌溉工程。五门堰位于城固县桔园镇湑水谷口，堰首与坝体均以条石堆砌，并列5洞以分流，故称之"五门堰"。1984年，五门堰被列为陕西省重点文物保护单位。杨填堰，位于城固县北约10千米处的湑水河中游段左岸。2008年，杨填堰被列为陕西省重点文物保护单位。汉中三堰自西汉初年创建距今已有2000多年的历史，经过历朝历代修缮保护，至今仍发挥着灌溉、防洪、抗旱、旅游等综合效益。2017年，汉中三堰被列为世界灌溉工程遗产。

（1）山河堰。

山河堰又称萧曹堰。秦朝末年，项羽、刘邦起兵反秦，随后刘邦被项羽封为汉中王。刘邦驻守封地汉中期间，大力发展农耕，厉兵秣马，积蓄实力。汉中市北部有汉江支流褒河流经，也是褒斜古栈道的谷口。于是，刘邦的得力助手萧何、曹参，在褒河谷口主导修建了山河堰。

山河堰原灌溉南郑、褒城两县部分地区，现在使用的褒惠渠基本上是沿山河堰旧线修筑的。其堰头有3处，可截住褒河水用于灌溉农田，成为汉中历史上最早的灌溉工程，有力促进了当地的农业生产。为刘邦在汉中养精蓄锐，随后"明修栈道，暗度陈仓"夺取关中，进取中原、统一天下，做出了重大贡献。

三国时诸葛亮屯兵汉中，曾对山河堰作过整修。到了宋朝，山河堰进入灌溉史上的鼎盛时期。庆历年间（1041—1048年），褒城知县窦充记载了当时山河堰的概况：共分3座大堰，在褒水出山后依次排列，都是低矮的溢流坝；坝上游各自开渠引水，分流灌溉；灌溉用水实行水量控制，按亩配水。

南宋时，宋金战争期间，汉中成为前方基地，宋军在此地与金人长年对峙。汉中三堰则为解决军粮做出了很大的贡献。《宋史·食货志》记载，南宋高宗时，汉中守将吴玠于绍兴六年（1136年）"治废堰，营田六十庄，计田八百五十四顷，岁收二十五万石，以助军储"。南宋绍兴年间，杨政守汉中18年，六堰久坏，失灌溉之利，为之修复。乾道二年（1166年），吴璘镇守汉中时，"修复古堰，溉田数千顷，民甚便之"。乾道七年（1171年），吴拱"发卒万人助役，尽修六堰，浚大小渠六十五，复见古迹，并用水工准法修定，凡溉南郑、褒城田二十三万余亩。昔之瘠薄，今为膏腴"。这次拦河堰由3座增加至6座，渠系工程也有新的发展：干渠临江一侧增修两座溢流堰，防止干渠引水过多对下游灌区不利；加设了排泄沥水的渡槽和涵洞；渠底设置石板，作为每年疏浚深度的标志；等等。自明、清以后，山河堰继续多次复修加固，而且承袭沿用宋代的河堰管理制度。

山河堰在历史上沿河自北向南共建有4座堰。

第一座堰在褒城北1千米处，又名铁桩堰，在鸡头关下筑堰截水，东西分流。

第二座堰名为柳边堰，亦称官堰，位于褒城县东门外，堰长320米，底部贯以木桩，用卵石垒砌。引水口在褒河左岸河东店街后，输水干渠曲折东行，至汉中十八里铺南入汉江，全长35千米，支渠60余条。

第三座堰在第二堰下游约1千米处，左岸引水，渠长近10千米。

第四座堰在第三堰下游1.5千米处，1932年修建，聚石作堰，右岸引水，渠长15千米。

1942年，建成褒惠渠，于是4座堰尽纳入褒惠渠灌区。1975年，石门水库建成后，原山河堰所灌田亩都纳入石门南干渠灌溉范围。

（2）五门堰。

五门堰，位于陕西省城固县城北15千米处的湑水河右岸，堰坝在桔园镇东偶，渠首在许家庙镇街东南；截湑水灌田，因渠首横列5洞进水故名五门堰，是一座低坝拦河引水灌溉设施。

五门堰由堰口、堰坝、堰渠等3部分组成。拦河坝长374米，坝高1.2米，坝顶平台宽2.5米，坝坡宽15米。渠底开列5洞，东二西三，形似五门，可以启闭，节制水量，故名"五门堰"。引水五洞正对主流，取水十分便利。渠首五洞下500米处，设有进水龙门2孔、退水龙门4孔，可控制水量，设计科学合理。

五门堰相传始建于汉，相传由"一人得道，鸡犬升天"传说的主人公唐公房创建。南宋绍兴元年（1131年）以前叫唐公堰。清嘉庆十年（1805年）《唐公车按亩摊钱的批复》载："唐公始于汉朝，疏小渠以灌田，流鼻底（斗山）而归河（湑水河）。"清道光三年（1823年）《唐公车水利碑》载："五门之渠实起汉矣，相传以来，渠口丈八。"

南宋绍兴年前，唐公堰上共有筒车9轮，车灌溉城固县许家庙镇的万家营、竹园、后湾、新马院一带土地。宋《妙严院碑记》称"稻畦千顷、烟火万家"，指的就是唐公车灌溉区。但因当时湑水河直抵斗山脚下，山皆为石，唐公水不得过斗山，故流斗山而归河。

南宋绍兴初年（1131—1136年），灌区百姓"相斗峰（山）形势"，在斗山北"搭木槽渡引"，水始下流斗山南，灌田3000亩。在唐公堰头"横沟五门，用保是堤"，由此唐公改称五门堰。到元至正元年（1341年），元代《五门堰碑记》记载五门堰"灌田40840余亩，动磨70"。由于堰过斗山剞木为渠，每年春修耗费大量竹木、人力。夏秋略有暴雨、霖雨，湑水涨发，常漂走木渠，稻乃薄收。

但因斗山石渠狭小，年久逐渐圮毁，流量减小，遇旱，斗山南灌区"皆焦土矣"。明弘治五年（1492年），汉中府推官郝晟任该县知县，领导1000余名夫、匠，仍以火烧水淬法修筑五门堰石渠（峡），渠宽四丈、深二丈，流量增大，并延长下流渠系六七里，使五门堰渠灌溉面积囊括今汉白公路北、湑水河西的一、二

五门堰

级阶地。由于渠系长，灌溉面积大，水量不足，五门堰灌区对旱地改水田有严格限制，不得随意扩大，并且形成一整套独特的耕作制度。

清康熙十一年（1672年）、嘉庆八年（1803年）、嘉庆十一年（1806年）和十二年（1807年），对五门堰多次修浚。光绪七年至十二年（1881—1886年），东流夹槽及官渠坎，经常有冲决之患，年派水费修复，每亩摊钱六百文。田亩日减，全堰共灌34128.74亩田。1923年，重修倒龙门，加深基础，重修五洞进口平台，续修西河坎。1948年5月，滑惠渠建成，通水灌田。从此五门堰灌区并为滑惠渠灌区。后因滑惠渠灌溉面积逐年扩大，水量不足，为挖掘水源，充分利用河道渗水，群众联名申请恢复五门堰。1948年滑惠渠建成后，五门堰并入滑惠渠灌区。

新中国成立后，1952年5月修复旧堰，从滑惠渠灌区中拨回水田5300亩归五门堰灌溉。1953年，城固县人民政府批准成立五门堰水利委员会。1954年加固堰头。1958年五门堰水利委员会改为管理站，隶属龙头区水利联合委员会领导至今。1960—1962年，每年洪水将竹笼堰坝冲决，随坏随修。1963—1966年，灌区全面改善配套灌溉设施，将11.9千米古干渠裁弯取直为8.9千米，将斗山石渠改建成两段明涵，长284米，8条古洞湃、22千米渠道合并修成3条斗渠和1条副斗渠，总长18千米，并配修分水、排洪等各类建筑物110处。从1965年灌区改善起，到1985年完成堰坝改建止，20年内共作土石方8.29万米^3，其中砌石8840米^3，共投工32.3万个；投资33.55万元，其中国家补助13.55万元。至此堰坝比较稳固、灌溉配套完善，灌水田达7350亩，水浇地1950亩。

五门堰水利工程的建成，使城固农业迅速发展，造福城固。民蒙其惠，不忘前贤，后立乔、高二公祠于五门堰，树碑立传，塑其座像于五门堰禹稷殿之左右间，供后人瞻仰，并定于每年农历六月二十四日办会纪念。

（3）杨填堰。

杨填堰位于城固县北约10千米处的湑水河中游段左岸宝山镇丁家村，相传为汉代萧何、曹参创修张良渠，以发展农业供给汉军粮草。三国时，诸葛亮北伐，以汉中为大本营，教兵习武、劝士农桑，"踵迹增筑"张良渠，扩大生产，保障军队供给。南宋时，西北抗金名将杨从仪高龄退役城固县水北村时，组织对张良渠进行较大规模的整修改造，灌溉洋县、城固两县农田5000亩。百姓感其恩，就将张良渠改称杨填堰。据《汉中府志》载："杨填堰，在城固县北十五里，截湑水河中流，垒石为堰。相传亦鄷侯萧何，平阳侯曹参所创。至宋，知洋州开国侯杨从仪大力修浚，民赖其利。"杨填堰引水灌溉工程由引水堰坝、控制堰头（闸门）、灌溉渠道、退水堰洞等设施组成。元、明、清各代不断整修，灌溉面积有所扩大。

明万历二十三年（1595年），城固知县高登明、洋县知县张书绅共同议决，仿五门堰作法"敞其门为五洞，傍其岸为二堤。水涨则用木闸以泄泛滥，水消则去木闸以通安流"。这是继南宋杨从仪之后的一次大改建，当时灌溉城固农田7000亩，洋县农田18000亩。

清嘉庆十五年（1810年），河水屡涨，堰淤百余丈，渠毁110丈。汉中知府严如熤修复，改为三洞进水，仍因陋就简，"以石装笼，以桩稳笼，以笼挡水"。清嘉庆十七年（1812年），《杨填堰重修五洞渠堤工程记略》载："新渠灌溉面积23000余亩，其中城固为6800余亩，洋县为17000余亩，约定整修费按'城（固）三洋（县）七'分摊。自古由城固、洋县两县各设堰局分管，岁修所用石、竹、木、工均按灌溉面积分摊，用水制度严格、健全。"

1948年，杨填堰纳入湑惠渠灌区。后因供水不足，城固、洋县又于1952年联合从旧堰引水，灌溉马畅以西水田3183亩。1959年，将分水和负担比例改为"城七洋三"。"八五"期间，盆地丘陵开发建设工程中，将引水枢纽均改建为固定堰坝，加固衬砌干渠11千米，配套建筑物15座。至1995年，灌溉面积达1.15万亩。

1.4.5 浙江龙游姜席堰

姜席堰，有"龙游的都江堰"之称，位于浙江省龙游县灵山港（旧名灵溪）下游后田铺村，修建于元代，距今已有680多年的历史。新中国成立以来，对姜席堰进行了20余次的修复、加固、改建，累计投入资金5000余万元。正是这种种努力，才使姜席堰至今还在滋润灌区的农田，造福龙游百姓。2011年，姜席堰被列为浙江省重点文物保护单位；2018年，姜席堰入选世界灌溉工程遗产名录。

（1）修建由来。

元朝末年，各地民生凋敝，百姓苦不堪言。龙游全县3万多户人家，人少地广，大量土地抛荒，耕作落后，天灾人祸，社会矛盾尖锐。这时，朝廷派察儿可马任龙游县令兼劝农事。察儿可马发现一边是滔滔江水，一边是因干旱而荒芜的土地，决定兴建水利设施。察儿可马安排当地姓姜、姓席的两位员外负责承建这项水利工程，并上奏朝廷恩准：免两家3年皇粮，限时3年完工。

姜、席两员外反复查看地势，勘测水势，讨论设计方案，最终确定建造上堰、下堰、堰洞和七十二条子堰。建造过程中，姜、席两员外克服重重困难，其中尤以建筑上下两堰和主干堰渠的定位最难，因为筑好的堰坝屡被洪水冲毁。后来，在堰坝迎水面用青石板联成石壁做基石，背水面用松树打桩，垒百年松树为基础，最终解决了难题。此外，堰渠要经过方圆四五十里高低不平的各种地形，数十个村落，数万亩土地。由于田地都是私人的，地主谁都不愿意堰渠从自家的田地里通过。姜、席两员外向察儿可马求助。察儿可马运用"黑夜走马定位"法，让两个蒙古人骑着两匹高头大马，马尾巴上各自系上一个装有石灰粉的袋子，朝指定终点策马奔去，马一跑身后石灰粉就撒落下来。察儿可马知道好马夜里不走低、不爬高的特点。这样两匹马在田野上留下了两条弯弯曲曲的白线，按照这两条线修筑的堰渠恰恰保证了灌溉效益的最大化。后人为了纪念姜、席的建堰功绩，分别将他们修筑的渠堰命名为姜堰、席堰，后来人们将之合称为姜席堰。

（2）工程特色。

姜席堰形制似四川都江堰，由上堰、沙洲、下堰、汇洪冲沙闸及渠首分水闸等5部分组成。整个枢纽以河道中的沙洲为纽带，上联姜堰、下接席堰，组成一条长约630米，略似直角形的拦水坝。在河道上利用沙洲堰坝组成为一体的大胆构想和高超的筑堰技艺，是姜席堰的一大特色，在中国的治水史上十分罕见。

姜席堰科学地运用双梯位溢水回流排洪技术。其堰顶轴线呈折线状，平面形似"Ω"；上堰由南往北与主河道垂直，距北岸约30米处，堰端与东西向的一片沙洲相连，构成一条宽20多米、长200多米东西走向的引水堰道，然后沿蛇山山脚折向南50多米到达下堰，下堰筑建在沙洲与蛇山头之间呈东西向。该设计使上下堰泄水前沿比传统直线堰长数倍，凸显消力池的作用，有利于巩固堰身特别是下堰。

姜席堰体现了"引水不引洪，截流不成灾"的设计原理。其重要工程进水口——"堰洞"，是人工在蛇山脊背上凿开的一条宽近3米的口子，与都江堰宝瓶口的形状和功能几乎一样，在没有水闸的年代，可起到类似节制闸的作用，自动控制进水量。而且堰洞位置比都江堰的宝瓶口更利于防洪，堰洞设置在引水堰道近末端的东侧，在下堰的上游距堰坝30多米处，与江水垂直，这样能很好地避开洪水正面直冲入内渠。充分利用S形河湾、江心沙洲、天然河汊、河床高差等自然条件，因地制宜，实现了姜席堰兼有引水、排洪、排砂、通航的功能特点。

（3）历史地位。

姜席堰建成后，"凡溉田二万一千七百八十一亩，得沾堰水者，皆称沃壤"。姜席堰在清代康熙年间最多灌溉面积达5万余亩。1973年后，姜席堰渠系经过整合优化，目前灌溉渠系有总干渠和东、中、西、官村4条干渠，总长18.8千米，4条干渠分设有15条支渠，总长30.87千米，主要灌溉龙洲、东华街道和詹家镇所辖的21个行政村，灌区总面积为3.5万亩。除了灌溉农田，姜席堰还为灌区居民提供生活生产用水。1736年，姜席堰水引入城濠，从此城内河渠相连，至今，姜席堰入城之水仍在使用。

在姜席堰的灌渠沿途，各种筒车、麻车、水碓、浇碓、磨坊、油坊等纷纷兴起，发展起稻谷、柏籽、茶籽等农产品加工贸易，使灌区渐渐演变成粮油贸易集散地。灌区寺后畈、西门畈和詹家畈，成了著名的"龙游粮仓"和鱼米之乡。堰水还被引进龙游城内，护城河、城池、地下供水道，到处活水汩汩流淌，古城顿时鲜活灵动了起来。真可谓一堰兴，农兴、畈兴、城兴、商兴。

1.4.6 浙江金华白沙溪三十六堰

白沙溪三十六堰又名白沙堰，位于金华市白沙溪上，首筑于东汉时期，百余年间陆续建成横跨45千米、水位落差168米的36座堰，覆盖了白沙溪的全部流域，是浙江省现存最古老的堰坝引水灌溉工程。白沙溪三十六堰的修建使原来易受洪旱灾害影响白沙溪2州3县8都万顷农田成为自流灌溉、旱涝保收的粮仓。新中国

浙江金华白沙溪（一）

成立后，白沙溪上修建了沙畈水库和金兰水库，部分古堰被永久留在水底，但目前仍有21座古堰继续发挥着引水灌溉作用，灌溉农田达27.8万亩，供水保证率进一步提高。2011年，白沙堰成为浙江省第六批省级文物保护单位。2020年，白沙溪三十六堰入选世界灌溉工程遗产名录。

（1）工程概况。

白沙溪自古是金华婺城的母亲河，滋养了56千米长、320千米^{2}流域的土地和人民，见证了千年来金华的变迁兴盛。白沙溪三十六堰是一个以引水灌溉为主，集防洪、蓄水、水力加工等多功能于一体的古代堰坝群。据《昭利侯白沙图志》记载，白沙溪古代有位大禹式的人物，叫卢文台。西汉成帝末年，卢文台在汉光武帝刘秀手下战功卓著，最后当上了东汉骠骑将军。刘秀功成后，卢文台没有居功受赏，而是效仿严子陵在富春江垂钓，修身养性。

东汉建武三年（公元27年），卢文台率领手下官兵36人，隐居到金华南山辅仓（今金华市婺城区沙畈乡沙畈乡亭久村），垦荒种地，自食其力。当时，白沙溪水流急落差大，两岸农田晴则旱，雨则涝，天灾连年，民不聊生。卢文台眼看丰富的水资源白白流失，不能为民造福，于是效仿战国时李冰兴建都江堰等水利工程之举，带领士兵和附近村民，不辞劳苦地兴建白沙堰，引水灌溉。卢文台及其部将后人与当地百姓传承了白沙堰的经验，又陆续在白沙溪修筑堰坝引水灌溉，完成了白沙溪上从沙畈堰到中济堰之间的梯级超级群堰。三十六堰成为浙江省最早兴建的水利工程，其筑成后造福于民，卢文台备受当地民众崇敬。

三国吴赤乌元年（238年）遇大干旱，乡民开堰引水，喜获丰收。后人为纪念卢文台的功绩，在琅琊镇白沙卢村塑佛建庙，称卢文台为"白沙老爷"。清光绪三十四年（1908年）重修的《万潭堰帖——金华白龙桥三十六堰》中，不仅有清晰绘制的三十六堰布局地形图，还有关于清朝康熙、雍正、光绪年间建立堰会、制定堰规、管理堰务、调解用水纠纷等的详细记载。

（2）工程特色。

白沙溪三十六堰是以引水灌溉为主，兼具防洪、蓄水、水力加工等功能的堰坝群。从修建时间来看，三十六堰属于较早的一处古代水利工程；从地理环境看，白沙溪是山谷之溪，部分溪流湍急，堰坝容易被洪水冲毁，其保存难度较大；从数量上来看，属于水利建筑群；从形制上来看，是自成体系的阶梯式堰坝。

当地溪流天然落差大、深潭多，古人因地制宜摸索出"以潭筑堰"的方式。三十六堰的大部分堰前都有一处天然的深潭，用现代水力学分析，"以潭筑堰"不仅可以提高堰坝的蓄水和引水能力，还能减轻水流对堰坝的冲击。

白沙溪三十六堰所以能得到相对完好的保护并运行至今，很大程度上得益于它有一套完整的管理制度。官府制定堰帖，明确各堰水权和工程维修责任，指导三十六堰的协同管理，保证干旱月份上下游各堰的公平用水。清光绪三十四年（1908年）重修的《万潭堰帖——金华白龙桥三十六堰》清晰地绘制了万潭堰灌区渠系布局图，列出了堰址、配水系统及引水灌溉项目。除此之外，每座堰都建立了堰会，制定堰规，推选有威望的乡贤担任堰长，管理堰务，调解用水纠纷。其中一份签订于清雍正十年（1732年）的协议书写道："特授金华县正堂赵为给帖以循旧例，以息讼端事……据士民叶茂桂等呈称，万坛堰创自先

浙江金华白沙溪（二）

朝，各出己资，买田雇工，开渎筑堰，承水灌注田禾。照田出资分水，派定日期，分作十二甲，各立甲长，每年以五月初一日为始，十二日一轮，周而复始，并无攘越争端等事。原始有押帖十二张，迨至甲寅兵灾之后，押帖被失，无序渐至，强者紊，刁者越，不循旧规，争端滋起。身等立议具呈公恩，前来据此合行给帖，仰各甲长勿得持强攘越争竞，永远遵照……"。以"地、水、夫、钱（即土地、水源、人和效益）"为核心，地方乡民结成了紧密的"水利共同体"。

在1900多年的历史进程中，白沙溪三十六堰冲毁重建重修不知经历了多少次，当地人就地取材，以松木打桩、篾笼装沙石等方式砌筑。低矮的堰坝形态，配合梯级堰群的建设方式，极大地降低了施工难度和工程风险，体现了古人科学的治水理念，以及人与自然和谐相处的哲学思想。

（3）历史地位。

三十六堰自建造以来，解决了部分地区群众的日常生活用水问题，方便了农民生活。白沙溪两岸的人民利用水力落差冲击，建造舂米的水碓。据记载，白沙溪流域120多个村，先后建成的水碓在150座以上。水碓昼夜操作，效率胜过人力舂米10多倍。先进的粮食加工技术不仅使得该地成为浙中粮仓，还孕育了金华灿烂的酿酒文化。唐宋时期，白龙桥旁的"酤坊"酒坊酿造的金华酒声名远播，该酒坊所在的村庄至今仍沿用"酤坊"之名。

1.4.7 江西抚州千金陂

千金陂，位于江西抚州抚河（古称汝江）干流之上，全长1.1千米，至今已有1200多年历史。千金陂的修建保障了中洲围的灌溉引水，在洪水期将上游奔流的河水一分为二，约1/3的水流分流至干港，2/3的水流回归抚河，是集防洪、灌溉、航运等功能于一体的水利工程。现存的千金陂为明代天启年间（1621—1627年）重建，长约1100米、顶宽10余米，是一条用麻石砌成的长坝，像一条巨龙卧在水中，用"龙身"挡水以抬高水位，减缓流速，将抚河水引入灌区，被称为抚州的"都江堰"。"千金陂"的名称来源于明代汤显祖的《千金堤赋》，它是我国现存规模最大的重力式干砌石江河制导工程，是长江中下游赣抚平原灌溉农业发展史上的里程碑。2017年，千金陂被列入抚州市文物保护单位。2019年，千金陂被列入世界灌溉工程遗产名录。

（1）修建缘由。

抚河是江西的第二大河。曾经的抚河水泛滥成灾、沙土淤积，良田土地逐渐荒芜，百姓无地可种，生活极其艰难，所以当地民众在抚河上下游修筑了诸多水利设施——"陂"。唐朝始建时被称为"华陂"，后来还被称为"土塍陂""冷泉陂"。一直到唐咸通年间重新修整后才开始被称为"千金陂"。因其修建时费置千金，故名千金陂，又称千金堤。宋、元、明、清各朝各代也有修整或重建千金陂的记载。现存的千金陂为明代天启年间重建，被称为抚州的"都江堰"。

唐兴元元年（784年）正月，唐德宗重掌朝政，下诏让屡遭贬损的戴叔伦升任抚州刺史。抚州属丘陵地带，旱灾频繁，有限的水资源又被少数强豪垄断。戴叔伦上任后审时度势，将水利问题作为头等政事，并制定《东阳均水法》，按土地、人头平均分配水资源。同时，他通过捐资、集资、以劳力代出资等方法，解决财政空虚的难题，率领民众兴修山塘水陂、水渠、水库，蓄水防旱。千金陂便是其中之一。戴叔伦去世后，抚州百姓为他立碑于抚州城东，并把在他带领下修建的冷泉水渠、千金陂水库定名为"戴湖"。

晚霞中的抚河

　　唐咸通九年（868年），冷泉陂被洪水冲毁。一位姓李的抚州刺史募集钱财，聚集广大民工，疏通河道900余丈，同时开凿冷泉陂原来的河道，使河水又能灌溉田亩数千顷。

　　（2）工程概况。

　　千金陂位于抚河大桥东端上游1000米抚河与干港的分叉口处，是一条用石块砌成的长坝，用坝挡水以抬高水位、减缓流速，将抚河水引入灌区，保障了中洲围的灌溉引水；同时对抚河防洪、抚州城市水环境修复和水运保障等具有重要作用；其灌溉面积达2.2万亩。

　　千金陂不仅是一项古老的灌溉工程，也是现存如此大体量的古代砌石结构的单体水工建筑和中国现存规模最大的重力式干砌石江河制导工程。千金陂将抚河水引入中洲围灌区，是古代抚州劳动人民勤劳智慧的结晶。《读史方舆纪要·江西方舆纪要叙·江西四》记载，其"灌田各千余顷"，被后人誉为抚河上的"都江堰"。

　　对于千金陂，历代文人题咏甚多，留下了不少优美诗章。颜真卿在抚州刺史任上曾撰书《千金陂碑》，记述了当年防洪筑堤的情况。明万历六年（1578年）千金陂修复后，明代戏剧家汤显祖写下了赞美诗文《千金堤赋》。清代文学家李来泰的《千金陂》诗云："土塍已续华陂绩，渤海平原次第寻。冉冉溪光抱城珥，畇畇原野地流金。五峰云色频来往，万壑秋声自浅深。木叶桃花无恙否？灵山风雨亦潮音。"

　　千金陂不仅是长江中游典型的具有灌溉、水运、排涝、防洪等多种功能的大型圩区水利工程，还是金临灌区的重要组成部分，是区域可持续水利工程的典范。千金陂的灌溉作用，也使得赣抚平原成为富饶的粮仓、人文荟萃之地。这里陆续涌现了晏殊、王安石、万恭、汤显祖等中华民族杰出的文学家、政治家、水利家和戏剧家等。

千金陂灌渠——古老的孝义港贯穿中洲围全境，涓涓清流滋润着围内沃壤，成就了中洲围美丽富饶的鱼米之乡、赣东粮仓。中洲围位于抚州城东文昌里历史文化街区和孝桥镇辖区范围，是长江中游典型的具有灌溉、水运、排涝、防洪等多种功能的大型围区水利工程。围内有人口5.72万人，耕地2.2万亩，316国道由南至北、东昌高速由东至西穿行而过。新中国成立后，对灌区进行了大规模新改扩建，新建的金临渠覆盖了古千金陂的灌溉范围。历经沧桑的千金陂至今仍矗立在抚河岸边，为抚州市的城市防洪继续发挥着重要作用。

1.4.8 江西吉安槎滩陂

槎滩陂位于江西省吉安市泰和县境内，离县城30千米，陂坝位于赣江二级支流牛吼江上，陂坝以上集雨面积为971千米^2，是省级水利风景区。槎滩陂始建于五代十国南唐时期（937—975年），距今已有1000多年的历史，目前仍承担着沿岸近5万亩标准农田的灌溉工作。2013年，槎滩陂被列为全国重点文物保护单位，这是江西省首个"国宝"级水利灌溉工程。2016年11月，槎滩陂被列入世界灌溉工程遗产名录。

（1）修建缘由。

槎滩陂修建在牛吼河上，被誉为"江南都江堰"。牛吼河是赣江的一条支流，古称禾溪，发源于井冈山市茨坪镇上井黄洋界东南麓，流经桥头湛口，因落差大，水流湍急，声如牛吼，故称牛吼河。

槎滩陂始建于公元937年，为南唐金陵监察御使周矩父子凿石所建。据爵誉村周氏祠堂墙壁上嵌存的碑口《槎滩碉口二陂山田记》记载："后唐天成年间（926—929年）监察御史周矩（896—976年），金陵（今江苏南京）人，于后周显德五年（958年）避乱迁居泰和万岁乡，因地处高燥无秋收，乃在禾市上游以木桩压石为大陂，长百丈，导引江水，开洪旁注，以防河道漫流改道，名槎滩。"

赣江夜景

唐末，天下大乱，周矩在天成末年（930年）随儿子周羡和女婿吉州刺史杨大中迁居泰和的万岁（今泰和螺溪镇）。他体察民情，深知群众受旱歉收之苦，便决定兴修水利。公元937年冬，周矩经过多年的谋划后，选择了属赣江水系禾水支流的牛吼江上游的槎滩村畔，自筹资金用木桩、竹筱、土石压为大陂。周矩父子选择在河水大角度转弯后的水流缓慢处拦河筑坝，以减轻流水对坝体的冲击力，使陂坝坍塌的可能性降到最低。陂坝顶高度略低于河岸，洪水期陂坝没入水下，大量的江水就从坝上溢出进入老河道，具备防洪减灾的功能。

　　槎滩陂完工后，周矩父子为杜绝"以陂谋私"，避免日后的纷争，立下家规：陂为二乡九都灌溉公陂，不得专利于周氏。与此同时，周矩父子购置山参口山和城陂筱山供维修陂渠之用，并与当地士绅共同协商，最终订立了由陂长负责、各有业大户轮流执政的"五彩文约"。至此，被称为"仁、义、礼、智、信"五号的名绅大族，依照"五彩文约"规定轮流担任陂长，负责当年的陂田收租、水利治理及工程维修工作，从而彻底使槎滩陂成为"乡族共有公共资源"，实现了周矩建槎滩陂"不得专利于一家"的初心。宋仁宗时，周矩后辈子孙，官至朝奉大夫的周中和告老还乡后，念先祖周矩创筑槎滩陂之艰难，撰文写下《槎滩碉石二陂山田记》。文中写道："槎滩、碉石二陂虽为周氏祖先创建，但不得专利于一家，周氏子孙宁待食德之报，而不必食田之获。"至今，《槎滩碉石二陂山田记》仍作为历史见证，镶嵌在周氏宗祠"久大堂"的墙壁上。

　　槎滩陂建成后，周矩父子开挖灌溉渠道36条，使当时禾市镇和螺溪镇9000多亩田地变成吉泰盆地的"鱼米之乡"。

　　在槎滩陂下游不到600米的地方，有个渡口遗址，文天祥曾率军在此过桥抗元，后被朝廷命名为"国渡"。中秋夜烧塔的习俗也起源于早禾市郭渡村，是为纪念民族英雄文天祥。1998年，吉安地区水电部门在

槎滩陂

古陂上就发现了两块刻有明嘉靖十三年（1533年）蒋氏重修槎滩陂的条石，和一块刻有乾隆年号的条石。如今，这两块石刻藏于泰和县水务局槎滩陂水管会。

（2）工程特点。

据同治十一年（1872年）成书的《泰和县志》记载："古陂长一百余丈，横遏江水，开洪旁注，故名槎滩陂。又于滩下七里许，伐石筑减水小陂，储蓄水道，俾无泛滥，名碉石。"南唐升元元年（937年），周矩父子经过多年的谋划后，选择了在属于赣江水系禾水支流的牛吼江上游的槎滩村畔，将木桩打入河床，再编上长竹条，遏挡水流，然后填筑黏土夯实，最后在主坝上层垒叠坚固的红条石，形成陂坝。槎滩陂经久不毁，在于它是"低作堰"。加上上游山区森林茂密，植被完好，堰坝泥沙淤积少，所以无须"深淘滩"，沿用至今。古陂设计合理，均设在河床坚硬、水流缓慢处，以免遭冲毁。水陂左侧还设置了供船只、竹排通行的水道，保证了航运畅通。

槎滩陂分为主坝和副坝两部分，由筏道、排砂闸，引水渠、防洪堤、总进水闸组成。主坝顶高程78.80米，长105米；副坝顶高程78.50米，长152米；筏道宽7米。排砂闸位于坝道的中间位置，大约3~4米宽，高3米左右。闸口闸门平时都是放下的，只有上游积沙过多或汛期时才会起闸，起到排砂、防洪的作用。在排砂闸通道上方有一座水泥板桥，连通东西坝道，以方便通过排砂闸口。水渠自西向东依次流经禾市镇，在上蒋村时又分为南北两条支流，分别称为"南干渠"和"北干渠"，继而流经螺溪镇及石山乡，在三派村汇入禾水。

此外，周矩生前对槎滩陂制定的管理制度，也为古陂的保护做好了铺垫。周矩在建成槎滩陂后，规定不得专利于周氏，当地百姓均可灌溉，体现了"共同受益"的原则。还实行陂长负责制，由灌区内五大姓宗族轮流担任陂长，共同进行维修和管理。由于历代官民的维修保护，槎滩陂至今仍发挥着重要的灌溉效益。槎滩陂控灌受益范围为泰和县的禾市镇、螺溪镇、石山乡和吉安县的永阳镇，共计32个村委会，灌溉农田面积约为5万亩。孕育出吉泰盆地万顷良田、沃野千里，使其成为江西省重要的粮食基地、著名的鱼米之乡，而禾市也因盛产优质早稻而得名"早禾市"。

1.4.9 江西婺源平渡堰

平渡堰位于婺源县东的江湾镇汪口村水口河中，因形似曲尺，当地人俗称"曲尺堨"。平渡堰北长120米、宽15米，坝成曲尺形，"曲尺"的长边拦河蓄水，"曲尺"的短边与河岸夹道形成通船航道。平渡堰南在不设闸门的情况下，同时解决了蓄水、通舟、缓水势的矛盾，是中国水利建设史上的杰作。2018年3月9日，平渡堰被列入江西省文物保护单位。汪口村是中国民俗文化村和江西省历史文化名村。

（1）修建缘由。

汪口村隶属婺源县江湾镇，位于婺源东部，古称永川，因地处双河汇合口，村前碧水汪汪而得名。宋大观三年（1110年），朝议大夫俞杲率领族人从邻近的村落迁移到这块临河的谷地，正式创建了汪口村。因此，汪口村是一个以俞姓为主聚族而居的徽州古村落，距今有1100余年历史。

汪口村古代是徽州府城陆路经婺源至江西饶州的必经之地，又是水路货运的重要码头，堪称徽商古埠头；又因宋清以来人才辈出，故亦被称为"书生之乡"。据统计，仅从清朝乾隆年间至光绪年间的近200年里，汪

婺源汪口村平渡堰

口村里中进士的有9人，进入仕途、实授官职的有39人。汪口村西侧大河中，江湾河与段莘水汇合处，有一座拦河石坝，当地人称"石堨""曲尺堨"。"曲尺堨"因方便通航而称平渡堰，由清雍正年间（1723—1735年）经学家、音韵学家江永设计建造。

江永（1681—1762年），婺源江湾人，字慎修，又字春斋。江永出身寒儒之家，一生蛰居多里，以教书为业。清代著名学者戴震、金榜、程瑶田等都"拜门下学业"。其学以考据见长，开皖派经学研究的一人风气，为吴皖派经学的创始人。江永毕生清苦，终身不仕，安贫乐道，鄙薄功名。但他非常关心社会民生，同情家乡人民的疾苦。

汪口，双河汇合，三面环水。河面宽百余米，水流湍急，洪水季节尤其凶险。汪口村田地山场大都在对岸，一河相阻似天堑，来往十分困难。千百年来，村民想以木桥征服阻隔，都未能奏效。建得艰难，倒得容易。后改用木船，因旋水狂戾，常常船翻人亡。村民怨艾这段河流。村里乡绅义士，也想拦河造堨提高水位，以平缓湍流之势，但始终不敢动手，一则因河面宽阔，耗资巨大；二则因这段河流是水运要道，以堨横河，船行何处？

江永对此早有所闻，决心解民之苦。全面考察了这段河流，精心筹算，决心修建一条既能平缓湍流之势，又便通船行舟之利的石堨。如果在河流中修建横卧石堨，必将对周船同行带来不便。因此，江永设计建造的石堨，没有直抵南北两岸，而是从南岸伸延过来，到距北岸5米处，堨身直转向上，呈曲尺形，空出5米让水流下，这5米的口子，不足以容纳、吞吐上游水流量，而提高了水位，平缓了两流交汇的回旋水势。山洪暴涨，此口可供泄洪，减少堨面承受力；枯水季节，货船照样可畅通无阻，集两利于一身。这石堨用料也有独创，全部就地取材，用河中鹅卵石砌成，与采用方块石料相比，耗资至少节省一半。石堨造成之后，河水平缓，河上木桥高架，人们再也不以河为患了。

后人修建江湾祠堂，以纪念平渡堰设计修建者江永和族人。200多年过去了，江永已成为古人，但汪口的曲尺堨至今似巨龙横卧，安危无恙。它将和江永的历史功绩一样，被人们称颂。

（2）历史地位。

平渡堰实际由两部分组成，一部分即主体为壅高水位的雍水坝，另一部分为用于通航的筏道，因此，汪口堨成曲尺状横截于河槽中，其南北向布置壅水溢流坝（曲尺长腿）顶长120米，最大堰高3米，顶宽2米、底宽15米；北堨头向河流上游折弯90°成曲尺短腿为筏道边墙，从而该边墙离北岸空出 6米宽的舟船通道，该通道长35米。平渡堰的建成进一步促进了汪口商业码头的发展。丰水期的汪口村，"U"形的河道涨满了来水，整个古村就像漂浮于水上的一座半岛。当地人也形容古村缠上了一条水做的"金腰带"。繁盛之时，汪口村有18个河埠码头供商货转运。堰体虽经200多年洪水冲击，依然片石无损。

1.4.10　江西遂川北澳陂

遂川的北澳陂，修建于五代十国时期的南唐，历史上称为"北隩陂"，又名"虎潭陂""遂川渠"，是遂川县历史最悠久、最大的农田水利灌溉工程。北澳陂位于遂川县县城西1.5千米外的泉江镇四农村，地处右溪河下游，是新中国成立后县内最早修建的一座骨干引水工程。坝址以上集雨面积为1104千米^2，流域内生态良好，植被茂盛，雨量充沛，多年平均径流量49.4米^3/秒。

（1）修建缘由。

龙泉，又名遂川，因境内左、右二水合流，形如"遂"字，绕城东下而得名，该河流亦命名为遂川江。北宋建隆元年（960年），南唐中主李景设龙泉县，建县至今已经1700多年的历史。因与浙江省的龙泉县同名，1914年改名为遂川县。

龙泉山区生态环境脆弱，再加上山区坡陡流急，河流具有易盈易涸的水文特性。数日无雨，溪河绝流，农田即告干旱；一下大雨，则山洪暴发，冲毁农田禾稼，漂没庐舍。所以每当雨水季节或者山洪暴发时，"邑之市区、贾肆、毗居、吏舍列处于江之南岸者，纷沓鳞萃"，人们深受其害。为了战胜水旱灾害，发展农业生产，当时人们创造了许多适应山区的水利工程。据考古发掘，江西在商代已有水稻生产和水利活动，开始筑堤坝防洪除涝，普遍筑造小型的水陂和土堰用以浇灌。江西水利工程绝大多数集中于唐代中后期。此时就全国和长江中下游地区而言，治水活动的总数，江西地区遥遥领先，水利工程创新率也最高。其中，北澳陂"肇自南唐"，历经宋元明清，至今仍然发挥着灌溉作用。

宋明道县令何嗣昌初修，明初知县高德泉重修。至清初顺治间，知县路汝前根据地方绅耆要求，"委北乡司买松桩打造水柜"，拦河引水灌溉今泉江镇四农、银山、卜村、螺溪、新林、窗下（时称"五朋"）一带的农田。清顺治十七年（1660年）被洪水冲毁，无法修筑。

清康熙二十六年（1687年），由"五朋"集费买竹，织成篾笭，垒石拦河，引水灌田。但总是"频筑频圮，二力不能支"。清康熙四十六年（1707年），由"五朋"再邀集谐田、网埠、岭排、社下各村（合称"六朋"）重新修筑，还是水流短小，不足灌溉。康熙五十四年（1715年），"六朋"绅耆恳请知县黄宏任支持修筑石陂，并由县仓代储"赡陂之谷"，派员监督施工。嗣由乡民新林村人梁德永为"总理六朋首事"于当年八月雇工凿石，动工兴筑，历时4年；后因经费不足，工程将要前功尽弃时，梁德永卖掉自己的粮田用来筑陂，但仍不够。知县黄宏任"闻而悯之"，准许从县仓内借给稻谷，工程得以继续进行。康熙五十七年（1718年）十一月，石陂始告完竣。次年大旱，全县收成大减，独北澳陂"所灌之田倍收"。受益乡民踊跃归还所借县仓之谷，又将余资为梁德永赎回所卖之田。

此后，石陂又经过清乾隆十一年（1746年）、清道光十三年（1833年）和道光十六年（1836年）等几次较大的整修。北澳陂虽然也曾经在1918年和1942年进行两次小修，但并未解决太大问题。1949年新中国成立前夕，北澳陂已成为一座破旧不堪、灌溉失效的水利旧址。

新中国成立后，遂川县政府在1950年冬对北澳陂进行改建。1951年1月，用混凝土浇筑坝基、石灰浆砌条石修筑拦河坝。1951年冬至1952年冬，修筑水坝左岸防洪堤和开挖新渠至雩田镇夏溪村。此后，北澳陂曾一度改称为遂川渠。1954年冬，又对拦河坝再次进行大整修，从坝前截水墙至坝后坦水，全部用混凝土加高加固外形，使之成为一座欧奇式溢流坝。1959—1963年又分别在渠首扩建了一座混凝土进水闸，对筏道口、坦水和芦洲涵洞进行了较大整修。1963年11月开始至1964年1月，对北澳陂进行第二次扩建，从渠首起，将2.85千米长的总干渠和有关的干渠、支渠整修扩大；新开一条渠道，引渠水由云冈沿山而下，经八斗隈、网埠，绕砂子岭飞机场南面边缘到城溪柏树下，排入遂川江，全长7.8千米。

（2）历史地位。

北澳陂是龙泉县境内大型的水利灌溉工程，引右溪河水绕县城，为城濠充水，护卫城池，并为县城居民提供生活用水。最主要的是，北澳陂引水东下为灌溉"六朋"约5000亩农田发挥了巨大的作用。北澳陂灌溉"六朋"农田分别为：一朋为银山村，该村落主要由刘姓、冯姓、朱姓三姓村民居住；二朋为卜村，该村落为单姓村落，由谢氏家族居住；三朋为螺潭，亦称罗潭，据说因为罗姓最初来此定居而得名，但以后罗姓发展势微，为后来者彭氏所超越，直到现在罗氏家族依然势单力薄；四朋为新林村，该村落由胡氏家族和梁氏家族共同居住；五朋为窗下村，村落居民由包姓、刘姓组成；六朋为谐田，主要由郭氏、熊氏、萧氏居住。以上村落也就构成了北澳陂水利灌溉组织的水利社区。

民国时期，灌溉效益日渐下降。新北澳陂的灌溉范围不仅包括了泉江镇7个村，其受益范围已由泉江镇、瑶厦乡扩大到雩田镇，共18个村，有效灌溉面积已达到21705亩，为老陂的4倍，为保障全县粮食生产，造就了最大的旱涝保收高产粮农田区。

经过改建和扩建后，北澳陂有溢流坝、筏道口和2座进水闸。溢流坝长176米、高3.5米，坝端两岸建有防洪岸堤2.58千米。设计引用流量8米^3／秒，实际引用流量7.5米^3／秒。有总干渠1条，长2.85千米；干渠2条，总长39.8千米；支渠17条，总长56千米。渠上建有分水闸19座、涵洞4座、泄水闸8座、溢流堰2座、渡槽4座、公路桥5座；利用渠道跌水或引用渠水先后建成过云冈、泉江、罗屋和柏树下等4座发电站，装机总容量374.8千瓦。

1.4.11　河南信阳鸿隙陂

鸿隙陂，又名鸿郄陂、鸿郤陂，是位于今淮河干流与南汝河的河南省正阳县和息县一带的古代大型蓄水灌溉工程。由汉武帝元光年间由治水专家、汝南太守郑当时主持修筑，是当时全国最大的一项农田水利工程。

（1）修建缘由。

河南东南部即今周口至驻马店一带，是古代东夷人的故土，自古就是一个地势低洼的水乡泽国。两汉时期，汝南郡境内有河道23条，主要有洪河、汝河、淮河等。众多河流流经汝南郡，为农业灌溉提供了有力的水利条件。然而，当遇到持续暴雨天气等自然灾害时，该郡又成为水患之地，灾害频发。汝河与颍河之间的地势十分低洼，陂塘众多，把这些陂塘深挖并连接起来，成为一个带状的人工湖，雨季控制水势，旱季提供水源。因此，修筑人工湖渠，兴利除弊，根治水患，成为历代中央和地方官员的主要任务。西汉前期较为稳定的社会秩序，给兴修这一带的水利提供了契机。汉武帝元光年间（公元前134年至前129年），治水专家郑当时任汝南太守，鸿隙陂就是在他的主持下开始兴建的。据《水经注》记载，水自淮河分出，经鸿隙陂蓄积调节灌溉，后再汇于淮河支流慎水上的各小陂塘，回归淮河，西汉时，汝南郡（相当于今河南省驻马店地区大部和安徽省阜阳地区东部）就因有鸿隙陂的灌溉而富足。成帝永始至元延年间（公元前15年至前9年），因雨水多，鸿隙陂泛滥成灾，丞相翟方进，遂废陂为田。鸿隙陂的平毁，使周围的水田失去灌溉之利，田地只能靠降雨来灌溉，无法种植水稻，只能改种耐旱的豆类作物。汉末新莽时期，接连遭遇大旱，人民编童谣谴责翟方进，要求修复鸿隙陂，童谣唱道："坏陂谁？翟子威。饭我豆食羹芋魁。反乎覆，陂当复。谁云者？两黄鹄。"

（2）工程概况。

东汉初年，南阳人邓晨任汝南太守，辟举水利专家——汝南平舆任许扬为都水掾，主持鸿隙陂的修复工程。经过认真的勘测设计，花费数年时间修成堤塘，约200多千米，使灌溉得到恢复和发展，农作物连年丰收。《汉书》卷八十四《翟方进传》载："汝南旧有鸿隙大陂，郡以为饶，成帝时，关东数水，陂溢为害。方进为相，与御史大夫孔光共遣掾行视，以为决去陂水，其地肥美，省堤防费而无水忧，遂奏罢之。及翟氏灭，

宿鸭湖水库

乡里归恶,言方进请陂下良田不得而奏罢陂云。王莽时常枯旱,郡中追怨方进,童谣曰:坏陂谁?翟子威。饭我豆食羹芋魁。反乎覆,陂当复。谁云者?两黄鹄。"到南北朝时,鸿隙陂还存在。隋唐以后,不见记载。

新中国成立后,修复鸿隙陂的任务提上议程。1957年6月,水利部批准修建宿鸭湖水库,按百年一遇洪水设计,千年一遇洪水校核。水位高程56.34米,总库容9.82亿米^3。1958年,汝南、上蔡、平舆、新蔡、遂平、正阳、西平等7县出动民工11万,在半年时间内完成了主要的土石方工程。宿鸭湖水库总面积239平方千米,控制流域4640千米^2,水库大坝全长35.29千米,高58米,坝顶宽5~8米,是中国面积最大、堤坝最长的平原人工水库。2010年进行了除险加固,2020年1月4日,宿鸭湖水库清淤扩容开工。宿鸭湖虽然比当年的鸿隙陂面积小了许多,但其对水资源调节配置的能力却远胜于鸿隙陂。

鸿隙陂作为两汉时代的著名水利工程,凝聚了汝南郡百姓辛勤的汗水和智慧。它的修建,对当时汝南郡农业的发展及西汉经济的繁荣起到了积极作用。

宿鸭湖

1.4.12 安徽歙县渔梁坝

渔梁坝位于安徽省黄山市歙县徽城镇渔梁村,始建于隋代,是我国现存最著名的滚水坝之一,也是新安江上游迄今最古老、规模最大的古代拦河坝,被称为"江南第一都江堰"。2001年,渔梁坝作为唐代至清代的古建筑,被国务院批准列入第五批全国重点文物保护单位。

(1)修建缘由。

渔梁坝地位非常重要,"固一郡利害所关",可蓄上游之水,缓坝下之流,无论灌溉、行舟、抗洪都可兼而利之。《堤河议》云:"歙利应兴者颇多,而堤河蓄水为急,歙河建瓴而下,秋冬之间一泓奔泄,不

渔梁坝（一）

涸如线，利载惟簏，恰可受三人负流，迅石锐患复叵测，今议仿渔梁故事，每滩高且狭处各为一梁。"清康基田《康熙二十七年修徽州渔梁坝潴水灌田》云："徽地多山，农田因山为塍，资水灌溉，然地峻如建瓴，水下泻不能停，惟有筑坝障水一法。徽州渔梁坝之修以此也。"渔梁坝对徽州而言非常重要，具有潴水灌田的功能。徽州的兴衰在一定程度上与渔梁坝密切相关，"相传水厚则徽盛，水浅则徽耗费"。清朱廷梅《重修渔梁坝记》载："夏秋暴涨，水怒流，冬春之间水则涸，无复停蓄，郡日涸耗，……弘治间，郡守出帑钱即故址重砌石凡九层，蓄水二三里。"渔梁坝建成之后，既能减缓水势，又顺势泄流。丰水期可以将多余水量储存，枯水期为农田提供灌溉之水。

（2）历史沿革。

渔梁坝建于隋代，越国公汪华徙新安郡治于歙县，在渔梁坝上"惟以木障水而已"截流，以利防御和水上军需民运，这是渔梁坝最早的雏形。南宋嘉定辛巳年（1221年）郡守宋济"聚石为坝"，甲申年（1224年）秋，郡守袁甫主持重修，"易以大石"。到了明弘治十二年（1499年），徽州知府张祯主持修建时采用"垒石其上，顺流栉比，而两甃之。当不立交，纳锭于凿以为固，参和灰沙于内以为密"，"顺流栉比"的砌筑原则和"纳锭于凿"的条石砌筑技术一直沿用至今，但"参和灰沙于内"技术使其易受到河水的冲刷。明弘治十四年（1501年），知府彭泽命通判陈理督工重修，"尽去坝心灰沙，表里皆甃方石，并节为梯级，俾水过坝斜平而下"，渔梁坝成为全部用红砂岩砌石的重力滚水坝。隆庆、万历年间两度重修。清康熙二十六年（1687年），知府朱廷梅主持重修，将红砂岩红石改为花岗岩石材，"凡叠十石，中立一柱，左右相维"，并"洒为三门，层级而下，以时停蓄众流"。乾隆三十七年（1772年）及光绪三十一年（1905年）又两次对渔梁坝进行维修。新中国成立后，在清康熙年间重修的基础上，又组织力量按原型制、原材料对渔梁坝进行了多次修缮。

（3）工艺技术。

历史上渔梁坝屡废屡坏，徽州人不断改进渔梁坝的建筑材料和技术，比如渔梁坝从木材的使用，到沙砾的使用，最后全部用石制的材料。自唐代渔梁坝为"以木挡水"的木坝，宋代袁甫叠石为坝，一直到南宋中叶均

渔梁坝（二）

渔梁坝（三）

是"立栅聚石"的结构，明代是逐步完善到"顺流栉比"和"纳锭于凿"的条石砌筑方法，以及"尽去坝心灰沙，表里皆鳌方石，并节为梯级。俾水过坝斜平而下"的施工工艺，到了清代，将红砂岩条石改为花岗岩石材，出现"凡叠十石，中立一柱，左右相维"的建造形制。至此，渔梁坝结构形制基本完善。现存的渔梁坝结构特点是，断面呈不等腰梯形，下游边坡十分平缓。坝面偏南设置3道水门，即泄洪道，并由北向南渐次低落，以调节流量。坝身为石砌，面石用花岗岩，条石之间用石燕尾锁、石键等连接，竖向则立石柱，以增加上下层之间的结构强度。坝址砌水平条石，类似护坦做法，并有护齿，即护坝脚短石桩。

渔梁坝建成之后，上游水位升高，有利于农田灌溉和防洪，保障了练江两岸堤岸安全。同时，过去坝上可扬帆至岩寺、绩溪、屯溪等地，下游可入新安江，船只直抵杭州，是古代歙县唯一的水路，为当时徽商走向全国作出了卓越贡献。

渔梁坝（四）

　　渔梁坝的修建史反映了我国古代滚水坝建筑技术的变迁，是研究我国水利工程历史的经典案例，也为徽州地区的水利航运及经济发展发挥了积极的推动作用。正是由于科学的建造形制及其稳固的结构，渔梁坝至今依然发挥着重要的水利功能，具有较高的科学、文化及艺术价值。

1.4.13　浙江浦江"水仓"群

　　水仓，又称溪井、闷塘、匣、水孔等，是指部分山区在溪底筑坑储水的水利设施，水仓的修建历史可追溯至宋代。水仓群位于浙江省金华市浦江县，目前，浦江县较完整的水仓有100余处。其中，位于浦江县岩头镇刘笙村的水仓有20处，数量居全县第一。目前，浦江水仓正在申请世界灌溉工程遗产。

　　（1）修建缘由。

　　浦江水仓群的出现，与当地自然地理条件有很大关系。浦江位于浙江省最大的盆地金衢盆地，境内钱塘江支流浦阳江流过，河床潜流水资源丰富，相较地表径流更为稳定。在科技不甚发达的清代，浦江人基于生产生活用水需求，充分利用当地自然条件，创造性地发明了这一水利灌溉系统。俗话说，"一仓水一年粮"，水仓一直是当地重要的农业灌溉用水来源。

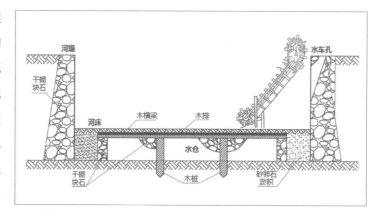

水仓结构示意图

（2）工程概况。

水仓分有盖与无盖两种。坑内用松木垒砌成"井"字形，下宽上窄，面上用松木覆盖，有的用块石干砌，以条石覆面，防止河沙淤积。这种被专家称为"立体化"复合灌溉体系，是当地以前重要的农业灌溉水源。在极端干旱年份，打开水仓，架设水车，进行提水灌溉。大者可灌田数十亩，小的也能灌田5亩左右。

无盖溪井（溪岸）

溪井内部结构实景

浦江水仓具有山区丘陵、河流源区非常典型的传统灌溉特点，其独具特色且多样化的地下水灌溉工程体系将进一步拓展世界灌溉工程遗产类型。

1.4.14　云南昆明松华坝

松华坝位于云南省昆明市东北盘龙江上游出山口处，是古代无坝引水的灌溉和供水工程，由云南首任平章政事赛典赤·赡思丁和劝农使张立道主持兴建。

（1）历史沿革。

松华坝始建为土坝，盘龙江经坝分为两条干渠引水，取名金汁河，东行30余千米，入滇池，当时灌溉面积号称万顷。明清两代不断经营，工程日臻完善。明景泰四年（1453年），把下游堰坝改建为石闸，这就是南坝闸。明成化十八年（1482年），又对南坝闸、渠加以疏浚，灌田数万顷。沿盘龙江、金汁河建设多处引

松华坝水库（一）

水涵洞。闸坝等各级分水工程。与滇池水系的银汁、宝象、马料、海源等4条河流上的堰渠互相串联，灌排配合，成为昆明一带主要灌排水系，统称昆明六河水利。金汁河进水口原为木闸，经常冲坏，维修工程量大。明万历四十六年（1618年）云南府水利道朱芹改建渠首，修石闸，称松花闸。闸口高一丈余、长三丈、宽一丈七尺，采用叠梁闸门，启闭方便，提高了控制引水能力。

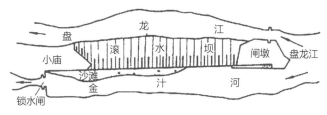

松华坝渠首枢纽平面结构图

清雍正七年至十年（1729—1732年）鄂尔泰对流入滇池的6条河流进行疏浚、修堤、建闸。明清两代松华坝由水利道主管，有岁修制度，经费由省库拨出。明末清初及咸丰、同治年间，松华坝多次因战乱而破败，战乱后立即着手重新恢复，在昆明一带农田灌溉中已居于重要地位。1946年，在松华坝上游约7千米处修建混凝土

松华坝水库（二）

坝，名谷昌坝，由挡水、溢流、泄水底孔组成，成为松华坝反调节水库。新中国成立后，人民政府更加重视水利建设，1951年将原大闸的木闸枋改换为铁闸；1959年在松华坝原址重建拦河坝，为土料心墙砌石护坡，坝高47米，坝前形成库容为6700米^3，谷昌坝由此失去作用。1966年、1976年又相继改建，增开了溢洪道、非常溢洪道，成为具有城市供水、灌溉、防洪等综合效益的水利工程。

改革开放后，政府更加重视松华坝的工程地位，松华坝水库加固扩建工程于1988年开始动工，1995年完成。松华坝水库经过加固扩建，建筑物等级提高，枢纽建筑物设计标准为500年一遇洪水，校核标准为可能最大洪水，防洪库容为1.18亿米^3。城市防洪标准从20年一遇提高到百年一遇，并实施"松滇联合调度"方案。松华坝水库以城市供水为主，供水量占城市供水总量的70%，丰水年达1.5亿米^3。农灌由盘龙江上五级提水泵站，抽滇池水灌农田和蔬菜5万多亩，水库自流灌溉2.7万亩。

（2）工程特点。

松华坝坝址选择得当，坝基是玄武岩层，非常坚固，被称为"豪钥"。始建于元代的松华坝早已不复存在，经过历代整修的松华坝成南北向纵卧河心，钱凤娟在《消失的阡陌》中指出，"状如一柄巨大的石剑，剑体全长七十余米，剑头朝北，将奔流了数十公里的北山来水一分为二，东为金汁河，西为盘龙江，这种顺势而为的大坝减小了流水对坝体的冲刷力。大坝南部为滚龙坝，长50余米，宽20余米，呈东西向斜坡状，东高西低，坡度25°～30°，其作用是雨季发大水时将金汁河多余之水宣泄入盘龙江（洪水漫过坝顶），它维护的是位于坝体东侧的金汁河锁水桥，此桥又称蒙源桥孔，桥洞内设石闸控水。大坝北部为墩台，其平面状如圆锥体，锥体的基础部长宽各20余米，较滚龙坝高出3～4米。墩台的两侧为分水闸塘，上有闸枋，视金汁河水之需而启闭闸门。锥体尖部称鱼嘴，鱼嘴之上有石雕龙头，故又称龙嘴，起分水作用。松华石坝看似结构简单，然而功效奇大，它拦截的山泉以百千眼计，组成的灌溉网络覆盖省坝（昆明坝子）之半"。

现代松华坝水库最初的功能是防洪和农业灌溉。随着昆明市的发展，1990年后，松华坝水库主要功能转变为城市供水，2003年后，又停止农业灌溉，成为昆明市城区主要的饮用水源。

1.4.15　台湾彰化八堡圳

八堡圳是位于台湾省彰化县浊水溪上的引水灌溉工程。"堡"，原为"保"，为清代行政区域名称，略同现在的乡镇。日本人则称为堡，因此八保圳遂改称八堡圳。圳指灌溉用的水渠。因灌溉彰化县属东螺东堡、东螺西堡、武东堡、武西堡、燕雾上堡、燕雾下堡、线东堡、马芝上堡等八堡地区，故名八堡圳。八堡圳是台湾历史上第一座大型水利工程，一般将八堡圳与台南县的通埒圳和新竹县的隆恩圳，并称为"台湾三大古老埤圳"。

（1）历史沿革。

八堡圳始建于清康熙四十八年（1709年），由施世榜筹款兴建，故原名施厝圳；又因取浊水溪之水灌溉农田，故又称浊水圳。八堡圳建成后，清康熙六十年（1721年）员林坡黄仕卿筹资建圳，在八堡圳进水口下游拦水引取浊水溪水流，灌溉十五庄地，名十五庄圳。清光绪二十四年（1898年），八堡圳被洪水冲毁，经地方政府修复后归为公有。1901年，日本人颁布《台湾埤圳规则》，将八堡圳被认定为公共埤圳。1923

八堡一圳取水口

年，归并庆丰、大义、义和、同庆四圳为八堡圳水利组合，作为一个灌区进行管理和维修。1925年，对八堡圳进水口进行改建，设置钢筋混凝土制水门6座，排水门1座。自1963年起，台湾地区水利局将渠道全线以混凝土衬砌。1990年，在浊水溪畔的南投县集集镇实施集集共同引水计划，拦河取水，同时供应浊水溪北岸的八堡圳和南岸的云林等地的农田水利会及塑胶厂用水，以解决工业用水与农业用水的矛盾冲突。八堡圳为今彰化农田水利会所管辖。

（2）工程特点。

八堡圳在浊水溪上筑有截水堰。其筑法是用藤扎木扎成上宽下窄的木笼，木笼中间用大小石块充填，然后叠砌成堰，再打入木桩固定。竖笱是用于水流稍缓处，其规模稍小，构造也比较简单，外部为卵石块，内部以石砾或土砂填塞。在石砾或土砂间，每隔2尺左右，填以菜草，用来防水。

八堡圳至今仍在发挥作用，已被列为台湾全岛第四大灌区，附近还修建了八堡圳公园。

1.4.16　台湾彰化曹公圳

曹公圳位于台湾西南部高雄平原，清道光十七年（1837年）由凤山县（今高雄市）知县曹谨在高屏溪上主持兴建。曹公圳是清代台湾省唯一的官修水利工程，为高雄境内第一大圳，也是台湾岛内最大的农田水利灌溉工程。

（1）历史沿革。

清道光十七年（1837年），"凤山平畴万顷，水利未兴，一遭旱干，粒米不艺"，曹谨观察河溪水势，根据高雄境内下淡水溪自北向南流过，流量大，于是"集绅耆，召巧匠，开九曲塘，筑堤设闸，引下淡水溪水，以资灌溉，为五门，备蓄泄"，工程于道光十八年（1838年）竣工。从九曲塘南支水门引水入圳，沿途兼纳总舍、考史、小草、大湖四陂及龟仔潭等水，向西南行，中途经武洛塘，下注红毛港堰，干渠长13.5千米。下有15条支渠（左5支、右10支），开圳44条，全长130多千米，灌溉31000余亩。台湾知府熊一本将渠堰命名为"曹公圳"。道光二十年（1840年），贡生郑兰、附生郑宣治在曹公圳之下又开一新圳。曹公新圳从九曲塘北支水门引水入圳，沿途兼纳湖底、仙草埔、新陂内等三沟，向西北行，途经国公厝、嘉棠两陂，注入下草潭，干渠长7.5千米。下有10条支渠，下又支分46条圳，灌溉22000余亩。冬季水量不足，仅够灌溉低处农田。到夏季时洪水往往将堰冲毁，作物只能凭借雨水生长。1919年，台湾制糖公司在旧圳圳头装置2台200匹马力❶的电动机；同年台湾水利公司在新圳圳头装置2台100匹马力的煤气机，这是台湾使用大型抽水机的最早记录。

曹公圳（凤山曹公庙附近）

（2）工程特点。

曹公圳工程具有四个特点。

1）筑坝拦水入九曲塘，再分水南北两支至旧圳和新圳，在九曲塘开挖退水渠，避免汛期水量过大，损坏圳道，造成水灾。

2）在下淡水溪采用"草埤法"筑坝，即在竹桩或木桩间填以草土。因为下淡水溪溪底为沙土，地基松软，承载力小，不适宜用石笼筑堰。曹公圳于每年12月在圳头所在的下淡水溪上筑草土堰截流，使溪水流入溪旁洼地九曲塘，从塘再分南北两支分别流入旧圳和新圳。

3）将下游陂塘连入圳的干支渠，使陂渠串联，以调节水量，提高灌溉效率。

4）曹公圳初建时，已修有测量圳中水位高低的水则碑。引水入城，在县署建观水亭，"水之消长，一望可知"，观测圳中的水位，以推测水量。

曹公圳的修建使凤山县成了台湾地区的粮仓。时至今日，曹公圳依旧发挥着重要作用，除了农田灌溉，对于整个灌区补充地下水、涵养水源、防止海水入侵及土地盐碱化都起着十分重要的作用。

1.4.17 浙江鄞县东钱湖

东钱湖，又称钱湖、万金湖，位于今浙江省宁波市鄞州区境内。唐天宝年间（744年）鄮县县令陆南金率众修筑堤坝，此后王安石、李夷庚、吕献之等历代地方官除葑清界、增筑设施，使之成为综合利用的水域。东钱湖是浙江省最大的内陆天然淡水湖，2012年被列为国家湖泊生态环保试点，2016年被批准为国家水利风景区。

---

❶ 1马力≈0.735千瓦。

东钱湖（一）

东钱湖（二）

（1）历史沿革。

唐天宝三年（744 年），鄞县县令陆南金将东钱湖西北部几个山间缺口筑底连接，形成人工湖泊。北宋时期进行了4次大规模的修筑，使水利设施渐趋完善，灌区面积也显著增加。宋天禧元年（1048年），鄞县县令王安石组织民众，补废完因，订建湖界，疏浚水道，"起堤堰、决陂塘、为水陆之利"。宋嘉祐年间（1056—1063年），主簿吕献之重修六堤，即令之方家塘、高湫塘、梅湖塘、粟木塘、平水堰及钱堰塘。宋淳熙四年（1177年），知县姚枟复请浚湖，时皇子赵恺镇明州，乃转请于朝，出内帑金 5 万贯、义仓米 1 万石，又差拨水军协助，地方上按受益田亩出人夫、工具，并由司马陈延年、长史莫济督办，东钱湖遂得大浚。宋嘉定七年（1214年），提刑程覃采用募民除葑的方法，"用官缗钱置田千亩，岁收谷两千四百余石，分顿近湖僧寺中，每岁农隙，募民剃取淤葑，计船大小、地远近、葑多寡数，酬谷有差"。宋宝庆二年（1226年），庆元知府胡榘报请朝廷浚湖，先修治碶闸，再将湖水放入河道，清除湖中葑草，这次治理取得了较好的效果。自南宋以后，东钱湖就不断遭到围垦，元明时期，围湖造田愈演愈烈，造成了严重的湖面淤塞，东钱湖不曾大举疏浚。清光绪十八年（1892年），绅耆陈劢等拟筹捐疏浚，向府台呈文建议修湖。光绪二十年（1894年），绅商张善仿等禀道府，希望先疏浚钱堰、梅湖最浅之处，逐渐推广，视款之多寡量力兴修，先收得寸进尺之效，使全湖疏浚渐可成功。光绪三十年（1904年），鄞县监生忻锦崖在三县绅耆的支持下，向商部禀陈，要求代奏开湖溉田，以防灾旱。民国2年（1913年）由镇海富商陈协中捐以巨资，于湖上青山寺设立水利工程局，先浚梅湖，后及全湖，历时3年。新中国建立以后，1951—1976年，多次整治东钱湖，发数以千计人力，投入巨资、清除葑草、全面修理湖塘、堰坝、矸闸，清理湖界，兴建了铜盆大闸、邱洪闸、界牌闸，加高湖塘，大大增加了东钱湖的蓄水量。1978年在湖中修筑一段新堤，新堤自陶公山的曹家村起，至上水村，全长2.5千米，中间设两座桥闸以通水通航。

东钱湖是宁波重要的水利工程。东钱湖全湖分为三个部分：西湖以师姑山、笠大山为界，称"谷子湖"；东北以湖里为界，称"梅湖"，此湖已于1961年废湖，建立梅湖农场；其余湖面称为宁波东钱湖"外湖"，外湖自1976年建成湖塘边后，又分为南、北两部分。三者合起来统称为东钱湖。环绕东钱湖有七堰九塘：七堰是钱堰、梅湖堰（废）、粟木（废）、莫枝堰、平水堰、大堰、高秋堰；九塘为梅湖塘、梅湖堰塘、粟木塘、莫枝堰塘、大堰塘、平水塘、钱堰塘、方家塘、高湫塘。东钱湖水灌溉鄞县、奉化、镇海等8个乡50余万顷农田，使环湖农田岁岁丰登。

（2）历史文化。

东钱湖有着深厚的历史文化底蕴，被称为钱湖文化。春秋时越国大夫范蠡隐退后携西施避居东钱湖畔伏牛山下，草耕商营、富甲天下。至近现代，"五口通商"对外开埠，孕育了叱咤风云的宁波商帮的商文化，还有

东钱湖（三）

佛文化。天童寺为佛教禅宗五山之一，至今已有1600年历史，在日本和东南亚各国影响很大；阿育王寺为中国佛教"中华五山"之一，至今已有1700多年历史。有官文化，东钱湖历史上官政勤廉、儒学相长、风气清新。在中国石刻史上，东钱湖南宋石刻以造型准确、形体动作多样、表情生动而著称。近现代时期，生物学家童第周、书坛泰斗沙孟海、画家沙耆更为东钱湖人文典故抹上亮丽的色彩。

东钱湖水利风景区属于城市河湖型水利风景区，景区资源优势特色明显。现有"戏子风韵、太湖气魄"的钱湖水景，"八塘六堰五闸"的水利设施，南宋古石刻、古寺庙、宗祠，以及韩岭老街、陶公老街等历史文化资源。

1.4.18　河南鹤壁天赉渠

天赉渠渠首位于河南省鹤壁市淇滨区大赉店村西淇河左岸，始建于1915年，是由袁世凯和徐世昌等人发起在淇河兴建的最大的水利自流灌溉工程。因渠源自淇河，位于淇河西出太行后折向南拐弯处的大赉店村，取"周有大赉，善人是富"之意，且与天平渠并列，故命名为"天赉渠"。

天赉渠

（1）修建缘由。

袁世凯任中华民国大总统后，为"恩泽乡里"，于1914年计划修复彰德天平渠。袁世凯的幕僚徐世昌认为淇河底坚流清、不易淤垫，灌溉农田更为有利，建议引淇水作渠，于是委托通晓水利的谢仲琴到淇河实地考察，认为修渠动议切实可行。

（2）历史沿革。

民国4年（1915年）春，袁世凯资助银元46400元，徐世昌、张镇芳各出6000元，天赉渠动工兴建。谢仲琴任总设计师并负责组织施工。在浚县西大赉店、钜桥一带修建引淇河水自流灌溉水利工程。徐世昌在《天赉渠记》记述了施工情况："大赉店西南有座湾，水湍激，阜高二十六尺，长三百尺弱，横大赉店前可二里，掘地八尺多，石渠之工于是为大。再东岸高十尺，易工作。去岸八里，地益平衍，又南流至钜桥镇西，又十里马公堂寨，复北，旋西折，复入于淇渠。"渠道干线出大赉店折向东南，经崔庄、靳庄东向南经钮庄村西至马公堂村北入淇河，全长20千米。1916年春，天赉渠正式竣工通水。竣工后，特请琅琊（今山东临沂）人王彦宝绘《天赉渠图》，徐世昌题字。天赉渠的兴建是民国时期浚县水利史上的重要成就。新中国成立后，多次对天赉渠维修和扩建。1956年，人民政府新开挖棉丰渠（天赉渠一支渠），渠长7450米，其中地下凿洞800米，使大赉店以东不易凿井的旱地变为水浇地，由此天赉渠灌区灌溉面积增至7万亩。1957年春，浚县开始对天赉渠进行全面改建、扩建，将两条干渠裁弯取直后合并成一条，渠长18.4千米。1977年拓宽天赉渠干渠，1994年，护城河开挖，护城河是天赉渠城市水系的重要组成部分。1999年，对棉丰渠进行改扩建，进行沿渠景观建设。至此，在天赉渠基础上开挖的几条支渠共同组成了城区水系网络，承担着城市景观、排涝和灌溉功能。

天赉渠自建成以来，已有一个多世纪，仍发挥着作用，为鹤壁农业增产增收和灌区引水回补地下水发挥着重要作用。

淇河

1.5　拒咸蓄淡工程

我国东南沿海地区，地势平坦，潮汐差大，河流常受海水咸潮的倒灌，引起土地的盐碱化，严重危害农业生产的进行；同时也需要排泄内水或储蓄淡水。因此，在沿江沿海地区修建堤防水利工程，多由堤塘、闸坝与渠道组成，以闸或坝临海的一面挡潮，另一面通过闸门蓄水、排水控制水流，称之为拒咸蓄淡工程。

唐宋元时期，随着沿海地区农业开发的加快，海堤工程系统建成。为隔绝海潮的入侵、使内河咸淡分离，并蓄积淡水供给农田灌溉用水，在众多的通海溪河上相继修建堰闸，以拒咸蓄淡。拒咸蓄淡工程是我国东南沿海地区创建的特殊灌溉工程类型，反映了水利科学和技术的发展程度，集中体现了水利规划、建筑、工程结构和材料的综合水平。其中工程选址尤为重要，挡水闸坝深入内地纵深太多则工程的拒咸作用不大，离海过近则海潮对工程的破坏作用太大。另外，这类工程受海岸线变迁的影响大，随着滩涂向外延伸，工程的作用逐渐降低。另外，工程对施工技术和工程材料要求较高，且蓄淡水源多是山溪汇流，常要考虑排沙、清淤设施，以防工程淤积。

1.5.1　福建莆田木兰陂

木兰陂位于福建省莆田市城厢区霞林街道木兰村，木兰溪下游感潮河段，距出海口26千米，全长219米，建成于1083年，是具代表性的拒咸蓄淡灌溉工程，也是中国现存最完整和最具代表性的古代水利工程之一，被誉为福建的"都江堰"。1988年被国务院批准为全国重点文物保护单位，2012年获评为省级水利风景区，2013年被评为国家水利风景区，2014年被列入首批世界灌溉工程遗产名录，2021年福建莆田木兰陂水利风景区拟入选第一批国家水利风景区高质量发展典型案例重点推介名单，2022年获评首届国家水利风景区高质量发展典型案例。

（1）历史沿革。

木兰陂始建于北宋时期，长乐人钱四娘、林从世分别在将军岩、温泉水口等段建陂，但因选址不善等原因，工程均告失败。宋熙宁八年（1075年），福建侯官人李宏邀请精通水利的高僧冯智日到莆田筑陂，妥善解决了坝址选择、工程设计和施工质量等一系列技术问题，最终筑成木兰陂。筑陂成功后，人们开凿了大小不同的116条沟渠，灌溉南洋平原上的万顷良田，"岁得军储三万七千斛"。木兰陂建成之后，受到洪灾、潮灾的长期侵袭和地质影响，人们不断整修和加固，才使木兰陂保留至今。两宋时期，对木兰陂的修缮有6次之多。如宋绍兴二十八年（1158年）"水失故道，由北而东奔重渊"，县丞冯元肃组织修复木兰陂，历经艰险，"日夜从事，九旬而成"。元代两次整修木兰陂，一次是至元十八年（1281年），达鲁花赤八哈的牙组织民工，为木兰陂"增叠石一叠，植久柱五根"，另一次是至元二十八年（1291年），廉访使者张孝思组织修复南洋海堤。明洪武八年（1375年），兴化府通判尉迟润进行了修缮陂体、修复堤岸、重设斗门、疏浚沟渠等工作。明永乐十一年（1413年），又改一石板闸为木板闸，按时启闭，以水流冲沙，解决了泥沙淤积的问题，称"脱沙斗门"。清代，对木兰陂的修缮达12次之多。新中国成立后，成立了专门的管理机构，并对工程进行了整修、配套和扩建。1961年，将保护灌区的南北洋海堤87千米中的34千米改建为石堤；1999年，莆田市委市政府启动木兰溪下游防洪工程建设；2010年，在实施二期霞林段防洪工程建设中，对木兰陂主体进行保护性加固等。

木兰陂（一）（刘礼文　摄）

木兰陂（二）（刘礼文　摄）

119

（2）工程特点。

木兰陂由陂首枢纽工程、渠系工程和堤防工程等3部分组成，工程设计具有排水、蓄水、引水、挡水、灌溉的综合性功能。修建过程中运用了大量当时最先进的营造手法和技术手段，施工过程极为严谨。陂首枢纽工程由拦河坝、冲沙闸、进水闸和导流堤等组成，充分考虑了木兰溪水的流量特征，结合拦堵与疏通，以顺应水势，降低水流对工程的冲刷力度。

拦河坝全长219.13米。靠北岸为滚水重力坝，长123.13米；南岸段为溢流堰闸，长95.7米；设有堰闸28孔，冲砂闸1孔。导流堤分南北导流堤，南导流堤长227米，北导流堤长113米。渠系工程全长355千米，设计分为南洋渠系和北洋渠系，其中南洋长200千米，北洋长155千米。南洋渠系由南进水闸回澜桥引水而出，正常流量为11米^3/秒，分为大沟7条，小沟105条，灌溉南洋平原；北洋渠系由元代建于木兰溪北岸的北进水闸万金陡门引出，并与延寿溪相通，灌溉北洋平原。堤防工程始建于唐代，位于木兰溪下游兴化湾畔，以木兰溪为界分南堤、北堤，全长87.48千米，具有防洪、挡潮、排涝等多种功能，是保护莆田南北洋平原的重要防洪屏障。

木兰陂的整体工程设计环环相扣、相互补充，取代传统功能较为单一的水塘，使莆田平原的开发速度大大提高。

木兰陂历经后世修整，至今已有900多年，仍发挥着排、蓄、引、挡、灌等综合水利功能，保障着灌区内几十万亩良田的灌溉及工业用水、生活供水，同时还兼有交通运输，水产养殖之利，具有较高的历史、科技、文化和景观价值。木兰陂承载着极丰富的人文价值，包括钱四娘英雄文化、后续建陂者治水精神、当地十四家功绩传承、历代修缮碑刻传记和木兰溪水文化等。

北宋治水英雄钱四娘像（刘礼文 摄）

1.5.2　福建福清天宝陂

天宝陂位于福建省福州市福清市龙江街道观音埔村，是闽东地区现存最古老的集引水灌溉、排洪排涝和蓄淡拒咸于一体的大型水利工程，同时也是中国现存最古老的拒咸蓄淡水利工程。2001年公布为第五批福建省文物保护单位，2016年被列入首批福建省水文化遗产，2020年入选世界灌溉工程遗产名录。

（1）历史沿革。

唐天宝年间（742—756年），长乐郡刺史高璠带领百姓，在龙江河畔、五马山麓，工匠们用竹笼拦水，筑木成桩，采山石围堰，砌高陂横江截流，历载建成。历数载建成堤坝，命名为天宝陂，使龙江之水泽被两岸黎民。宋大中祥符五年（1012年），知县郎简主持重修天宝陂，改称"祥符陂"，后为洪水所毁；熙宁五年（1072年），知县崔宗臣鸣鼓兴筑，有不至者则罚之，圳长700余丈，灌溉田园千余亩，后又毁；宋元符二年（1099年），知县庄柔正"尝谋改筑天宝陂，故听讼陂旁大树下，兼以董役"。他规定"令投牒者人负一石，理之曲者以石为罚。不数月，陂成。名之曰元符陂"。他的筑陂技术有了显著改进，"陂石皆镕铁以锢之，至今为百世利"。搬到天宝陂旁大树下审案，败诉者，罚其搬石修陂。以铁汁固其基，广十丈，灌溉龙江街道霞楼村至海口镇梧屿村之间十洋之田。直至明洪武二十四年（1391年），按察使佥事陈灏又募众重修；明万历年间（1573—1619年），周大勋、周文遴父子分别奉知县欧阳劲和王命卿之命，先后重修天宝陂。清咸丰十年（1860年），天宝陂被洪水冲决，后修复并改名"咸丰坝"。民国34年（1945年），福清成立十三洋水利协会，重修天宝陂，在决口处抛筑块石，修好陂坝，提高了灌溉能力。

新中国成立后，人民政府对天宝陂重修加固拦河坝，将大坝外坡改为浆砌条石滚水坝。1950年，成立以时任县长李毅为总指挥的修坝工程指挥部，国家拨款修复了天宝陂渠道灌溉工程，溉田8000亩。1951年，成立天宝陂水利管理委员会，配备专门管理人员，加强对天宝陂的管理养护。并在1973年、1983—1985年进行重修；1986—1990年，对大坝进行水泥固结灌浆，打孔84个，总长155米，并对沿岸堤案进行维修加固，从而使工程建筑更加完善。2009年，福清市政府再次重新整修天宝陂。千百年来，历朝历代治水者励精图治，修建、维护天宝陂水利工程，在唐宋时期就形成岁修制度，唐、宋、元、明、清、民国直至现代都保持修缮。

（2）工程特点。

天宝陂由拦河坝、泄洪闸和进水口等三大建筑物组成。为抵御洪水和海潮的冲击，天宝陂坝轴线顺水流方向凸出成拱形，与河道针交，在右岸处形成漏斗状，右岸的取水口位于漏斗嘴，不仅调整了河道水流，而且增加了坝体轴线长度，有效减轻了坝体受洪水冲击及坝脚受海潮上溯的压力。这种设计理念可谓是近现代鸭嘴堰、异形堰等长轴线堰坝的鼻祖。坝体主要为条块石所砌，呈东西走向，现存陂首坝底呈台阶式结构，坝长289米，高3.5米，其中150米为唐至明代所修的旧坝，集雨面积85千米^2；通过铁汁固基方式，将坝基连接在一起，用俗称"将军柱"的石柱支撑坝体，有效解决了坝基和坝体结构牢固问题，加强了坝体抵御洪水的能力。天宝陂选址在弯道下游河势较高处的赶潮断面上，扼守着龙江的水势，由于上游有足够的集雨面积及水头，可拦蓄淡水，抵御咸潮上溯，起到了拒咸蓄淡的作用。同时，利用弯道环流原理，使水沙分离，引清水自流灌溉，灌溉渠道主要包括天然土渠、天然石渠和硬化渠等。引水闸位于陂右岸，高2.3米、宽1.5米。

千百年来，天宝陂发挥着蓄水、引水和灌溉的功用，使福清大面积农田得以旱涝保收，为福清农业灌溉、城市发展作出了突出贡献。

1.5.3　浙江宁波它山堰

它山堰位于浙江省宁波市海曙区鄞江镇，是甬江支流鄞江上修建的蓄淡拒咸引水灌溉枢纽工程。唐太和七年（833年）由县令王元暐创建。1982年被评为鄞县重点文物保护单位，1988年被公布为第三批全国重点文物保护单位，1994年被宁波市评为旅游新十景之一和德育、教育基地，2015年入选世界灌溉工程遗产名录。

它山堰（一）

（1）历史沿革。

唐太和七年（833年），鄞县县令王元暐开始修建它山堰引水工程，历时3年完工。它山堰建成后，历代都注意维修。两宋时期多次对它山堰进行过加高、加固的整修工作。宋建隆年间（962年左右），因堰损，水不入渠，节度使钱亿加以修复。宋建中靖国元年（1101年）左右，它山堰上沙淤，水流散漫，堰身渗漏，盐船坊唐意、宣议郎龚行修、承议郎张必强先后对它山堰进行了修复。宋嘉定七年（1214年），程覃代理县令，因堰上沙壅水滞，特捐田40亩，委乡中强干之人，掌其租入作为役夫工资，组成掏沙疏浚机构，对堰上堰下的河道进行常年疏浚。宋淳祐年二年（1242年），郡守陈恺为防内港淤积，于它山堰西北150米处建回沙闸。宋宝祐年间（1255年左右），刺史吴潜置三坝于鄞江镇东（距堰里许），一濒江、一濒河、一介其中。明嘉靖十五年（1536年），县令沈继美用石板置立堰口，即现存堰上游面的竖立石板，用作防渗制漏，外面用方石柱加固，并加高一尺，疏浚迴沙闸，减少了渠道淤积，增加了引水。清咸丰七年（1857年），巡道段光清捐资重修。中华民国3年（1914年），鄞耆绅张传保在堰上清淤沙以通水道。

它山堰水坝

新中国成立后，人民政府多次对堰体进行修缮。1986年冬，鄞县水利局鄞江水利枢纽工程指挥部整治南塘河上游光溪时，大面积疏浚了它山堰上游河道，拓宽引水河面，砌筑防洪石堤。1987年，新建洪水湾排洪闸。1995年，对它山堰堰体进行整修，在堰前3米范围内浇筑混凝土防渗面板。1995年，它山堰进行防渗施工。

（2）工程特点。

它山堰水利工程由渠首枢纽、渠系工程和灌排控制工程及灌渠调蓄工程组成。它山堰系阻咸引淡的渠首工程。断截鄞江，上游樟溪水经此引流，一路入南塘河，经洞桥、横涨、北渡、栎社、石碶、段塘，经南城甬水门，注入日、月二湖，复经支渠脉络，供城市之需；一路北入小溪港至梅园、蜃蛟。两路水经支脉分流贯通鄞西平原诸港，灌溉7乡农田数千顷。堰设计周详，结构奇特，建造精密。"涝则七分水入与江，三分入溪……旱则七分入溪，三分入江"，内外河间、南塘河下游，筑乌金、积渎、行春三碶以启闭蓄泄。

它山堰是我国建坝史上最早的大型条石砌筑结构拦河滚水坝，长134.4米，面宽4.8米。它山堰在堰体布置和构造方面合乎现代科学理论：它山堰堰址选在河流出山处，流速较缓，地基坚硬，且又在潮区界附近，这样建堰后受潮汐涨落而引起的淤积影响会较小，可持久发挥堰的功能；对堰体基础进行了处理，它山堰堰体用长2~3米、宽0.2~0.35米的条石砌筑，左右各36级，每块条石重量可达1吨，并用铁样相连，从而增强了堰体的整体稳定性；条石上刻有花纹，起到防滑作用；它山堰的堰体倾斜度为5°，可以增加堰体的水平抗滑稳定性1倍以上；黏土夹碎石层用作水平防渗铺盖，可减少堰体下面沙砾石河床的渗漏；多级护理消能防冲方式，创造了古水利工程的奇迹；堰体采用变厚布置，目的是使沉陷均匀，以增大河床中央堰体的刚度；其独特的堰体施工技术与现代土力学理论相符，非等厚堰体设计能够有效处理不均匀沉陷，堰底斜向上游增加堰体抗滑稳定性，微拱设计增强结构稳定性；它山堰堰体之间采用糯米浆进行固定，并且沿用至今；堰体有较好的消能设施，堰身上下游面砌成台阶形，形成的梯形断面稳定性好。同时，溢流时有良好的消能抗冲性，堰下游护坦修成多级，采用逐级消能，符合近代水力学中分散消能的原理。

它山堰（二）

（3）工程价值。

它山堰历经1100多年风霜雨雪和洪水冲击，至今仍基本完好，继续发挥阻咸、蓄淡、排涝功能。它山堰工程建成后，灌区由原来洪水、咸潮侵袭之地变为旱涝无虞的农田，后续开挖的渠道将整个鄞西平原的水系很好地连通在一起，从根本上改变了鄞西平原的水环境，为区域农业和社会经济发展奠定基础；纵横的河网为当地塑造了良好的生态环境，形成生动的水文化景观；南塘河进入宁波市区后，汇成日湖、月湖，既保证了水源，也为宁波市增添了一道亮丽的风景线。

1.6　塘浦圩垸工程

塘浦圩垸工程可追溯至先秦时期，唐中叶以来发展很快，圩田技术也有较大提高，太湖及水阳江流域的圩田，五代北宋时期已大量发展。北宋以后，开始由长江下游向中游及珠江下游推广。

塘浦圩垸工程是一种土地利用方式，也是一种水利工程形式，通过开挖塘浦排除积涝，并兼有灌溉、通航等作用。主要分布在长江中下游、洞庭湖、鄱阳湖、太湖流域和珠江三角洲等滨江滨湖的低洼地区。这种水利工程在不同的地方有不同的名称，在太湖地区被称为圩田，在洞庭湖地区被称为圩垸，在珠江三角洲地区被称为堤围，也称基围。

塘浦圩垸工程是古代发展湖区和滨江地区水利的主要灌溉工程，这些地区后来都成为我国农业经济最发达的地区，这类灌溉型式起到了重要作用。从历史上塘浦圩垸工程的兴废沿革看，这种灌溉工程有如下主要特点。

（1）防洪排涝是这类工程的主要矛盾，因此，历代的圩垸建设都注重堤围的质量，保证闸门的蓄泄作用和圩垸内排灌渠系的通畅。

（2）合理规划圩垸，是保持长期水利效益的关键。历代由于豪强劣绅的乱围乱垦，造成了湖区和滨江地区的严重涝灾，宋代大肆围垦太湖的教训，明清围垦围洞庭湖的教训必须深刻汲取。

（3）加强对湖区和滨江地区水资源和水利工程的集中统一管理，是圩垸工程健康发展的基本保证。历史上湖区和滨江地区的围垦工程多是自发产生的，各自为政。宋代以后，封建政府曾多次加以干预。

1.6.1 太湖流域的圩田

在沿江滨湖和受潮汐影响的河口冲积平原，地势低平，汛期外河水位高于地面高程，自流排水条件差，易涝易旱，必须通过修塘筑堤来外御洪水、内除涝水。这类堤塘工程发展到一定规模，形成一定体系，便形成圩田。

（1）历史沿革。

太湖流域圩田的形成，经历了一个长期开发的过程。太湖流域圩田开垦的历史可追溯至春秋战国时期，吴、越两

古代圩田

国为了发展经济，曾在太湖流域筑堤断绝外水围田，《越绝书》记载，"苦竹城者，勾践伐吴还封范蠡子也，其僻居径六十步，因为民治田塘，长千五百三十三步""（吴）地门外塘波洋，中世子塘者，故曰王世子造以为田塘，长二十五里"。初级形式的围田开始出现。秦汉至南北朝时期，随着社会生产力的发展和水利条件的改善，太湖流域的圩田垦殖逐步进入开拓阶段。清《常昭合志稿》载，梁大同六年（540年），"低乡田皆筑圩，足以御水，而涝也不为患，以故常熟，而县以名焉"。由此可知常熟一带的塘浦圩田，约在南朝后期基本形成。唐朝中期以来，由于海塘、太湖湖堤的全线建成，太湖南部、东部、东北部众多塘浦泾河的开挖，使太湖下游平原从分散围垦向塘浦圩田系统发展，太湖地区发展成有规格布局的塘浦圩田。南宋以后，圩田发展到珠江流域及湖南、湖北等地。北宋时期为便利漕运，忽视水利设施建设而使大圩制解体，圩田大多分割成以泾浜为界的数百亩的小圩，并一直延续到后世。由于塘浦圩田长期废弃，逐渐被海潮、江水淹没，造成大量圩田无法使用。

元代《王祯农书》记载，圩田能"悍护外水，难有水旱，皆可救御"。元代开始着重治理吴淞江和淀泖湖群及通向吴淞江的各大浦，以疏导苏州、松江和嘉兴地区的积水，恢复圩田生产；在太湖东北部，浚治昆山、常熟诸浦等地注重旱地治理，设立督水营田使，负责督修圩田。通过这些措施，太湖地区的水利虽无较大改善，但不再继续恶化。

明清时期，太湖地区圩田向近山坡洼、河谷平原地区发展，人们在这些地区圈围筑堤、开沟撤洪、拦洪蓄枯，建闸蓄泄进行治理，其堤防均与山丘相连，在一面或三面临水之地筑堤，成为半封闭状的圩田。

新中国成立后，人口快速增长，耕地资源日趋紧缺，在开荒种地的同时，沿江沿湖地区开展了大规模的围湖造田活动，其中大部分建成了旱能灌、涝能排的圩田。基本做法是在浅水沼泽地带或河湖淤滩上围堤筑坝，将田围在中间，将水挡在堤外。圩内开沟渠、设涵闸，有排有灌，圩堤多封闭式，亦有两端适应地势的非封闭式。进入21世纪后，生态意识日渐深入人心，部分地区合理规划退耕还湖(河)，尽可能保护当地生态环境，以促进当地经济发展。

南浔河网圩田

（2）技术要点。

1）固圩。圩田的根本在于圩，圩是由土筑成的，长年受风浪侵蚀和雨水霖潦，因此，圩田的修筑及养护是延续圩岸寿命的保证。圩岸的施工要注重基础，取土方法一般是深挖塘浦与高筑圩岸相结合，或在圩内抽槽取土、就地取材，从工程方面加固圩堤。圩堤的护养一般采取人工与生物措施相结合的方式，在堤岸上种植各种树木，深植于堤中的树根勾络在一起，成为护堤的屏障。

2）排水。圩区内的渠道由于经常运用，时有淤积，因此，疏浚河渠是一项相当艰巨的任务。河渠担负着排、引、蓄、调、航运等多重任务，河渠通畅是圩区正常生产的重要条件。浚治河渠要求达到深、网、平的标准，干支并治。

3）滞蓄。利用圩内沟、河、湖、洼水面临时滞蓄由暴雨产生的涝水。在暴雨来临前，降低河网水位，以备滞蓄涝水，减少抽排流量。在建立圩内排水系统时，对原有湖洼水网不能随意废除围垦。在利用水稻田滞蓄涝水时，蓄水深度及蓄水时间以不超过水稻生育期允许的耐淹水深为限。

4）控制地下水位。当外河水位高于地面积水位时，降雨径流排泄不畅，必须采取措施降低或控制圩内地下水位。常用的是明沟排水和暗管排水，利用圩田内的末级固定排水农沟和配套的田间墒沟网，以控制地下水位。在水旱田分界处挖隔水沟，以拦截稻田渗水。

太湖流域圩田的开发与利用，使大量沿江沿湖滩涂变成了高产的良田，促进了太湖流域农业生产的迅速发展、水稻产量提高，使得江南的经济中心地位更为巩固。"苏湖熟，天下足"的民谚，反映了太湖流域农业生产在全国所占的重要地位，这种人工创造的乐土成为当地粮食生产的重要基地。

1.6.2 两湖平原圩垸

长江中游的两湖平原，以长江荆江段为分界，北称江汉平原，南称洞庭湖平原。圩垸指在河、湖、洲滩及滨海边滩近水地带修建围堤所构成的封闭性生产生活区域。圩垸的兴筑始于宋代，大规模筑堤围垦则发生在明清时期。

洞庭湖畔圩垸

长江中游的两湖平原，水网密布，湖泊众多。人们在江河两岸、湖泊周围筑堤防洪，进行围垦，逐步形成圩垸地区。一般认为，江汉平原的堤垸兴起于南宋中后期。石泉等认为江汉平原地区的垸田开发兴起于南宋时期，起源于孟珙为筹集军粮而进行的军事屯田活动，至迟不晚于南宋端平、嘉熙年间（1234—1240年）。

明《三江总汇堤防考略》记载："至宋，为荆南留屯之计，多将湖渚开垦田亩，复沿江筑堤以御水。"清光绪《湘阴县图志》记载，洞庭湖区"侵占湖地为田，盖自宋始矣"。其后至明后期与清中期分别达到饱和状态。明清时期洞庭湖围垦加速，明代中叶，这一地区已成为我国的一个新粮仓，有民谚曰"湖广熟，天下足"。到清代，洞庭湖的圩垸更加膨胀，据调查，"湖南滨湖十州县，共官围百五十五，民围二百九十八"，从而加剧了这一地区的洪涝灾害。据统计，明代以前湖区水灾每83年发生一次，明代后期至清末平均20年一次，到20世纪40年代平均每年一次。

清代前期洞庭湖圩垸增长极快，所谓"自康熙以来……小民就湖滩荒地，筑围垦田，逮及乾隆年间，湖滩淤地，无不筑围成田，滨湖堤垸如鳞"。康熙五十五年（1716年）、雍正五至六年（1727—1728年），均拨银六万两大修洞庭湖圩垸。当时雍正帝批语说："湖北之堤，御江救田，湖南之堤，堤水为田，湖北之堤或东西长数百里，南北长数百里。湖南之堤大者周围百余里，小者二三里方圆不一，星罗棋布，名虽为堤，其实皆垸。"清代中叶以后，提出洞庭湖的治理问题，并提出"废田还湖""塞口还江"等主张。但因要废弃大片良田，会影响长江洪水调节和江汉平原的安全，还会触及各方面的经济利益，因而都难以实行。可见洞庭湖圩垸的兴建是有利有弊的，后来由于盲目围垦，洞庭湖日渐缩小，圩垸内水系混乱，造成严重的洪涝灾害，形成"从前民夺湖为田，近则湖夺民以为鱼"的严重局面。

当时有官垸、民垸、私垸之分。到乾隆十二年（1747年），因圩垸太多，影响江湖蓄泄，常闹水灾，于是明令禁止再行围垦，并刨毁一些私垸。后10余年又重申禁令，并刨去私垸70处，至嘉庆道光时亦下令刨毁一些。但总体上增建多、刨毁少，如清道光十二年（1832年），又查出禁修的私垸309处，仅毁66处。禁令只是形式，圩垸有增无已。至光绪时，长江四口来沙已经逐渐淤出南县，随着淤积，圩垸也相应增多。

1.6.3 珠江三角洲基围

珠江三角洲是由西江、北江、东江注入珠江时冲积而成的三角洲。基围工程的方式和太湖圩田、洞庭湖圩垸类似，也是一种筑堤围田的工程。三角洲基围主要分布在珠江三角洲和韩江三角洲的滨海滨江地区，随着泥沙成陆的推进、人口的增长、经济水平的上升和技术水平的提高，基围建设逐步由上游推及下游，由分散小围合并为坚固大围，由河岸平原拓展到滨海沙滩。

珠江三角洲的围堤围垦起步较江南地区为晚，这是因为唐以前该地区人口稀少，沿江、沿海地带居民的生产生活多在丘陵台地。直到汉代，在珠江三角洲地区才开始了筑堤垦田。

唐代时，珠江三角洲已发展到外海、甘竹滩、马宁、桂州、沙湾、麻涌、道滘一线以上，为捍卫居民点和已垦农田，可能已筑有零星的基围。

宋代，珠江三角洲的基围开始出现。北方人口大量南迁带来了长江下游江南地区围垦经验，加上宋王朝推行一系列重农桑、奖垦田的政策，促使基围迅速发展。针对不同的地貌特点，有些采取修成堤的形式，有些则采取筑成围的形式，反映出宋代人民在长期实践中，巧妙地利用地形与河床等天然条件，因势利导与因地制宜的智慧与创造才能。据统计，有宋一代，沿西江、北江、东江干流两岸陆续修筑基围有10余处，大小基围达28条。筑堤最早的地方是在西江干流的北岸支流上，近羚羊峡下的长利围和赤顶围。基围分布以西江沿岸最多，除长利、赤顶两围外，还有香鹅围、金西围、竹洞围、腰古围、下泰和围内小围及桑园围等；其次是东江，有东江堤、牛过萌堤；再次是北江，有村头围、榕塞西围、罗格围和存院围。此外，在当时的岛屿及海坦上亦修筑有一些海堤，但数量不多。

元代，珠江三角洲的基围是在宋代的基础上继续加以巩固和扩大。一方面进行修缮旧堤，另一方面集中于西江沿岸继续筑新堤。珠江三角洲在围海造田的过程中，也在不断地兴建水利工程，以解决河网水系变动带来的水患问题，改善人类生存与农业生产环境。所以，兴建基围工程成为珠江三角洲平原形成过程中的头等大事。建于北宋元祐四年（1089年）的咸潮堤，因"滨海之田，咸潮浸泛"，修成后使东莞南部滨海的冲积平原免受咸潮之害。

明清时期基围迅速发展，筑堤180多条，清代扩大到270条，围垦区发展到东江和滨海地区。清中叶以后，今顺德、新会、中山等县的滩地迅速得到开发。当时还采用修筑顶坝、种植芦苇等工程和生物措施促使海滩淤涨，围垦区不断扩大。到清末，据光绪《广州府志》记载，三水县已有堤同35处，南海有76处，顺德多至91处。在珠江三角洲中，以地跨南海、顺德二县的桑园围历史最早，建于北宋大观年间（1107—1110年），至清乾隆时，已发展成为有名的大堤围之一，仅涵闸就有16座。明清时期珠江三角洲基围的特点包括：由土堤改为石堤；从最初的集中于滨河地区的分散小围，逐渐沿西江、北江、东江向上游扩展，并向海滨地区推进；堤围上的闸门和涵洞多选用大方料石、松木和紫荆木修筑。

1.6.4 广东佛山桑园围

桑园围地跨佛山市南海、顺德两区，是中国古代河口三角洲大型基围灌排工程，历史上因种植大片桑树而得名。桑园围始建于宋代，是集围垦、灌溉、防洪、抗旱、交通、运输、养殖等多种功能于一体的中国古代最大的基围水利工程，其建成年代之久远、古窦闸之多、围内地域面积之大、众多历史遗存保留之完好在国内外的古代水利灌溉工程中十分罕见。2020年入选第七批世界灌溉工程遗产名录。

佛山桑园围（一）
（刘立志　摄）

（1）历史沿革。

桑园围始建于北宋徽宗年间，充分利用了围内山体条件，修筑为开口围的形式，"围形如簸箕，腹在北，箕口在南"，既能防止积水，也方便引水灌溉。明洪武二十九年（1396年），陈博民筑塞倒流港，修建新堤，桑园围由此发展为闭口围，桑园围的外堤、子围、基塘布局逐渐成形。至明嘉靖末年（1566年）时，随着珠江三角洲蚕桑业的发展，基塘农业由果基鱼塘向桑基鱼塘转变，由此，桑基鱼塘农业逐渐成形。清代桑园围堤围的修建更加完善，石堤工程大规模修筑。清雍正五年（1727年）始将最危险的海舟堡三丫基改用石砌，此后，不断改土为石。至清嘉庆二十五年（1820年），有1900余丈围基改为条石砌筑，7000余丈的土堤也在临水面加砌块石护坡。江水由堤上的石窦（涵洞）引入围内灌溉渠系。降雨时，也可由石窦向外江排水。乾隆时全围共有石窦16座。桑园围东南部地形最低，留有泄水口。后因河道抬高，水口增建闸门防止江水倒灌。在温汝适的参与和筹划下，于清乾隆五十九年（1794年）和嘉庆二十二年（1817年）前后，促成了桑园围"通围筑修"及"借帑生息，以备岁修"两件大事。至清代中期已陆续总结出一套行之有效的桑园围管理制度。清乾隆五十九年（1794年）纂修《桑园围志》，记录桑园围的历史并总结管理维修经验，此后各代又陆续增补。清同治三年（1864年），邹伯奇指导弟子以摄影法绘制《桑园围全图》等。1924—1925年，南海、顺德两区为抵御河水倒灌，新建了狮颔口水闸、龙江新闸和歌滘水闸，实现了全围闭口。

新中国成立之后，经过联围、培堤和整治险工等措施，桑园围已成为樵桑联围的重要组成部分，防洪能力由不足10年一遇提高到50年一遇标准。

（2）工程特点。

桑园围是一项独创性圩垸水利系统工程，巧妙地利用了珠三角地势低洼、河涌众多的特点，重点构筑堤坝、窦闸、水塘、沟渠。部分窦闸使用"人"字形木闸门，能够根据围内外、上下游水情调节，内涝水位高时自动开启进行排水，外潮或洪水水位高时自动闭合挡潮。

（3）工程价值。

桑园围内，水利系统发达，生态环境良好。桑园围是明清至民国时期华南地区最大的淡水养殖基地、蚕丝中心、桑基鱼塘区，清代耕地面积达6000余顷，是明清至近代广东最重要的财税来源。2022年3月，南海区发布桑园围水脉规划，以"世界级生态水脉、国家级文化公园"为目标愿景，联动整合区内西樵、九江、丹灶三镇资源，通过区域协同发展、自然生态保育、岭南文化振兴、全域乡村振兴，打造国际文旅度假胜地。

1.6.5　浙江太湖溇港

浙江太湖溇港主要分布在今太湖南岸的浙江湖州、嘉兴及太湖东岸的江苏苏州、无锡地区。始建于春秋，北宋时形成完整体系，是集水利、生态、文化于一体的系统灌溉工程。2016年入选世界灌溉工程遗产名录，2017年太湖溇港文化展示馆被水利部确定为国家水情教育基地，2019年被公布为第八批全国重点文物保护单位。

（1）历史沿革。

太湖溇港的发展演变可归纳为6个阶段：春秋战国至唐初的萌芽起步期、唐中后期至五代水利与农业并重的塘浦圩田快速发展期、宋代大圩古制解体及水利转型期、元明清溇港圩田和桑基圩田快速发展期、1949—1990年圩区调整和联圩并圩发展期、1991年至今中小圩区和现代化圩区发展期。

太湖溇港水利系统始建于春秋时期，源于太湖滩涂上的堤防和横塘修筑。春秋战国时期，吴越、楚争霸，大规模的屯田、开凿塘浦、筑堤圩田等水利建设，促进了溇港圩田的前身——塘浦圩田的起步发展。两汉时期，太湖南岸的围田活动进一步发展。郑肇经在《太湖水利技术史》中提到"太湖流域浅沼洼地的围垦，在春秋末期已经出现。经过战国、秦汉时期的努力，到汉末，初级形式的围田已经星星点点地散布在太湖周围的广大田野，促进着以稻为主的水耨农业的发展"。魏晋南北朝时期太湖西以陂塘堰坝拦蓄为主，太湖东南以塘浦圩田为主，兴盛的农田水利建设推动了农业经济的发展。

唐末安史之乱后，中原士庶避乱南徙不仅为南方地区带来大量的人口和劳动力，而且带来了北方较为先进的农业生产技术，促进了太湖流域圩田工程快速发展。随着人口的增加，屯田垦殖迅速发展，太湖流域小型溇

浙江太湖溇港

港及人工沟渠、运河相继开凿，形成了沟渠与堤路较为完整、水网格局逐步完善的圩田系统。五代时期确立了治水与治田相结合、治水服务治田的方针，水利与农业并重，共同发展，塘浦圩田的发展进入成熟阶段。

宋代治水方针和经济体制的改变使大格局的塘浦圩田受到冲击而逐渐解体。北宋初期政府追求漕运经济，调整以疏浚河网为主的水利建设转变为以便利漕运为唯一目的的开闸与筑堤，从而减少了塘浦圩田建设投入的人力、物力。另一方面，宋代的经济体制发生了重大变化，转变为小农经济体制，土地私有制也进一步强化，以户为单位的小农经济格局无法支撑大面积的塘浦圩田的维护管理，大圩逐渐分解成分散的民间自治小圩，这样的局面导致了大圩古制的瓦解，以及原有塘浦圩田系统的破坏。

元明清时期对于圩田的治理均以疏浚、养护为主，是溇港圩田的持续发展期。为适应小农经济的生产格局，太湖流域的圩田持续向着分圩与小圩制的方向发展，太湖南岸的溇港系统也逐渐密集与成熟。这一时期，頔塘、南横塘、北横塘与入湖73溇港相继修筑完备，以湖州地区为中心的太湖南岸溇港圩田的格局基本形成。

新中国成立之后至20世纪90年代，为了加固圩堤、缩短防洪战线，同时增加圩内滞洪及调蓄能力，湖州市推行联圩并圩治理措施，先后进行了6次重大的圩堤修固和联圩并圩活动。但由于联圩并圩、堵坝建闸，使得圩内外水体的自然循环过程被阻断，水环境质量不断恶化。

1991年太湖流域发生了特大水灾，为进一步提高圩区的抗灾能力，适应现代化农业和产业结构调整及建设商品粮基地的需要，湖州市高标准治理太湖，实施东西苕溪治理、加固大堤、杭嘉湖南排等多项大规模治理工程。

（2）工程价值。

太湖溇港的价值主要体现在经济价值、科学价值、文化价值和生态价值等四个方面。

太湖溇港的经济价值主要表现在增加农田的粮食产量、促进当地农业经济发展。在圩田农耕体系下，圩田所产生的经济价值远高于普通农田，农业种植收入和间接的副产品收入可达到普通农田的3倍，溇港圩田复合空间体系为当地数千年来的经济繁荣做出了巨大贡献。依托于溇港水利系统发展而兴盛的水运、圩田农耕系统孕育的高效农业和养殖业千百年来促进了湖州地区的经济发展。

太湖溇港的科学价值可从工程技术、农业、水利、管理等多学科的角度进行探讨与挖掘。其丰富的治水治田思想、水利知识和圩区管理制度等，为中国乃至世界水利史留下了宝贵的财富。以圩区农耕空间布局为基础，各类特色的农业耕作手段所构建的溇港圩田农耕体系体现了其所具有的农业科学价值。

太湖溇港的文化价值，是基于太湖流域吴越文化综合文化价值体系的体现。由溇港圩田系统所衍生出的纵溇横塘、桑基鱼塘等多元文化生产体系，发展构建出太湖流域的水文化、稻作文化、渔文化、丝绸文化、聚落文化及乡土文化，共同构成了"鱼米之乡""丝绸之府"的综合文化价值体系。

纵溇横塘的农田水利系统也有力地催生和促成了桑基鱼塘、桑基圩田的形成和发展。这种利用开筑横塘纵溇和浚河取出的淤泥修堤和种植桑树，并用桑叶养蚕、蚕粪肥泥、肥泥培桑的农田水利系统和营田方式，为桑基圩田和桑基鱼塘的健康发展奠定了坚实的基础，使其成为符合循环经济理念和享誉中外的良性生态循环系统的典范。

1.6.6　浙江湖州桑基鱼塘系统

浙江湖州桑基鱼塘系统核心保护区位于南浔区菱湖镇、和孚镇，最早形成于春秋战国时期太湖流域开展的"塘浦（溇港）圩田系统"水利工程建设。湖州桑基鱼塘系统被认为是我国传统生态农业模式中保存最完整、面积最大的桑基鱼塘系统，2014年成功入选第二批中国重要农业文化遗产名单，2017年被联合国粮农组织（FAO）正式认定为全球重要农业文化遗产（GIAHS），2018年在第五次全球重要农业文化遗产国际论坛上获得全球重要农业文化遗产的正式授牌。

浙江湖州桑基鱼塘系统

（1）历史沿革。

广义的湖州桑基鱼塘系统既包括遗产地核心区荻港村和射中村较为传统的桑基鱼塘系统模式（桑基–蚕–鱼塘），也包括了新荻村的油基鱼塘系统（油基–鱼塘）等模式。狭义上，桑基鱼塘系统仅指"桑基–蚕–鱼塘"经营模式，即塘基上种桑、桑叶养蚕、蚕沙喂鱼、鱼粪肥塘、塘泥壅桑的传统生态模式。

春秋战国时期，诸侯争霸于吴、越主战场的湖州。为解决军粮、生活必需品和交通运输问题，吴、越两国开始在此区域开展筑塘、屯田的"塘浦圩田"工程建设。魏晋南北朝时期，北方由于战乱，大量老百姓向南迁移，不仅促进了太湖沿岸人口的增加，而且带来了先进的科学技术。据《太湖水利技术史》和《浙江省水利志》等历史文献记载，公元前514年至公元838年期间，对太湖湖南、湖东的湖堤进行修筑加固，使其连成一线，从而改变了湖水漫溢的状况；同时为解决苕溪洪水出路，在洼地的东西向开挖"塘浦（溇港）"，南北向开挖"纵浦"，最终形成了类似棋盘的"纵浦横塘"排灌工程。至五代吴越国时期（907—978年），人们在开挖塘浦、修筑圩埂时，发现种在淤泥上的桑树生长旺盛，吴越王钱镠便大力推广河、湖、塘淤泥肥稻和肥桑树技术，逐步形成了"塘基种桑、塘中养鱼、桑叶喂蚕、蚕沙养鱼、鱼粪肥塘、塘泥壅桑"的循环农业模式。

明朝中期，受到蚕丝业的刺激和推动，桑基鱼塘系统得到迅速发展。人们在桑基鱼塘建设和种桑养鱼技术等方面积累了丰富的经验，桑基鱼塘系统已相当完善。农学家张履祥（1573—1620年）在《补农书》中对桑基鱼塘进行了概括总结："凿池之土，可以培基。池中淤泥，每岁起之以培桑竹，则桑竹茂，而池益深矣，周池之地必厚。盖一池中，蓄青鱼、草鱼七分，鲢鱼二分，鲫鱼、鳊鱼一分，未有不长。"从而洼地得到了有效的开发利用，系统区域内最终形成种桑养蚕和养鱼相辅相成、桑地和池塘相连相倚的桑基鱼塘生态农业景观。

新中国成立后，党和政府制定"以养鱼为主，养种结合，集约经营"生产方针，组织发展渔业生产。1979—1985年对菱湖地区低产老鱼塘进行改造，将其列入国家农林部建设国商品鱼生产基地计划，使桑基鱼塘发展达到鼎盛。20世纪80年代后，湖州等太湖流域地区演变出圩池系统和田池系统两种结构类型，圩池系统主要是桑基–蚕–鱼塘模式、桑基–羊–鱼塘模式及二者混合的模式。田池系统则较为复杂，包括粮–猪（湖羊）–鱼塘结构模式、粮–鱼塘–桑基–湖羊结构模式及二者混合的结构模式等，实现了较高的经济效益、生态效益和社会效益。湖州市及有关辖区高度重视桑基鱼塘的保护和发展，编制了《湖州南浔桑基鱼塘系统保护和发展规划》，划定核心保护区、次保护区和一般保护区，每年安排专项资金200余万元，对核心保护区内重点区域的桑树补植、鱼塘修复、河道疏浚等给予财政补助。并成立"湖州市经济作物技术推广站院士专家工作站"，专注于桑基鱼塘系统的保护、开发研究，为桑基鱼塘系统申报国家与全球重要农业文化遗产、保护传承发展桑基鱼塘系统提供战略支持。

（2）工程特点。

桑基鱼塘系统最基本的循环是"塘中养鱼→基上植桑→桑叶饲蚕→蚕沙或其他废弃物喂鱼→塘泥肥桑"。这个系统具有物质循环零废料利用、兼具水利与农业功能及土地利用率高等三大优点。

桑基鱼塘系统是通过物质循环零废料利用方式形成的完整的生态系统。桑树是整个生态系统中的生产者，桑叶是蚕的重要食物来源，而蚕沙是鱼的饲料。蚕、鱼是消费者，塘泥是桑基有机肥的来源。桑基鱼塘的模式是水中、陆地相结合的生态系统，合理利用资源，在节约农业成本的同时实现了生态平衡。

桑基鱼塘系统区域内兴建了"纵浦（溇港）横塘"的水利排灌工程，不定期对河（塘）底清淤并将产生的淤泥用作塘基桑园土壤改良，塘泥中含有丰富的氮、磷等元素，为农作物的生长提供了丰富的营养物质；这种水利工程和农业管理方式对降低生产成本、提升水质及实现农业要素资源的有效利用具有重要作用，提高了农业生产效率与生产收入。

湖州桑基鱼塘以桑树为主要优势种类，结合蔬菜瓜果等种类，它们之间互生互养、相互作用，有利于土地多层次利用。

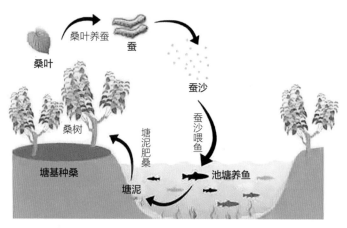

湖州桑基鱼塘系统生态循环模式图

湖州桑基鱼塘系统是我国乃至世界史上人们认识自然、利用自然、改造自然的一个伟大创举，是世界传统循环生态农业的典范。

1.7 机电排灌站

机电排灌是指利用动力机械驱动水泵提水，进行排灌的工程技术措施，主要由泵站工程、电气工程和灌溉排水工程组成。机电排灌常用于没有自流排灌条件或采用自流排灌不经济的农田排灌、人畜饮水、城镇供水、围海造田、抽水蓄能及跨流域调水等。它在保证农业全面丰收，促进农业水利化、机械化、电气化等方面起着重要的作用。

我国的机电排灌始于19世纪末。1918年无锡、常州等地的机器厂开始仿制国外小型柴油机和离心泵。1949年，全国机电排灌动力总装机为7.13万千瓦，灌溉面积为378万亩，仅占当时全国灌溉面积的1%。新中国成立以后，机电排灌技术发展迅速，研制了离心泵、轴流泵、混流泵、井用泵、水轮泵、自吸泵等几十个水泵系列、几百个品种、1000多个规格，满足了全国泵站建设的需要。20世纪70年代至80年代初期，是我国大型泵站大发展的时期，大型水泵制造技术和规划水平有了很大的提高。

1.7.1 江苏常熟白茆河节制闸

白茆河节制闸位于江苏省苏州常熟市碧溪新区三江村，建于民国25年（1936年），由扬子江水利委员会承担建造，是民国时期江南地区规模较大的水利工程。2009年被公布为第七批常熟市文物保护单位，2010年被选为苏州市第三次全国文物普查十大新发现之一，2021年被列入江苏省级水利遗产名录。

（1）历史沿革。

白茆河从常熟市东南起，行经白茆、新市及支塘镇，折向东北行，至白茆口入江，是太湖通江的要港，是仅次于黄浦江的第二大泄水通道。白茆河两岸支流密布、地势低洼，长江水潮高于太湖水位时，容易造成河水倒灌、河道变迁和洪水泛滥的灾患；遭遇旱年，则太湖流域会出现缺水状况。为宣泄太湖盛涨和免除全流域水患，太湖流域水利委员会制定白茆河建闸计划，希望"蓄清拒浑，非於内水盛涨，外水低落之际，不得开放"。江水高涨时放闸拒潮，江水低落时开闸放水，既可防江水倒灌又能在大旱之年启闸引水以救旱灾。

扬子江水利委员会接管白茆河建闸工程后，于1935年7月间对白茆河流域进行实地踏勘，选定闸座筑于东张市附近、距河口约5千米的河道弯曲处，由扬子江建业公司承造。1935 年冬招商投标，1936年1月1日开工，同年8月中竣工。该闸"纯为钢骨混凝土建筑，计分五孔共宽四十四公尺"。为便利交通，闸上建有桥梁，以能负12吨车为标准，以便行人及车辆通过，并备为将来兴建公路时穿越之用。闸门为悬吊式，用均重铊以平衡其重量，开启较为省力。启闭方法，采用人力摇车，每次启闭平均约需十分钟。该工程计有"土方工程、打桩工程、混凝土工程、浦砌块石工程、闸门及开关机件工程、闸工宿舍工程、封河土坝工程"。1937年抗日战争爆发，该闸成为日军重要破坏目标。沦陷期间，因管理不善，上下游皆被冲成深潭。抗日战争胜利后，1946年以土袋填平深潭。1947年，由扬子水利委员会公务所承建的白茆闸修复工程竣工。中华人民共和国成立后，为使白茆闸能正常运行，政府多次进行维护修理。1949年进行修理加固，设立专职管理机构。1962年将手摇启闭改为电动启闭。1973年对从白茆镇西市梢至东张新桥，17.5千米全线拓宽。1975年对白茆闸全面大修，电动启闭改为油压启闭。1978年又增加了瞭望控制楼，指挥来往船只和遥控闸的启闭。2001年4月，根据检测报告，白茆闸被鉴定为四类病闸，需报废重建。2009年建成老白茆闸遗址公园。

（2）工程价值。

白茆闸是民国时期江南地区规模较大的水利工程，在修建方式上采用了当时欧美先进的建造技术，其建筑风格和装饰手法却是地道的中国风格——牌坊式的建筑造型、华表状的装饰图纹、宛如白玉般的用料质感，将这座水闸变成了一件精美的艺术品。它不仅是白茆塘上一道亮丽的风景线，更对近现代建筑造型艺术研究尤其是水利建筑艺术研究有着极其重要的意义。

1.7.2 华阳泄水闸

华阳泄水闸位于安徽省望江县华阳镇境内，同马大堤上的一座中型涵闸，是华阳河水系通江排水闸和华阳河流域垦殖工程之一。民国25年（1936年）开始建造，闸名为国民政府行政院副院长孔祥熙视察湖北、江西和安徽三省时所书。民国26年（1937年）完成主体工程。1956年修复竣工，投入运用。

（1）修建缘由。

华阳河流域，位于湖北、江西和安徽三省的交界处，流域面积7000余千米^2。流域内湖泊众多，淤地广袤，对长江洪水具有调节作用。但马华堤筑成以后，该广袤之低区，除以华阳河为吐纳总途径外，遂与长江隔绝，而其地势较高之处，也渐被垦殖。"农民资力薄弱，所筑堤圩，均形简陋。每遇江水较高之年，辄致倒灌成灾"，有水即无处分泄，随江水而高涨。

修建泄水闸"用以宣泄域内过量雨水，及由泄洪道灌入之江水，使湖水位能保持规定高度。低于域内水位时，即由泄水闸宣泄入江。有时以域内通航及灌溉之需要，必须保蓄时，即行闭闸蓄潴"。

（2）历史沿革。

根据扬子江水利委员会制定的《扬子江华阳河泄洪道及其整理工程计划大纲》规定，工程计划中急需办理的为泄水闸、泄洪道及拦河坝3项。华阳泄水闸及拦河坝工程，全部为上海扬子建业公司承建。工程于1936年11月初开工，至1937年8月初，泄水闸工程除闸门未装外，其余全部完成。闸门和启闭机以及河口堵坝工程因抗日战争爆发未施工。民国36年（1947年）10月复工，拦河堵坝，翌年春竣工。当时因防冲设施不当，挖开堵坝放水，出闸水流冲刷剧烈，危及闸身，遂以板门封闭闸口。1955年11月重新修建，1956年开闸放水，下游消力池以下护坦被冲成5.8米深潭。1962年开闸引水抗旱，后因江水上涨，须及时闭闸而闸门不下，于是用10个千斤顶加压，闸门方闭。1968年汛前检查，上游临湖面闸底旁护坦也曾被冲刷。是年冬开始全面整修闸身，并在上游被冲刷部位砌块石，在下游深潭处抛填块石并接长石砌海漫55米。1970年，增设钢筋混凝土防洪墙、启闭机台和下游混凝土护坡。1978年7月3次开闸引水抗旱，每次开闸时间一般为23~44小时，最大水头差1.61米（开闸前为2.23米），闸室上游海漫被冲刷成潭。1979年春，整修闸室下游止水等项目时，并对上游冲刷坑抛填块石。1980年冬至1981年春，闸室底板水泥灌浆1.6吨，闸室上下游止水更新，增砌上游块石护底护坡长60米，公路桥增做混凝土防渗路面，接长防洪墙。1983年大水，安全度汛。

1.7.3 金水排涝闸

金水排涝闸位于湖北省武汉市江夏区金水闸路93号，因排泄金水流域之水，故名。该闸由扬子江水道整理委员会勘测，英国兰逊·雷伯公司设计，伦敦麦斯尔斯兰萨姆斯·莱皮公司制造，全国经济委员顾问荷兰人蒲德利审查计划，施工说明和包工合同依据菲律宾海军工程队文件（英文）抄录，汉口阮顺兴营造厂承建施工。美国人史笃培任总工程师，奥地利人但克任工程总监。金水排涝闸建于民国24年（1935年），是20世纪30年代湖北省最大的排水闸，2019年入选中国工业遗产保护名录（第二批）。

（1）历史沿革。

金水河流经嘉鱼、蒲圻（今湖北赤壁）、咸宁、武昌（今湖北武汉江夏）四邑，纳西凉湖、斧头湖、上涉湖、鲁湖诸湖之水，在金口汇入长江。流域以内，东、西、南三面皆山，湖泊众多，地势低洼，春冬则湖水流入大江，夏秋则江水涨溢，倒灌诸湖，被淹之田达90余万亩，农业损失岁以百万计。湖北省水利厅将其列为全省38座重点抢险工程之一。

民国13年（1924年）秋，嘉鱼肖家洲江堤溃决，四邑水患成灾。扬子江水道整理委员会组织防灾队，赴灾区实地调查。民国14年至17年（1925—1928年），由扬子江水道整理委员会督促进行三次金水河测量工作，由总工程师史笃培承担主要设计任务。1929年12月，《金水流域整理计划草案》通过审查并印发。民国21年（1932年），蒋介石亲签《关于修建金水闸的批文》，命以堤工岁修余款，邻金水尾闾筑拦河坝，于禹观山凿洞设闸，用堵江水，而资调节，并自禹观山至赤矶山修筑横堤一道，以防江水泛滥。同时成立武、嘉、咸、蒲金水闸临时事务所。1932年冬因水大和民事纠纷，金水河下游截流筑坝停工。1933年复工，因金水河水位高于江水5~6尺，水流湍急，工程遇到困难。经工程技术人员多方努力，赶制可装1米³的石块铁丝笼，重约2吨，投入水中，才顶住急流。石坝出水后，又以小石及泥土填筑，全流遂断，继续将石坝用土填高培厚。1935年3月，主体工程竣工。1935年，全国经济委员会秘书处指令史笃培"将金水闸办事处印戳、文卷、收支账簿、家具、房屋及誊借金水开港委员会房屋用具等件，逐一点交江汉工程局接收"。抗日战争期间，江汉工程局迁走，当地四县成立堤闸管理委员会管理该闸。

新中国成立后，1952年成立武昌堤防管理总段，金水闸属总段管理。1956年，武昌县水利局与武昌堤防管理总段合并，金水闸属局防股管理。1963年又恢复堤防管理总段，金水闸属堤防管理总段管理。金口设立电排站后，1977年春金水闸交给金口电排站管理。1979年金口电排站又将该闸交给武昌县堤防段管理。

（2）工程概况。

金水排涝闸全坝长130米，底宽150米，高20米，坝顶高程达吴淞基高31.80米。闸分3孔，单孔净宽6.65米，净高7.68米，流量104.6米^3/秒，为卷扬式手摇启闭结构。闸洞四周，用钢筋混凝土建筑，闸底高程13.2米，闸墩高程20.27米，闸室总宽44米，长108.86米，排水效益91.5万亩，灌溉面积30万亩。闸门3块，闸门重18吨，两面均可承受水压力346吨，有滚轮、齿轮等装置，用4人可启闭。全部工程用土16.75万米^3，凿石252万米^3，水泥9000桶，砂石3000米^3，钢筋340吨，管状舌门4.5吨，钢闸门工料8万元，木门工料3.25万元，闸门附件4000元，各项零件2.5万元，土坝4000元，疏通金水下游6.5万元等，共计91万余元。

金水闸竣工后，于闸背修建纪念碑，正面为民国24年蒋介石为"金水闸"的三字题额，字体为魏碑，字径约1米，背面镌刻全国经济委员会碑文。

1.7.4　田庄台抽水站

田庄台抽水站旧址位于辽宁省盘锦市大洼区田庄台镇、大辽河下游西岸。始建于民国31年（1942年），由日本人组织二引株式会社施工，是目前国内保存较好的日伪时期的抽水站。2004年田庄台抽水站旧址被盘锦市人民政府公布为市级文物保护单位，2014年被辽宁省人民政府公布为第九批省级文物保护单位。

（1）历史沿革。

田庄台抽水站原名扬水场，1943年竣工，直至2010年才停止运行，使用了近70年。田庄台抽水站的抽水机叶轮从建成后一直在使用，20世纪70年代曾对叶轮进行过修补，但主机叶轮没有更换。1975年发生地震后，抽水站整体建筑发生轻度沉陷。后来，因机电设备严重老化，2009年被列入国家大型灌溉排水泵站更新改造计划中，总投资近2900万元。但为了保护这个具有历史意义的建筑，大洼县做了大量工作，根据水利专家重建新站的意见，决定将田庄台抽水站报废，停止使用。2009年在原站址北约50米处建设新站，2010年5月完工。新水站启用后，田庄台抽水站正式退役，作为一处重点历史文物，被保留了下来。2011年大洼县（现大洼区）水利局组织工作人员走访水利系统老同志和日伪时期见证过老站建设的当地居民，整理完善老站的历史，对老站破损墙面进行初期加固，并从民间收集日伪时期日本侵略军在田庄台通过建抽水站垦荒掠夺粮食时的工具、生活用具，筹建水利博物馆。

（2）工程特点。

田庄台抽水站的水利工程设计及建筑工程设计、工艺流程比较先进。厂房临河而立，大辽河河道在抽水站前呈弓背状，使厂房前池可直通河道，压力池直接引水入总干渠，总干渠底宽40米，长27900米，出水口以钢筋混凝土护底、护坡。占地面积1000米^2，装机量2560千瓦，变电设施总容量4000千伏安，内装有8台日制卧式离心泵，单流量25米^3/秒，承担着田庄台镇、荣兴镇、平安镇、唐家镇和二界沟镇等地约15万亩水田的灌溉任务。

抽水站从建成之初，就一直是田庄台农业灌溉系统中的主要引水站，为盘锦水利工程服务了60余年，对研究盘锦近现代农业和水利发展史及日寇在盘锦开拓团的形成与发展，是一个难得的实物资料。在抽水站旧址范围内，还有两处建于伪满时期的日式民居，保存完好，仍在使用，与抽水站一起记录了这座古镇特定时期的历史，有着较为重要的历史价值。

2

防 洪 工 程

洪灾主要是指河水泛滥，影响工农业生产，冲毁和淹没耕地；或洪水猛涨，中断交通，危及人民生命安全；或山洪暴发，泥石流造成破坏，等等。防洪是人类与自然灾害抗争的主要任务之一。在抗争的过程中，人们不断加深对洪灾的认识、对河流泥沙和河床演变的认识，也逐渐掌握各流域、各地区的洪水特性，摸索与之相适应的防洪工程形式。防洪工程是人类社会发展到一定阶段，为了改善生存环境，保障社会稳定和经济发展，采用工程手段来制约洪水和改造河流、免除或减轻洪水灾害而修建的水利工程，主要有堤、河道整治工程、分洪工程和水库等。

2.1 大江大河防洪工程

大江大河防洪工程是在江河两岸修筑堤防，将洪水限制在行洪道内，使同等流量的水深增加，行洪流速增大，有利于泄洪排沙顺利入海，防止漫溢成灾。我国各地区洪水的情况复杂，不同流域防洪工程体系的组成及蓄、滞和泄的关系也不尽相同。在我国江河流域的防洪工程体系中，以堤库结合的防洪工程体系，堤防、水库加蓄滞洪区的防洪工程体系，以及堤防、水库加蓄滞洪区与分洪措施相结合的防洪工程体系最具代表性。

截至2021年9月，全国已建成江河堤防43万千米，开辟国家蓄滞洪区98处，容积达1067亿米^3；建成各类水库近10万座，总库容8983亿米^3；全国有3467座（次）大中型水库共拦蓄洪水925亿米^3，初步统计减淹城镇1038个（次），减淹耕地面积1267万亩，避免了638万人临时避险迁移，最大限度减轻了洪涝灾害损失。

经过多年的大江大河防洪工程体系建设，我国主要江河重要河段和重要防洪保护对象的防洪标准均有较大程度提高。总体来讲，目前大江大河主要河段已基本具备了防御新中国成立以来最大洪水的能力，中小河流具备防御一般洪水的能力，沿海重点地区基本具备防御12级台风的能力。

2.1.1 黄河大堤

黄河大堤位于河南省和山东省内河交界，是河南省、山东省境内河道两岸修筑的束范河水的堤防。包括黄河两岸临黄大堤、北金堤等，其中右岸临黄堤长624.248千米，左岸临黄堤长746.979千米，保护范围约为

航拍济南黄河大堤

12万千米^2。黄河大堤始建于西周，形成于春秋中期，到战国时已具相当规模。黄河大堤是黄河下游防洪工程体系的重要组成部分。

（1）历史沿革。

黄河大堤自西周初出现之后历代都有兴筑。黄河下游的堤防工程，早在春秋时期就已经逐步形成。公元前651年，齐桓公在葵丘（今河南兰考）举行诸侯大会，针对乱筑黄河堤防把水患引向别国的行为，明确规定"毋曲堤"。到战国时期黄河下游堤防已经具有相当规模。秦汉时期黄河下游堤防逐渐完备。秦统一六国后，诏令"决通川防，夷去险阻"，将黄河堤防连接成了抵御洪水的统一实体。此后，人们根据黄河下游决口改道的河势变化，多次堵塞决口，修复黄河大堤。东汉水利专家王景采取"筑堤，理渠，绝水，立门"的综合治理方略，使黄河出现了800年安澜的局面。五代、北宋时期已经有了双重堤防，并按险要与否分为"向著""退背"两类，每类又分三等。北宋政府通过疏导、堵塞、修筑埽岸、开渠分水、植树护堤、浚川排沙、机械浚河，彰显了人们治河的重大成就。

从明代隆庆到清代乾隆前期的200年间，是黄河下游堤防建设的一个高潮。这一时期，传统的河工理论日益完备，传统河工技术高度成熟和普及。潘季驯和靳辅就是这一时期黄河治理的典型代表。潘季驯提出"筑堤束水，以水攻沙"的治黄方略和"蓄清（淮河）刷浑（黄河）"以保漕运的治运方略，为此大规模修筑从徐州至淮安的黄河两岸提防和高家堰（洪泽湖大堤），整治山东运河南旺一带水道和里运河，保证南北漕运的畅通。其治黄通运的方略和"筑近堤（缕堤）以束河流，筑遥堤以防溃决"的治河工程思路及相应的堤防体系和严格的修守制度，成为其后直至清末治河的主导思想，影响很大。靳辅在幕僚陈潢的襄助下，继承和运用"束水攻沙""因势利导"的传统经验，塞决口筑堤坝、疏海口，使河水仍归故道。在修筑堤堰的过程中，建减水坝溢洪，以防泛滥，在临水面堤堰外修坦坡，以消减水流冲击，收到较好效果。又在宿迁、清河（今江苏淮阴）创开中河分流，以避黄河决口之险，确保漕运通畅。

新中国成立之后，黄河大堤经过不断改造、加高加固，巨石砌成的堤坝普遍加高到8~9米。除加固了两岸的临黄堤外，还新修缮加固了南北全堤、展宽区围堤、东平湖围堤、沁河堤和河口地区防洪堤等。自20世纪70年代以来，放淤固堤的方法得到大力推广，利用黄河水流含沙量大的特点，采用自流放淤、提水放淤、简易吸泥船放淤、泥浆泵放淤等措施，30年内共开辟淤区堤线755.6千米，对巩固黄河下游堤防起到了显著作用。自2002年以来，水利部黄河水利委员会提出黄河下游标准化堤防建设意见，构筑防洪保障线、抢险交通线、生态景观线"三位一体"的标准化堤防体系，通过险工控导加固改建、放淤固堤、堤防帮宽、堤顶硬化、造防浪林等项目建设，构造维持黄河健康生命的基础设施。

（2）工程技术。

黄河下游的堤防工程早在春秋中期就已经逐步形成，到战国时期已经具有相当规模。《管子·度地篇》中认为修堤的时间以"当春三月"最好，这时"天地干燥，水纠裂之时也""寒暑调，日夜分""利以作土功之事"。修成大堤，也比较坚实。至于其他季节都不适于修堤，因为"当夏三月，天地气壮，大暑至，万物荣华"，正在农忙时期，修堤与生产有矛盾；"当秋三月，山川百泉踊，降雨下，山水出""濡湿日生，土弱难成"；"当冬三月，天地闭藏"，泥土冻结，而且天短夜长，这些季节都"不利作主功之事"。筑堤施工方法时，要求堤防的上部较窄、下部较宽，就是堤防的横断面是梯形，这样不易出现滑坡，并且要跟随河流的流向修筑堤防。还要求堤防上种植荆棘等草本植物，用来防止水土流失，同时还种植柏树和杨树等木本植物用来防汛。河流携带的泥沙沉积，容易淤塞河道。在堤防修成之后，要每年都加固增高，以防被淹没。关于加固与增高，春季和冬季在河内取土加高堤防，秋夏两季就在河外取土。还要求官员要冬季巡查堤防。

秦汉时期黄河下游堤防逐渐完备。北宋五代时期则已经有了双重堤防，堤防以距离水的远近分为向著与退背两类，每类又分三等。向著者，即迎溜的堤段，以河势横冲为第一，河势顺堤为第二，河离堤一里内者为第三；退背者，即背水堤段，以去河最远者为第一，次远者第二，最近在一里以上者为第三。

到明代，堤防工程的施工、管理和防守技术都达到了相当高的水平。明代堤工技术的显著成就体现在由遥堤、缕堤、格堤、月堤和减水坝组成的黄河统一堤防体系的形成。为了控制河槽和巩固滩岸，在河道险工段修建了具有挑溜、护岸、护滩等功能的河工工程。明代刘天和在《同水集》中曾提出筑堤必须选择坚实的好土，不能用混有泥沙的土，土的干湿应该恰到好处，如果土太干，则筑堤时应该在每层都洒适量的水；关于取土的地点，则必须在离堤身数十步外平取，不能挖出深坑，否则会影响耕种，更不能在堤附近挖沟。

清代水利工作者在长期的筑堤实践中，总结出筑堤的基本要求和基本经验为"五宜二忌"，特别强调"五宜二忌"：一审势时，宜选择高地修堤，以节省土方，且堤线要顺直；二取土宜远，要在临河距堤二十丈以外取土，土塘之间要留土格，以防止汛期堤根行溜；三坯头宜薄，坯头薄了易于硪实；四硪工宜密硪重一般为35千克，连环套打，并掌握好土壤含水量；五验水宜严，硪实以后以铁锥穿孔，依据灌水的多少来确定是否合格；二忌是不宜在隆冬和盛夏施工。

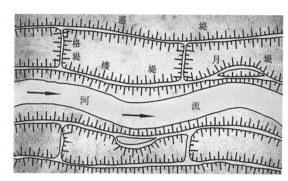

遥堤、缕堤、格堤、月堤示意图

三盛公天下黄河第一闸

堤坝防渗是加固黄河下游堤防的关键。对于黄河大堤堤身存在的裂缝、隐蔽孔洞、堤身强透水层等隐患，应采用修筑堤身混凝土防渗墙的措施进行加固。遵照国家防汛抗旱总指挥部的意见和黄河水利委员会的安排，1997年由福建省水利水电科学研究所在郑州南月堤14+500～15+800堤段开展射水法防渗墙施工。

（3）文化价值。

黄河大堤不仅是防御洪水的工程建筑物，同时也是一条文化长廊，内容极其丰富。大堤两边分布着众多历史文化遗迹，如御坝碑、林公堤、仓颉墓、铜瓦厢决口改道处、花园口扒堵口处、刘邓大军渡河处、小顶山毛泽东视察黄河纪念地、将军坝、镇河铁犀等众多人文景观，还有著名的嘉应观等古代水利官署建筑。黄河大堤还孕育了浩瀚的治黄文献、典章制度，诞生了数量众多的文学艺术作品。特别是"黄河号子"，是先民在与黄河激流的抗争中，逐渐形成的有一定节奏、一定规律、一定起伏的声音，曲调高亢激奋，节奏沉稳有力，调式调性变化频繁，具有较高的艺术价值，是中国人民在劳动中创造的最古老、最原始的民间艺术之一。经过数千年的完善，逐步发展为抢险号子、夯硪号子、船工号子等不同类别，并在不同地区形成了不同的流派，具有较高的艺术价值。"黄河号子"作为黄河文化的重要组成部分，于2008年入选国家级非物质文化遗产名录。

黄河花园口掘堤堵口记事碑

2.1.2 荆江大堤

荆江大堤位于荆江北岸的湖北省荆州市，上起江陵枣林岗，下至监利县城南，全长182.35千米，始建于东晋永和年间（345—346年），是由荆州刺史桓温令陈遵自江陵灵溪沿城修筑的江堤，用以保护江陵城。历史上屡经扩建和改建，是长江堤防最险要的堤段。

（1）历史沿革。

永和元年（345年）至兴宁三年（365年），桓温任荆州刺史时曾令陈遵修金堤，这是荆江大堤始筑堤段。《水经注·江水注》载："江陵城地东南倾，故缘以金堤，自灵溪始，桓温令陈遵造。"沙市堤西接晋代金堤，两堤在今文星楼一带相接。唐太和四年至六年（830—832年），段文昌任荆南节度使，在沙市主持修筑了"段堤"。据史料记载，"段堤"西接晋代的金堤，但其并不是完全新筑的堤段，而是对原有的烷堤的大规模培修。相较于原有的金堤，江堤保护的范围有所扩大。江陵至监利之间，除沙市堤于中唐时期已建成外，沙市堤以下至监利早在北宋中期（约公元1050年前后）已有基本完整的江堤。绍兴二十八年（1158年），御史都民望指令将黄潭的旧堤加以培修。《读史方舆纪要》第78卷记载："黄潭堤，在（江陵）府东，宋绍兴二十八监察御史都民望言，江陵东三十里沿江北岸古堤一处，地名黄潭。"明清两代，因溃决频繁，故修筑次数较多。明嘉靖十八至二十一年（1539—1542年），都御史陆杰、金事柯乔等人主持，自江陵、公安、石首、监利、沔阳、景陵和潜江培修江堤800余公里。明嘉靖四十五年（1566年）10月起，荆州知府赵贤主持修筑黄潭等要工，并"计议重修江陵、监利、枝江、松滋、公安、石首六县大堤五万四千余丈，务期坚厚。经三冬，六县堤稍就绪"。此次大修之后，赵贤还建立了堤防专人管理制度——

堤甲法。清康熙二十四年（1685年）由荆南道祖泽深、郡守许延试主持修筑的"自沅家湾（今沙市窑湾）至黄潭、杨二月、柴纪堤止，共长一千五百二十八丈有奇"的堤防修筑工程。雍正年间，曾重点加修黄潭、祁家、潭子湖、龙二渊等堤。清乾隆五十三年（1788年）大溃后，乾隆拨库银200万两，调12县知县负责修筑，堤身得到加强。清道光二十四年（1844年）万城堤李家埠段溃决，荆州全城受淹，朝廷批准拨银1.8万两堵口、加固堤防。清光绪十九年（1893年）冬至次年春，荆州知府舒惠主持了对万城堤沙市段的大修工作，一方面将石砌护岸400余丈全部用新石灰浆加以抹缝处理和补修；另一方面将大堤坦坡分作3层整理加固，每层均用石料砌筑，灰浆抿缝。

民国时期，对荆江大堤的修防比较重视。1912年4月，荆州万城堤工总局在沙市成立，专门负责万城堤工事务；1918年，改称为荆江堤工局；1936年，荆江大堤被列为民堤；为统一指挥和管理，1937年11月湖北省政府将荆江堤工局改为江汉工程局第八工务所。其间直至1949年，荆江大堤仍十分薄弱，汛期险情很多。

新中国成立以后，按照"蓄洪兼筹，以泄为主"的方针对大堤进行加固治理。通过河道整治、抛石护岸、裁弯取直和分蓄洪水等工程，不断提高荆江大堤的抗洪能力。1951年联堆金台至枣林岗8.35千米的阴湘城堤。1954年大水后，将自拖茅埠至监利城南50千米堤段划为荆江大堤。至此，大堤全长达182.35千米。1974年，荆江大堤开始加固工程，堤防与水工建筑物均按最高级标准进行设计，成为长江防洪最重要的堤段之一。自三峡水利枢纽工程建成后，荆江大堤受到的洪水威胁逐渐削减。

（2）作用及影响。

荆江大堤是在长期的历史过程中经过多次加高加厚逐渐形成的，从堤防工程的修筑，到利用矶头、护岸工程保护江堤，反映着人们智慧的发展与进步。作为荆江流域的防洪工程，荆江大堤的具有非常大的历史作用。

航拍荆江大堤

荆江大堤是江汉平原的防洪屏障和生命线，使其在一定时期内免受洪水的直接威胁。垸田是江汉平原河湖交错的水乡地区一种四周以堤防环绕、具备排灌工程设施的高产水利田，垸田的兴盛促进了农业产量的提高，使江汉平原的地理面貌发生了巨变。而堤防的分流也给两岸的农田带来了丰富的灌溉水源，从而促进了当地农业和经济的发展。这一时期城镇逐渐兴起和发展，加速了江汉平原的发展进程。

堤防工程是一种防患于未然的措施，一方面提高了河床所能容纳的水量及防洪标准，另一方面可以对洪水加以利用，变害为利，为农业生产及生活提供用水。荆江大堤的修筑不仅为荆江流域的防洪做出了巨大贡献，也促进了流域经济与社会发展，加速了流域的文明进程，对于江汉平原起到了长久的保护作用。

2.1.3 洪泽湖大堤

洪泽湖大堤，亦称高家堰、高家长堤、高加堰，是阻拦淮河形成洪泽湖的大型堤堰工程，位于江苏省淮安市境内，北起淮阴区码头镇，南迄洪泽县蒋坝镇，全长67千米。大堤始建于东汉建安年间，至清乾隆年间建成。2002年，洪泽湖大堤被江苏省政府公布为省级文物保护单位；2006年，被中华人民共和国国务院公布为第六批全国重点文物保护单位；2014年，中国大运河入选世界文化遗产名录，而洪泽湖大堤也作为大运河58处遗产点之一，正式成为世界文化遗产；2021年，入选江苏省首批省级水利遗产名录。

（1）历史沿革。

东汉建安五年（200年），广陵太守陈登筑捍淮堰三十里，以防淮水东侵，捍淮堰就是洪泽湖大堤的萌芽。唐大历三年（768年），在山阳西南九十里筑唐堰，置萧家闸，蓄水灌田。唐堰北接捍淮堰，是今洪泽湖大堤南段的一部分。

洪泽湖大堤（一）

1128年黄河夺淮，淮河入海古道逐渐淤塞，由富陵湖、白水塘和破釜塘等潴集而成的洪泽湖逐渐扩大成为巨浸。经明代陈瑄、潘季驯等数次大筑高家堰，始成今天洪泽湖大堤规模。明永乐八年（1410年）五月，工部奏请修筑淮安府淮河堤岸；永乐十三年（1415年），陈瑄主持重修高家堰。明隆庆四年（1570年），淮河于此决口，总督漕运兼巡抚凤阳王宗沐命淮安郡守陈文烛负责修复。明万历三年（1575年），洪水冲开高家堰；万历四年至六年（1576—1578年），水利道金事杨化隆，于高家堰两头筑长达5744.3丈的土堤；万历六年（1578年），潘季驯又重筑洪泽湖大堤，对高家堰进行全面延伸、增高和培厚；万历八年（1580年），工科给事中尹瑾主持将洪泽湖大堤改为石堤。明崇祯九年（1636年），明朝对高家堰进行了最后一次修筑，土堤延伸至周桥一带。

清康熙十六年（1677年），靳辅出任河道总督，在治水专家陈潢的辅佐下，开始修复高家堰大堤，堵塞石工、板工决口34处；创筑副坝，堵塞流水。康熙十七年（1678年）十一月开始填土筑堤，次年八月竣工。至康熙十九年（1680年）秋，高家堰土堤全部筑成，形成了当今洪泽湖大堤的基本堤线。清雍正七年至九年（1729—1731年），朝廷认为高家堰堤工至为重要，连年拨巨款，加修险要石工，并改条石丁顺间隔相砌。清乾隆十六年（1751年），周桥以南、滚水坝南北及蒋坝以北，全部采用石基砖墙。此后直至黄河北徙，整个洪泽湖大堤格局无大的变化。民国期间（1912—1949年），高家堰一带石工受到偷盗、损坏。

新中国成立之后，人民政府多次对洪泽湖大堤进行全面整治。1951年8月，由江苏省防汛指挥部和洪泽湖防汛指挥部负责进行复堤加固工程，对大堤石墙裂缝、错动、倾斜等97处险工险段进行修复。同时，在高堰和三河闸两侧进行复堤，蒋坝南还进行了"九十二丈"砌块石护坡工程。1966年对蒋坝镇二帝宫段洪泽湖大堤石工墙进行修复，采用斜坡式块体护坡（长160米）和衡重式直立墙（长162米）。同时对蒋坝至高良涧26.437千米堤段进行全面检查，共查出各种隐患1381处。1966年洪泽湖干涸，对大堤石工进行修建，其中高良涧至蒋坝23.67千米石工墙，改直立式为斜坡式块体护坡。1976年8月唐山地震发生后，洪泽湖大堤被列为江苏省防震、抗震四大重点之一，开始实施抗震加固工程。20世纪80年代，洪泽湖大堤上，除少数地段外，大部分已改为灌砌块石护坡及条石护砌防浪林台的边坡。2003年，洪泽湖入海水道完工后，彻底解决了几百年来淮河的入海问题，洪泽湖成为苏北地区泄洪、灌溉、航运、城市供水、发电、旅游和水产等综合利用的湖泊。

（2）堤工技术。

技术进步是洪泽湖大堤得以存在并逐步发展壮大的重要支撑。从筑堤技术上看，从当初简单的堆土筑堤，逐步发展到采用石工墙技术及减水坝、坦坡、石闸、防浪消能设施等相关水利工程技术筑堤，堤工技术在当时居于世界领先地位。

1）石工。利用石工挡浪，保护大堤。在墙基打桩，提高墙体承载力，明万历八年（1580年）始建石工墙，外侧挡水，里侧挡土。明天启元年（1621年），石工墙砌石中采用丁、顺相间的方式，墙的整体性比万历时有了提高。清代修筑石工墙时，在墙后加砖柜，并使条石与砖柜措接；砖柜后接三合土挡土，材料性质由硬到软逐步过渡，避免石工墙与土体开裂分离。

2）消能、防冲技术。减水闸或减水坝过水时，其消能方法是先慢慢把水引向下游，让下游水位逐步抬高，造成"水垫"，涌起波浪，使减下之水不直接冲刷闸基或坝基，利用水流冲撞消能。这可能是河工上运用较早的水力消能技术。

洪泽湖大堤（二）

3）减水坝技术。减水坝是在大洪水时期保证大堤安全的非常泄水通道，是古代洪泽湖泄洪的主要工程。明嘉靖元年（1522年）始建减水坝，至清乾隆十六年（1751年），洪泽湖大堤共计修建过26座减水坝。

4）现代隐患探测及截渗加固技术。采用地质钻探、同位素示踪浸润线观测、SWS工程物探和堤坝管涌渗漏检测等技术手段，对大堤进行渗漏检测。采用压密灌浆、重力灌浆、水下粉喷桩等技术对拦河坝加固，有效地提高了拦河坝的抗震稳定性。

洪泽湖大堤（三）

2.1.4　广东东莞福隆堤

福隆堤位于今广东省东莞市东35千米处，是珠江支流东江的防洪大堤，北宋元祐二年（1087年）由邑宰李岩始建。近代上自司马头、福隆，下至京山镇。全长12806丈，防护东莞93乡居民田庐和21028顷耕地的安全。大堤与沿线山冈连接，分作7段，统称东江堤。其中福隆附近的一段最为险要，故称福隆堤。

（1）修建缘由。

东江是东莞境内最主要的河流，它从东莞市石龙镇进入珠江三角洲，经企石、石排，至石龙分北干流与南支流，流经茶山、石碣、东城、万江、高埗、中堂，在黄埔区禺东联围（穗东联围）东南汇入珠江狮子洋。流域内的水系支流众多，在东莞境内汇聚，加之东江流域的上中游地区多为山地，水流量大，流速较快，中游又没有湖泊调蓄缓冲，很容易下泄至下游，造成洪水泛滥。这种水文特点曾使东江多次决堤，给东江流域居民的生产、生活及人身安全造成极大的威胁和伤害。为了保护农田和人们的生命安全，从北宋东莞县令李岩创筑东江堤以来，东莞人民不断加固、修筑诸多堤坝。

东江航拍

（2）历史沿革。

南宋淳祐元年（1241年），县令赵善鄘修旧堤15990丈，筑新堤185丈，赵氏所主持修缮的旧堤即是李岩所兴建者。福隆提后经南宋、元、明、清各代维修，至今仍在发挥作用。福隆堤始建之初，河滩地较为宽阔，洪水得以容蓄。明清以来，基围发展较快，堤外滩地陆续被开垦种植，至清末，"皆堤外有堤，直濒江浒"，使东江江面逼窄。为改善东江防洪条件，逐增辟东莞东境的铜湖（又称潼湖）为滞洪区。

2.1.5　广东肇庆水矶堤

水矶堤是珠江支流西江防洪大堤，位于高要县东15千米处。明洪武初年修筑，长35400多丈，防护北岸700余顷农田。明清时曾多次大修，其中明万历二十五年（1607年）由于此前连年大水冲决，遂全面复修。共修基围39座，堵决口167处，修堤防30800余丈。清康熙四十年（1701年）洪水决堤，毁民房21600多所，淹没农田7940顷，当年修复。后北岸修建景福围，水矶堤成为景福围围堤的一部分。

2.1.6　安徽无为大堤

无为大堤位于长江下游大通至西梁山河段的左岸，为巢湖流域的防洪屏障。堤线上起无为县的牛埠镇，下迄和县的黄山寺，总长124.614千米，跨无为、和县两县。

日落巢湖

（1）历史沿革。

无为大堤历史悠久。三国时期，孙权在江北"筑堰设闸，以捍其冲"。两宋时期开始筑圩垦殖。北宋政府在无为地区"兴三圩，开十二井，又筑北岭，以捍水患"。南宋政府"修筑圩岸，盖造庄屋，收置牛具，招集百姓耕垦"。明代，无为地区沿江堤线规模和数量相对较小，只具有局部防汛能力。

明代时堤工渐多。明正统年间（1436—1449年），筑走马滩坝，建立季家闸。明正德至万历年间，长江左岸岸段上大致围筑了新安桥江坝（属丘堤坝）、胥家坝与鱼口坝段、神塘堤与临江坝等堤段，以及和州南部的滨江堤段。这一时期堤线互不连贯，无为江堤处于雏形阶段。清乾隆三十年（1765年），无为大堤形成雏形，修筑了新安桥江坝、青山圩江堤、饼子铺至刘公庙江坝、青龙庵至神塘河口江堤、神塘河口至雍家镇交和州界堤段。清嘉庆八年（1803年），政府在部分险要堤段修筑了月堤和外护堤。清道光四年（1824年），在刘家渡筑起拦河坝。清同治十二年（1873年），无为江堤基本上连为一体。道光十二年（1832年），庐州知府刘易为在无为州棕三庙（胡家沟一带）又兴建支水矶工程。民国20年（1931年）以后，白茆洲滩地经过圈筑和圩口联并形成永定大圩，这是无为沿江最大的外滩圩。民国22—35年（1933—1946年），无为大堤堤线变化主要是安定街后兜堤的修建、闵拐至黄泥嘴堤线退建及黄丝滩一带的江堤持续崩溃与废弃。

新中国成立之后，无为大堤的建设和管理受到党和政府的高度重视。1954年，新增了牛埠至土桥一带临时筑起的6条堤坝。1969年裕溪闸建成，裕溪口至黄山寺江堤归入无为大堤堤线。1976年，由于黄山寺撇洪闸的建立，大蒋圩江堤脱离裕黄段堤线，致使大蒋圩成为外滩圩。1977年，丘陵7段培修联成4段。

（2）工程作用。

无为大堤堤防地位非常重要，巢湖流域受无为江堤保护的面积为4520千米²，其范围包括合肥市及巢湖市、无为、庐江、含山、和县、肥东、肥西、舒城等9个市（县）。无为江堤不仅在农业上保护着这9个市（县）的427.3万亩农田，而且关系到流域内工业、国防、交通运输等重要设施及人民生命财产安全。

2.1.7　安徽淮北大堤

淮北大堤是淮河中游正阳关以下下流河道左岸干堤，西起颍河入淮口的颍上县饶台孜村，经淮南市属的凤台县、潘集区和蚌埠市属的怀远县、郊区、五河县境，东迄洪泽湖西侧泗洪县下草湾附近岗地，全长238.0千米。淮北大堤西端与颍河左岸相接，在怀远分别与涡河左、右堤相连，组成淮北大堤涡西、涡东两大堤圈。淮北大堤是淮河中游防洪工程体系中保护面积最大的主要堤防。

1949年以前，正阳关以下淮河干流北侧，自颍河口至五河县城间，除凤台县城至平圩一段外，沿河已筑有堤防。但堤身低薄，堤高低于现淮北大堤2米多，顶宽仅3米，遇稍大洪水即溃决成灾。新中国成立后，对淮北大堤逐年维修加固，加强管理。淮北大堤在20世纪50年代先后还经过两次加高培厚。1950年洪水后，中共中央作出了治理淮河的决策，政务院发布了《关于治理淮河的决定》，淮河流域进行了大规模治理，干流堤防及蚌埠、淮南二城市圈堤按高于1950年洪水位1米加高。1955—1956年，淮北干堤及城市、工矿圈堤全面进行加高加固，并适当调整了堤线位置，逐步形成了现今的淮北大堤。从1983年起，对涡河以西和涡河以东的淮北大堤进行除险加固，进一步提高了堤防的抗洪能力。大堤建成后历经1956年、1963年、1968年、1975年、1982年、1991年等较大洪水，均安全度汛，取得显著的防洪效益。

淮北大堤

2.1.8　北京永定河大堤

永定河大堤上起北京市西南石景山区，下至天津市武清区境，长约170千米，创建于宋辽时期，经金、元、明连接巩固，至清代形成系统化堤防，是北京和永定河下游地区防洪的重要屏障。

宋辽时期，永定河下游就有"辽左奕堤""万家堤"等间断的堤防工程，多属护城或护村堤埝。金贞元元年（1153年），迁都燕京，号中都。永定河开始大规模筑堤，设崇福埽，由所在县县官与该埽官司共同负责修防。元至元九年（1272年），定燕京为大都，元统治者重视兴修永定河的堤防工程。元至元六年（1269年），"筑东安浑河堤"；元大德六年（1302年）正月，"筑浑河堤长八十里"；元代堤防自石景山金口下至武清县界旧堤长计348里。明代修筑永定河大堤，不仅频率大大增加，其规模及质量也大大提高。明洪武十六年（1383年），"浚桑干河，自固安至高家庄（今属霸州）八十里，霸州西支河二十里，南支河三十五

永定河引水渠

里"。明代在险工处陆续修建石堤，卢沟桥附近石堤宽与高都超过2丈，堤防规模更大，工程技术较前提高。从正统元年（1436年）开始，局部堤防设专门的守护人员。

清代沿袭明代做法，不断完善着永定河大堤，康、雍、乾三朝，把永定河筑堤推向了一个历史高峰。清政府把永定河的治理正式纳入国家职能范围，建立了专门的管理机构。清顺治九年（1652年），清政府就整修石景山至卢沟桥段的河堤。清康熙三十七年（1698年），直隶巡抚于成龙直接负责筑永定河两岸大堤，"自良乡老君堂旧河口起，迳固安北十里铺、永清东南朱家庄，会东安狼城河，出霸州柳岔口三角淀，达西沽入海，浚河百四十五里，筑南北堤百八十余里，赐名'永定'"。康熙四十年（1701年），修建金门闸，引小清河水冲刷永定河泥沙，洪水来时可向西分泄永定河洪水，以减少东堤的压力。清雍正三年（1725年），南北两岸又接筑大堤，南堤自冰窖东堤起至王庆坨，北堤自何麻子营起至武清范瓮口止。雍正九年至十一年（1731—1733年）间，又多次加固永定河的石景山至大兴段两岸大堤及月堤，共计长47630丈5尺。清乾隆三年（1738年），疏浚永定河卢沟桥南的黄花套、六道口等处的淤积，开麻峪、半截河、郭家务各引河，筑南北大堤、月堤、格子堤、重堤、土堤、拦河坝、石子坝、金门闸坝、郭家务坝和隔淀坦坡埝等。清朝石景山至卢沟桥永定河东岸的河堤基本都被改造成石堤或加片石护内帮的石戗堤，清代永定河大堤的长度、规格，工程的复杂性、系统性及其管理制度的专业化和完善程度等，都远远超过前代。

民国3年（1914年），设永定河河务局，归京兆尹管辖。1917年修浚永定、南北运河、大清河和子牙河等五大河，根据各河深浅，分别疏而治之。1924年夏季，永定河等河溃决，冯玉祥派军队用麻袋8万多，扎柳捆、抢筑决口，又加高培厚，并在堤内修三道水坝，堵住了河水泛滥，故此段被称为"冯公堤"。1925年，顺直水利委员会制定了《顺直河道治本计划报告书》，其中对永定河治理提出了初步规划。1930年，完成《永定河治本计划》。该计划涵盖了永定河开发治理的各个方面，如水库兴建、水闸建设、堤防修筑、河道疏浚、放淤和水土保持等。

1949年以后，永定河堤防工程质量和技术达到前所未有的水平，官厅水库及永定河综合防洪体系的建成使永定河真正地永定安澜。

2.1.9 广东北江大堤

北江大堤位于广东北江下游左岸，从清远石角镇骑背岭，沿北江支流大燕水入干流南下，入三水大塘、芦苞、黄塘、河口、西南镇，止于南海小塘镇狮山，全长63.34千米。北江大堤是珠江三角洲众多堤围中最长的一条，全国大江大河重点确保的七大堤防之一，是广州市防御西江和北江洪水的重要屏障，国家一级堤防。

北江大堤（一）（刘立志　摄）

宋代围垦作为三角洲最主要水利工程，首先是在北江、西江两岸河滩，北江大堤的前身多条小堤修筑成功，奠定了它们后世联围的基础。北宋至道二年（996年），珠江三角洲开始有修堤记载。宋咸淳八年（1272年），在今北江大堤附近的有三水芦苞涌南岸，修筑榕塞西围、永安围，是宋代珠江三角洲分布最北的堤围。元至元二十八年（1291年），北江榕塞西围被冲决，后被修复成新堤，有助于保护北江沿岸农业生产。明代珠江三角洲围垦达到高潮，在北江大堤沿线修有石角围、上梅圳围、下梅圳围、长洲社围、青塘围、永丰围、木棉围、奎冈围、大良围、沙头围、良凿围、狮山围等。另在西南涌沿岸、在流溪河与西南涌交汇处，修筑堤围等。清代，三角洲围垦进入鼎盛时期，北江大堤地区除修复冲决堤围以外，新修了大量的堤围，这些堤围，除少数分布在芦苞涌沿岸外，大部分分布在佛山涌两岸。民国时期，随着广东治河处、广东水利局等水利机构的成立和近代治水技术的引进，北江大堤地区修筑围垦向联围和统一管理方向发展。而新修筑堤围主要集中在各大口门沙洲，北江只在清远县城至石角之间右岸修筑了一段堤围。1924年，为减轻北江支流和广州之间洪患，在芦苞涌口修筑芦苞水闸，这是珠江流域第一座钢筋混凝土水闸。

新中国成立之后，水利事业得到空前发展。北江沿岸各分散堤段联成一体，全面进行加固。1954年，把原来独立分散的堤围沿北江左岸连接起来进行培修，并正式定名为"北江大堤"，是珠江三角洲最重要的联围工程。1957年，修复芦苞水闸，增建西南水闸，形成北江大堤完整的防洪体系。1970—1971年，对北江大堤进行了第二次大培修。1983—1987年，对大堤按100年一遇防洪标准进行第三次较大规模的培修加固。2003年10月29日，由国务院批准立项的北江大堤加固达标工程正式开工，对北江大堤按1级堤防、100年一遇防洪标准进行达标加固，全部加固工程于2007年年底结束。

北江大堤（二）
（刘立志　摄）

北江大堤不仅成为珠江三角洲名副其实的坚固防洪屏障，而且63千米的干堤也变成绿色长廊，美化了沿线城市市容。

2.2　城市防洪工程

城市防洪工程为抵御和减轻洪水对城市造成灾害性损失而兴建的各种工程设施。我国是一个水灾频繁的国家，沿江沿河城市常遭受洪水灾害。在城市规划中首先要考虑防洪工程的建设，包括堤防工程、蓄洪工程、分洪工程、河道整治和排水设施等，对洪水可起到挡、泄、蓄等作用。

2.2.1　安徽寿县防洪系统

寿县古城位于安徽省淮南市寿县，始建于宋代，重建于北宋熙宁年间（1068—1077年），明清时曾多次修葺，历经900多年。2001年获批第五批全国重点文物保护单位，2012年被列入中国世界文化遗产预备名单"中国明清城墙"项目。

寿县古城防洪排水系统包括城墙、护城石堤、瓮城、城市排水涵洞，以及城内的水塘和地下排水系统。

（1）古城墙。

寿县古城墙的修筑高度设计科学，精准地考虑到了地理水文特征。城墙高度与淮河干流上的咽喉凤台硖石口孤山洼最高水位相对应，即便洪水水位临近城头，也会从孤山洼一泻而下，确保古城的安全。城墙形状略呈方形，但转角为弧形。遇到洪水袭击时可以减少洪水的冲击力，利于防洪。城墙以条石砌筑基础，高达2米；基础之上用三皮城砖包砌，上又用一层条石；以糯米汁石灰浆灌缝。这种结构、砌法及所采用的灰浆，使得城墙十分坚固耐久，可以减缓洪水的冲击力。

寿县古城墙（一）

（2）护城石堤。

明嘉靖十七年（1538年），御史杨瞻创建护城石堤。在城墙外侧城脚处加筑一周高3米、宽约8米的护城御水石岸，其内口与城墙根基连为一体，外口则以条石叠砌壁立护城河沿。护城石岸为整个城垣增加了一道坚固的防线，避免了洪水浪涛对城墙根基的直接冲蚀，堪称城外之城。清代，石岸又几经修葺。

寿县古城墙（二）

（3）瓮城。

瓮城是古代为了加强防守或者防御洪水，在城门之外再修建的小型城池，有半圆形或者方形。寿州四门皆设瓮城，呈内、外两门，门洞均为砖石券顶结构。明代嘉靖后，除南门仍为一线通达之外，东门外门北移偏离中轴线4米，有西、北两门的内外门道均呈90°直角，西门外门向北，北门外门向西。这种设置有防洪方面的考虑：若洪水冲破外门进入瓮城，由势不可挡的巨大惯性冲击而转变成为瓮城涡流，可减轻洪水对内门的冲力。

（4）城市排水涵洞。

排水涵洞的主要作用是及时排泄城内积水，以保城内安全。寿县排水涵洞最早有3个，分别在城西南、城东北和城西北，城西南涵洞后来逐渐淤塞，现仅存东北和西北两个涵洞。涵洞泄完城内积水后需要及时关闭，防止城外水倒灌。清乾隆二十年（1755年），知州刘焕创建月坝，所谓月坝，即以城内涵段之转角角顶为圆心，向上起筑一砖石结构的圆筒状坝墙，其径7.7米、壁厚0.5米，与城墙等高，周遭又围护以厚实的堤坡，远看形似山包。月坝内设石阶，可拾级递下。坝底涵沟上砌砖旋，设闸数道。月坝作用非常重要，从整体上可保护涵闸，使之与外隔离，避免了内河积水的吞噬；可以随时进坝启闭闸门，控流自如；便于及时比较内外水位；当城外水涨高于涵洞出水口时，月坝内水跟着升高，但到不了城内，可以免除外洪倒灌之灾。

（5）城内排水系统。

寿县城内四角处设置有内城河的蓄水塘，在不同的区域也建有大小不等的众多水塘，这些陂塘在城内积水时，能起到蓄水的作用，日常种有莲藕等水生植物，净化水质、美化生态，还能调节城内的气温和湿度。此外城内还建有许多明沟暗渠，这些明沟暗渠都流向地势偏低处的城西北和东北角的内河，再由内城河通过两个涵洞排到城外。

寿县古城宾阳门

寿县古城防洪排水系统是我国古代城市防洪的杰出代表，当洪水来袭，护城石岸是其第一道屏障，堤岸之内是城墙，城墙之内是瓮城。如此坚固的三道屏障之下，还有两个沟通城内外的涵洞和月坝，及时阻止洪水倒灌入城，并沟通城内蓄水塘和沟渠，将积水顺利排出城外。

2.2.2 江西赣州福寿沟

福寿沟，位于江西省赣州市章贡区老城区地下。始建于北宋熙宁年间（1068—1077年），由水利专家刘彝主持修建。因排水干道系统的走向形似古篆体的"福""寿"二字，故名福寿沟。福寿沟是赣州古城地下的大规模古代砖石排水管沟系统，也是世界上最早的城市下水道。2018年福寿沟被公布为江西省级文物保护单位，2019年被列入第八批全国重点文物保护单位名单。

（1）修建缘由。

赣州城位于江西南部，千里赣江的上游，章、贡两江交汇之处。"环赣皆山。西北、东南高而向中部倾斜，略成马鞍形，中为凹陷盆地，多丘陵。市区内红旗大道为分水线，海拔120~125米，形成中间高、四周低的龟背形。赣州城所处两江的险要地势也给古城带来了严峻的洪灾威胁。每逢雨季，上游的赣康盆地和于都盆地汇集了群山的雨水，循章、贡两江向赣州城滚滚袭来。"从气候方面来看，赣州地处亚热带季风气候区，夏季受副热带高压影响高温多雨，雨季集中在4—6月，多暴雨，且易受台风影响。为克服这一系列难题，修建了赣州城排水系统。

（2）历史沿革。

北宋嘉祐年间（1056—1063年），孔宗翰任赣州知州，他发现土建的城墙容易受洪水侵蚀而倒塌，要解决赣州城的水患需要修建起能抵御洪水侵袭的坚固砖城墙，但修建砖城并没有完全解决洪水的困扰。熙宁年间

福寿沟

赣州江南宋城

（1068—1077年），水利专家刘彝任虔州知州，他根据赣州城市街道布局和地形特点，按分区排水原则，建成福沟和寿沟两条排水干道。明天启年间（1621—1627年），由于居民架屋于福寿沟之上，导致福寿沟失去了原有的排水功能。每年的大雨时节，在赣州城的东北一带都是"街衢荡溢出"。天启元年（1621年），官府对无民房进行了修缮，历时9个月，但有民房路段未得到及时的修护。清同治六年（1867年），湖南人文翼任吉南赣宁兵备道道员，他对恢复福寿沟功能十分关心，赣州知府魏瀛、赣县令黄德溥受命疏浚福寿沟，采取官民共修的办法，属地自修，公地官修，对福寿沟进行了历史上最全面的修缮。民国8年（1919年），对福寿沟进行了一次修浚，但没有具体的记述。

新中国成立之后，对福寿沟进行了全面了解和勘测，"从1953年开始对福寿沟逐段进行清理、修复和改建，修复了厚德路的767.7米的沟段。由于年久失修，倒塌淤积严重，1.5米的砖拱沟道，淤积深度超过1米。八境路，均井巷、姚衙前、中山路等地段的福寿沟，大部分在民房下。为了便于清理维修，从1954年开始，将11条街穿民房的沟段改用直径为0.6~0.9米的钢筋混凝土排水管埋设在街道上，总长1662米。1956年建设八境公园时，将园内的古水窗（出水口）改由涌金门出，至1957年，改建福寿沟的工程基本完成，恢复了排水功能。1964年，在东门口增加了一个出水口，使五道庙一带的水由东门排出，减少蕻菜塘下水道的流量"。福寿沟至今仍是赣州旧城区的主要排水干道，发挥着"暴雨不涝"的作用。

（3）原理分析。

刘彝因地制宜、因势利导，将城墙、排水管网、临时存蓄洪水的池塘作为一个整体，通过全面规划和系统设计，组合成一个防洪排涝的有机整体。

1）顺应地形，分区排水。赣州地势西南高、东北低，适合分区排水。福寿沟以州前大街（今文清路）为界，分为两部分，城东南的雨水主要通过福沟排放，寿沟主要负责排城北面的雨水。在分区的基础上，福寿沟又根据排水的需求设计出了主沟和支沟，支沟把各处的雨水汇集到主沟，主沟再把汇集来的雨水排往江外。

2）自动水窗，合理开闭。刘彝设计了12个防止洪水季节江水倒灌，造成城内内涝灾害的水窗，这种水窗结构由外闸门、度龙桥、内闸门和调节池四部分组成。孔宗翰修建的砖包城墙解决了洪水毁墙灌城的问题，可是洪水还有另外一种途径灌城，即通过排水沟灌城。这个问题是赣州城与其他古城长久以来都难以解决的问题。刘彝设计的水窗利用杠杆和水压原理，巧妙地解决了洪水倒灌的危险。当洪水水位高于沟内水位时，江水的压力会将水窗压紧；等江水水位低于出水口水位之时，水窗会被沟内水冲开。这样江水就无法通过水沟灌城，同时也不影响沟内水外排了。刘彝采取改变断面、加大坡度等方法，将水窗的坡度设计为 4.25%，这是正常下水道采用坡度的4倍。既可以冲刷走水中的泥沙和杂物，又可以冲开外闸门、排入江中，降低清理淤泥的工作难度。

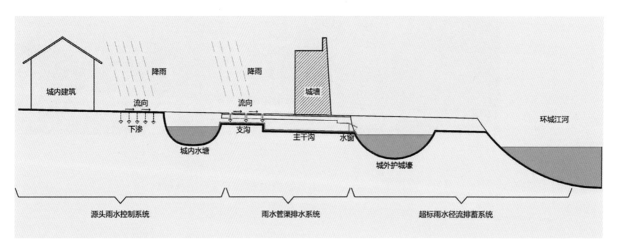

赣州福寿沟排蓄水系统工作原理图

3）沟塘连通，调蓄洪水。赣州古城充分发挥了池塘的作用，充分利用其汇集雨水的功效，相当于发挥了水库的作用。福寿沟排水系统把城内众多的池塘连通起来，组成了排水网络中容量很大的蓄水库，形成城内的活水系。当沟内水无法向外排放时，自动进入池塘中；当江水水位下降直至低于福寿沟出水口时，福寿沟水窗会被沟内水推开，池塘多余之水又能自动外排入江中，起到调蓄洪水的作用。

自1077年建成至今，全长12.6千米的福寿沟仍承载着赣州近10万旧城区居民的排污功能。2016年8月，李克强总理考察福寿沟时，称其为"造福百姓、延寿千秋，经得起历史检验的城市良心工程"。

2.2.3　江西宜春李渠

李渠是位于江西省宜春市袁州区的一条古代城区河道，始建于唐元和四年（809年），由袁州刺史李将顺主持修建，是兼具防火、供水排水、水田灌溉和交通等多种功能的综合利用水利工程。1984年，宜春市将其列为市级重点文物保护单位。

（1）修建缘由。

隋唐时期，随着社会经济发展、人口增长、土地大规模垦殖和减少及旱涝灾害影响，江西地区掀起了水利建设的高潮。宜春县城在唐代为袁州州城，北临秀江（今袁江），城市地势由南向北倾斜，因秀江水位较低，城市用水十分不便。城区多火灾，居民灭火时也要下河担水。为改善城区用水条件，李将顺组织群众开渠引水。

（2）历史沿革。

唐元和四年（809年），袁州刺史李将顺开渠引水。水源选在秀江南岸支流清沥江上游，宜春城西南5千米处。据清代宜春知县程国观重修《李渠志》记载，这次工程筑堰凿渠，引水溉田二万亩，又决而入城，缭绕闾灌间，其深阔使可通舟。李渠引水工程以解决城市供水为主，综合解决了航运、灌溉等各种问题，效益显著。宋代，历任官吏都多次对李渠进行整修与扩建。北宋至道三年（997年），李渠已壅塞，袁州知州王懿组织民力浚通李渠，解决了灌溉和消防用水问题。此后袁州通判袁延庆再次浚通李渠，又在渠旁建疏泉亭。北宋宣和六年（1124年），袁州通判孙琪又浚通李渠，治理西陂。南宋淳熙十年（1183年），州守曹训又再次浚通李渠。南宋宝庆三年（1227年），袁州知州曹叔远主持对李渠进行了一次大规模的全面整治，改在州城内报恩寺（旧址在今袁州区粮食局院内）附近注入秀江。

明清时期先后进行过5次疏浚。明弘治十三年（1500年），知府朱华在修渠时"砌仰山石路，浚袁城五井"。清康熙八年（1669年）、雍正六年（1728年）、道光四年（1824年）和光绪八年（1882年），李渠先后被重修。民国时期，李渠大部毁废。遗留在现宜春市的一段古李渠渠道，宽3.3米、深约1米，白砖券顶，完好无损，新中国成立之后将其改为下水道。城西凤凰山下仍留一段渠道，灌田500亩。原嵌在宜春市人民政府大院内和崇儒巷墙上的"古李渠碑"尚存。

（3）工程概况。

李渠工程由四部分组成。

1）开河引水。将发源于仰山的清沥江水和其支流沙陂水改道，引至城西的林桥与秀江合流。

2）设堰取水。在改道河段扇状盆地陂头处设堰取水，修建明渠，灌溉城西郊几百亩的耕地；另一部分水经明渠流入城区。

3）导水入城。李渠进入内城，穿城而过，上游段采用明渠，中、下游采用暗渠，设有3条接水渠、3条泄洪减水渠，组成城市水网，分别穿越城壁流入秀江。

4）附属工程。李渠全长约5千米，明渠段宽、深均1丈左右，砖砌清水墙体，渠上建有斗门37座、桥梁27座；暗渠同样采用砖砌清水墙体，坚固无比，顶采用定型砖清水砌筑，高宽比为1/3，主渠宽1.2米、高1.6米，支渠宽约1米、高约1.4米，拱上覆土而成暗渠。

李渠的兴建，增强了袁州地区抵御水旱灾害的能力，促进了该区灌溉农业的发展。与李渠相配套的系统水利工程，兼有农田排灌和捍卫田庐安全等多种功能，有效提高了水网地带开垦洲渚湖泽的能力。

2.2.4　山西运城盐池防洪工程体系

运城盐池位于山西省西南部的运城市，地处涑水河盆地中心。运城盐池古称河东盐池、解池，生产的盐称潞盐、解盐，皆以地名为名。

（1）历史沿革。

北魏正始二年（505年），都水校尉元清主持修建永丰渠，东起夏县王峪口，汇接白沙河后入安邑城北，

运城盐池

接苦池水，西入伍姓湖，最后与涑水河汇合注入黄河。北周、北齐时，因泥沙淤积，永丰渠逐渐湮废。隋大业年间（605—617年），都水监姚暹在永丰渠旧址上重新修浚，加高土堰，以泄山洪、阻客水，保护盐池。姚暹渠是一条保护盐池，并兼有运盐和灌溉功能的人工河渠。唐贞观年间（627—649年），并州刺史薛万彻重加疏浚。北宋天圣四年（1026年），遣人考察，诏令修浚。北宋元符、崇宁年间（1098—1106年），观察使王仲先于盐池东、南、西三面修筑了白沙堰、七郎堰等11条堤堰。明成化十年（1474年），巡盐御史王臣沿池周围修筑禁墙2500余堵，并在墙外挖堑，堑外又筑堰。明嘉靖元年（1522年），巡盐御史朱实昌对姚暹渠进行了大规模的疏浚活动。明隆庆年间（1567—1572年），御史郜永春曾对姚暹渠进行改道修浚。清代，该渠的岁修已成制度，规定南堰商修、北堰民修。清乾隆十九年（1754年），姚暹渠壅滞，知州韩桐力捐治。乾隆二十六年（1761年），渠水快速上涨，各商捐银4万两复加浚治，减缓了洪水对盐池的威胁。清道光三年（1823年），河东（今运城市境）修盐池马道护堤和李绰堰，疏浚姚暹渠和涑水河。至清代中期，盐池防洪堤堰已增至72条。

姚暹渠

新中国成立后，工程由运城市涑水河河务局管理。1958年，在姚暹渠上游相继修建苦池、中留两座中型水库，以及10座小型水库。至2013年，姚暹渠过洪能力达到15米³/秒，防洪标准为20年一遇，用于保护运城市盐湖区、盐池及沿河居民安全。至今仍有踪迹可考的堤堰22条，属于盐池防洪工程系统。

（2）工程概况。

运城盐池是一个封闭性的内陆湖泊，周边的洪水对盐池来说是一个巨大的威胁。因此，历代统治者都采取多种措施来防止洪水对盐池的侵袭，以保证盐池的正常生产。运城盐池防洪体系基本上由河渠疏导、堤堰堵截、池滩滞蓄等3种防洪方式组成，有效地阻止了洪水对盐池的侵袭。

1）河渠疏导。姚暹渠，位于涑水之南、盐之北，是疏导工程的重要组成部分，其主要功能是保护盐池免受各路洪水的侵害。既可以排泄涑水河及中条山北麓各峪的洪水，其渠体又可以阻挡各路洪水涨溢盐池，对避免盐池"客水漫入，味淡而苦"发挥着重要作用。姚暹渠以北有涑水河，它可以分流峨嵋塬上和运城盆地中的洪水。涑水河源于绛县陈村峪，流经闻喜、夏县、安邑、骑氏，自临晋镇、虞乡镇，西入伍姓湖，最终汇入黄河。涑水河在历史上曾多次改道，大的改道分别是隋大业年间（605—617年）、唐贞观十七年（643年）、明弘治十五年（1502年）。清顺治、雍正、乾隆、道光年间都曾对涑水河进行过大规模的疏竣，屡次的人工改道使涑水河道尽量远离姚暹渠，不再直接威胁盐池。

2）堤堰堵截。历代统治者在盐池周围修筑了大量堤堰工程以堵截各路客水入池，从而起到保护盐池的作用。北宋元符、崇宁年间（1098—1106年），观察使王仲先修筑白沙堰、七郎堰等11条堤堰。据乾隆年间《河东盐政汇纂》记载，护池堤堰有50条，其中最重要的有22条。这22条护池堤堰的布局为：池东各堰包括白沙堰、李绰堰、雷鸣堰、申家堰、黑龙堰、逼水月堰、东禁堰7堰；池南各堰包括桑园堰、常平堰、龙王堰、短堰、贺家湾堰、赵家湾堰6堰；池西各堰包括虾蟆堰、青龙堰、五龙堰、黄平堰、硝池堰、七郎堰、卓刀堰、长乐堰、西禁堰9堰。堤堰对防止洪水侵犯盐池起到了很大的作用。盐池周围建有规模宏大的禁墙（也称禁垣）。为了保护河东盐池，唐代曾绕盐池四周构筑有"壕篱"，宋代又筑"拦马短墙"。禁墙的修建不仅可以"御盗贼而资保障"，还可以堵截各路客水入池，从而起到保护盐池的作用。

3）池滩滞蓄。在运城盐池周围的低洼地带，盐务官员建立起护池滩地。每逢大雨之时，洪水暴发，排泄不及，可以将洪水引入滩池，以缓解洪水对盐池的威胁。

盐池防洪体系，"池内有堤，池周有墙，墙外有堰，堰外有滩，滩外有渠"，是集多功能于一体、多层次拦洪与排水、综合性的水利工程体系。它的优点突出表现在疏导与堤堵结合、防洪与利用结合、滩蓄与堵拦结合等方面。

2.2.5 山西古城蒲州防洪工程

蒲州故城遗址位于山西省运城市永济市区西12千米处，古称蒲坂，唐宋金元时期皆为河中府治所在地，明清时期为州府治所。

蒲州城因地处黄河小北干流的东岸，历史上经常遭受黄河水泛滥与塌岸等灾害。北周保定元年（561年），在蒲州城北1里修筑400米长的五龙堰，这是黄河山西段有文字记载的最早的石堤防洪工程。唐开元十二年（724年），用片石砌护黄河两岸，以保护蒲州城与蒲津浮桥。北宋治平四年（1067年），蒲津浮桥

山西运城永济蒲州故城遗址

被洪水冲垮，铁牛沉没河中，官府率民沿河打桩，以砌石护岸。明初在蒲州建河堤，外树桩木、内填土石，以坚固堤岸；明正德十四年（1519年），在蒲州城西门外筑石堤250丈，树松柏木桩7000余根，用钩心铁锭1万余斤，历时一年半建成。明嘉靖三十三年（1554年），石堤倾毁，守臣督民复修，后毁于地震。嘉靖四十一年（1562年），"河浸城南古鹳雀楼，城岌岌待倾，时郡守琚张公，募民急运石数万，下填湍激，逼水西旋，城免陷没"。明万历八年（1580年），黄河泛滥，冲毁堤岸，河东道王基请示山西巡抚修筑石堤，迎水面用条石垒砌，铁铆相钩，又煮米汁和灰砌石，铁锭贯注，使之胶合，起到稳固堤身的作用。堤长1319丈，高10～12尺，底宽4尺，顶宽2尺，历4年竣工。之后两年，又重修石堤，将堤加长至1919丈，高12尺，底宽4尺，顶宽3尺。清乾隆年间，由于黄河泥沙淤积，城外的滩地和田园尽被掩埋。民国初年，黄河石堤和铁牛被泥沙湮没。

新中国成立后，1957年，因修建三门峡水库，永济县城由老城蒲州迁往新城赵伊镇，蒲州古城全部废湮。

山西运城永济蒲津渡遗址

2.2.6　山西古城太原防洪工程

太原市是山西省省会，位于太原盆地的北端，西、北、东三面环山，中、南部为河谷平原，整个地形北高南低。太原地处黄河第二大支流汾河中游，城区紧傍汾河兴筑，市境内山洪沟道众多。降雨主要集中在7—9月，时空分布极为不均。自古以来洪灾就是太原人民重点防范的自然灾害之一。

（1）历史沿革。

据统计，从明弘治十四年至民国结束的近450年间，有记载的太原城水患即有13次之多，平均每34.6年就发生一次。汾河河道的不稳定是造成太原城西水患的关键因素。北宋天禧二年（1018年），并州知州陈尧佐因"汾水暴涨，州民辄忧扰"，主持太原城西引水潴成周五里的湖泊，堤上植柳万株，称为"柳堤"，湖为"柳溪"。此后，北宋熙宁年间（1068—1077年），陕西兼河东宣抚使韩绛和元祐年间（1086—1094年）武安军节度使韩缜又对柳溪进行增建。熙宁初年，太原知府王素主持在汾河边"筑堤以捍之"，与柳溪共同构成了宋金元时期太原城的防洪工程。

明洪武九年（1376年），太原城区汾河东岸修筑金刚堰，堰长10千米，堰高1丈2尺，顶宽1丈。金刚堰是古代汾河干流上最完整的防洪大堤，也是古城太原汾河防洪建设中最重要的一道河道防洪工程。明万历三十三年（1605年），山西巡抚李景元决定在汾河东岸"自坝儿沟起至教场南，沿流作石坝"。清光绪元年（1875年），清政府曾对金刚堰进行过一次大规模的加固维修。根据汾河河势状况，在太原城以上河段修筑8条堤堰，分别取名为长字堰、堤字堰、固字堰、汾字堰、泽字堰、安字堰、澜字堰，意为"长堤永固，汾泽安澜"，其中长字堰河堤始于今金刚里一带。这8条堰堰身均为土质结构，直至新中国成立初期尚留存。

山西太原古县城遗址

汾河上游上兰村西沿河的10余个村庄，曾在光绪以前修筑过部分堤防工程，主要有海子堰、崖龙湾堰、金刚堰、苗家堰。除海子堰为干砌石护坡，其余各堰均为土堰。因兰村作为太原汾河的进口门户，历史上也修筑过一些防洪工程，比较有名的有"斗金""二斗金"等防洪堤。在城北汾河沿岸，清乾隆、嘉庆年间还修筑有东流土堤、下兰石坝、郁利堤、石河堤、镇城沙堰等护村堤防。

民国及日伪统治时期，主要对汾河上兰堤堰进行了加固。民国7年（1918年）当局曾拨款对上兰堤堰进行维修。民国29年（1940年），日伪政权组织人力对金刚堰外小堰进行修复加固。次年，又对城西北长约380米的金刚嘴石堰进行了整修。

新中国成立后，1950年，首次提出汾河铁路桥至迎泽桥之间的河道治导线规划。1950—1955年，太原城区段治理工程，东岸从下兰村至迎泽桥、西岸从太白铁路桥至迎泽桥之间，构筑铅丝笼丁坝、排桩护坝和木桩透水坝，以固定河道引洪断面，同时在东岸北固碾修筑土坝，大东流和旱西关挖引河等41项防洪工程。从1956年下半年起，太原市开始对汾河河道进行永久性治理。

（2）防洪体系。

太原城的防洪系统主要由障水系统和排水系统两大部分组成，障水系统由堤防和城墙两道防御措施组成。排水系统由城内排水管网和城内水系组成的排水-蓄水-导水体系构成，建设的重点在于疏通城市排水脉络。

1）城墙。北宋和明代，太原城都修建了设计合理、坚固耐用的堤坝和城墙，对抵御洪灾起了很大作用。北宋太原城有外城和子城两道城墙，外城周长为10里270步，四面各开一门；子城周长为5里157步，四面各开一门。明洪武九年（1376年）扩建后的太原城周长24里，高3丈5尺。四面各开两门，共8门，将夯土城墙包砖，有效防止了风雨侵蚀，提高了城墙的防水能力，城门外侧瓮城的修建也有利于阻止外来洪水对城市的侵袭。

2）堤防系统。北宋在汾河东侧修筑了两道堤防，以防止河水泛滥，危害人们的生命财产安全。明代堤坝的材料与筑坝技术都有了很大的进步。先将大块石材楔入泥土1丈深作为堤坝的骨架，然后用木椽编制成网架，三层网架之间用稻秆、黏性较好的红土和碎石块和成的泥浆填充，制成类似"预制墙体"的构件，称为"一累"。在石块两侧各堆砌10累（最少8累），用木棍横穿以加强各累之间的联系，缝隙用灰浆灌注。同时在坝上做大量突起的"小壩头"，直接对抗洪水，以减轻洪水对坝身的冲击。在提高堤坝强度的同时，于汾河之西新开沟渠，以疏导洪水流向汾河之西的空旷地带。

3）城内水系。太原的城内水系由护城河、街道沟道、开挖池塘、城西汾河，以及城内外的湿地、湖塘组成。洪水暴发时，城内洪水流入城市街道两侧的街道沟道，然后顺着自然地形的高差向城市西南汇聚，最后积蓄在城内西侧和南侧的湿地和湖塘内，湖塘有导水口通向城外护城河，通过护城河将雨水排入汾河。

2.2.7　湖北荆州古城墙

荆州古城墙位于荆州市荆州区，有9座城门、2座城楼，东西长3.75千米、南北宽1.2千米、面积4.5千米^2，城墙周长约11千米，高9米。护城河内长12.2千米、宽30米、水深4米，西通太湖、东连长湖，与古运河相连。荆州古城墙是中国现今延续时间最长、跨越朝代最多，由土城发展演变，以砖墙为主、土城为辅的唯一的古城墙。1982年，荆州古城被公布为首批全国24座历史文化名城之一；1996年，荆州古城墙被公布为全国重点文物保护单位，被誉为"中国南方不可多得的完璧"。

（1）历史沿革。

荆州古城墙的修建，最早可追溯到春秋战国时期，它曾是楚国的官船码头和渚宫，秦将白起攻破郢都之后，这里成为江陵治所，出现了最初的城廓。荆州古城墙相传为三国蜀将关羽镇守荆州时所修筑，当时是土城墙。《水经注·江水》记载："江水又东迳江陵县故城南……旧城，关羽所筑。"《江陵县志》记载："晋永和元年（345年），桓温督荆州，镇夏口，八年还江陵，始大营城橹。"晋太元十四年（389年），荆州刺史王忱加修过城墙。南北朝时，南朝萧绎于天监十三年（514年）为湘东王，都督荆州，加筑了周长达70余里的木栅外城，又在栅城周围挖了三道堑濠。五代十国时期，南平王高季兴为了割据荆州，曾动用十几万军民大修荆州城墙，高氏筑城是荆州城墙用砖之始。南宋时期，开始出现整体砖城墙。南宋淳熙年间（1174—1189年），荆州安抚使赵雄于1186年重修荆州城，建筑的砖城墙长达10.5千米。1276年，元兵攻占荆州后，元世祖忽必烈下令拆毁荆州砖城墙。元至正二十四年（1364年），时任湖广平章的杨璟依旧基修筑荆州城墙。明代洪武至万历年间，是荆州砖城墙维修建设的高潮时期。明太祖朱元璋即位后，于洪武七年（1374年）依旧基重建砖城墙。明成化年间（1465—1487年），为加固城墙，在右城脚条石缝中浇灌糯米浆。明嘉靖九年（1530年），除大修城墙外，城壕亦得到了疏浚。明万历九年至十年（1581—1582年），荆州地方驻军修造万历城墙，其墙体全部用万历文字砖砌成。1643年，张献忠攻占荆州后，下令将城墙拆毁大半。现在的砖城墙绝大部分是清顺治三年（1646年）依明代旧基重新修筑的。清顺治三年（1646年），荆南道台李西凤、镇守总兵郑四维依明代旧基重建荆州城池。清康熙二十二年（1683年），在小北门和南门之间修筑了一道界墙，将城分隔为东西两城，俗称"满城"和"汉城"。清乾隆五十三年（1788年），万城堤决，大学士阿桂等对城垣进行补修，以消除水患。新中国成立后，为了保护文物，发展荆州旅游事业，政府对荆州古城墙进行了多次维修。

荆州古城墙（税晓洁　摄）

（2）防水系统。

从整个荆州古城墙的形状来看，城墙的四个角都做成了圆角，对洪水有一定的缓冲作用。

从荆州古城墙墙体的建筑材料来看，宋代以后，荆州城墙用优质土壤夯筑，密实、空隙小，具有相当的防渗效果。城墙外坡虽然陡峭，但用砖石包砌，且用糯米石浆作为黏结材料，形成坚实的外皮。城墙内坡坡度较缓，有利于防洪。在墙身外面用糯米石浆筑城大型城砖，城砖质的细腻，渗水性好。城墙顶部也用砖石铺盖，保护城墙不受雨水渗透。

荆州城墙下有排水券洞，以泄城中洪涝，券洞均用条石砌筑。城墙内侧从墙顶至墙脚下设有排水槽，槽顶部为石制进水口，槽身为砖砌，下部与沟渠相通，墙顶部雨水可顺槽而下，有效保证了墙体不被水浸泡，使墙体的利用和保护在构造上有机地统一起来。

荆州城墙瓮城的修建有利于防御洪水侵袭。明清时期，往往在城门外侧（或内侧）添筑一道、两道甚至三道城墙，以形成一个面积不大的防御性附郭，称为瓮城。荆州古城有6个城门，6个城门均建有瓮城，瓮城开口的方向是根据避免洪水威胁而设计的。大北门、小北门瓮城的开口偏向地势较低的方向；西门因为面向长江的方向，洪水会直接冲击，瓮城的开口向南偏离一定的角度，而不与西门正对，这些都可以避免洪水直接顶推瓮城门口。城门作为城市的出入口，洪水来临时会受到直接威胁。瓮城及城门均有闸槽，御洪时则关门下闸，闸为杉木板结构，抵御洪水时在闸门间填以小麦、蚕豆等，它们遇水膨胀，阻挡洪水的效果更好。

（3）护城河系统。

荆州古城最重要的防洪措施是城外护城河水系的完善，护城河可以很好地截洪与分洪。荆州城墙的护城河呈曲线形，完整环绕在外侧的砖城墙脚下。护城河距城墙基脚最近5米、最远达30米，一般为10米左右。内周长12.2千米，河宽10～50米，局部宽度可达100米，深3～4米。河内常年流水，并与太湖港及汉水相通，护城河是荆州城墙的一道重要屏障。完善的护城河水系和荆州城墙一起，使得荆州城墙防御体系非常完善。

荆州河道岸景

2.2.8　江西赣州古城墙

赣州位于江西省南部，赣江源头，章江、贡江交汇地带，被誉为"千里赣江第一城"。赣州古城墙是全国现存规模最大、最完整、有可靠纪年铭文的宋代城墙，也是中国唯一保存至今的宋代砖城墙。1987年被列入江西省文物保护单位，1988年被公布为"赣五中唐宋遗址"市级文物保护单位，1996年被国务院核定并公布为第四批全国重点文物保护单位。

（1）历史沿革。

据记载，赣州古城墙是在东晋永和五年（349年）开始筑土构建的。我们现在看到的古城墙，则是在五代后梁时，由虔（今赣州地区）、韶（含广东省韶关地区）二州御史卢光稠在扩城工程中扩建的。到北宋嘉祐年间（1056—1063年），孔宗翰任赣州知州，他目睹了水患给百姓带来的苦难，发现土建的城墙容易受洪水侵蚀而倒塌，要解决赣州城的水患需要修建起能抵御洪水侵袭的坚固城墙。后来的经南宋、元、明、清、民国时期长达900余年的不断修缮、加固，使赣州城形成了一道周长6.5千米的城墙。

赣州古城墙（一）

（2）砖城的修建。

北宋嘉祐年间（1056—1063年），孔宗翰决定带领赣州居民修建砖城，用坚固的城墙来防止赣州城的水患。《同治赣州县志》记载："州守孔宗翰因贡水直趋东北隅，城屡冲决，甃石当其啮，冶铁固基。"经过孔宗翰的独特设计和工匠们的精心建造，砖城修建成功后，坚固的城墙确实抵挡了江水的侵袭，巧妙地将城墙当成了"堤坝"，"堤坝"根据防洪需要高度有所变化，最高处可达10余米，形成了一道阻水的良好屏障，"现存城墙高度一般为5～7米，最低在涌金门一带高4米，最高在西北一带高11米多。从八境台到东河大桥段，为洪水经常浸淹区，大约2000米城墙保持在6～7米这个高度"。孔宗翰带领修建的这个又高又厚的砖城非常坚固，可以抵御江水的侵袭，从此城墙成了赣州城坚固的防洪堤坝，再也不像土墙那样容易因为洪水侵蚀而倒塌了。值得一提的是，孔宗翰修建城墙时在砖上压印了铭文，根据铭文可以找到每块砖的出处，很好地保证了砖的质量。1992—1993 年，赣州市博物馆曾对古城墙上保存的铭文砖进行过专题的调查，共发现了纪事、纪时、纪名等不同内容的各种铭文砖共计521种，其中宋代的142种，元代的4种，明代的185种，清代的119种，民国的5种，年代不详的66种。

但砖城的修建没有完全解决洪水的困扰，可谓是有利有弊。当江水高于赣州城的海拔之时，城墙可以阻挡江水，这种情况是有利；但是当江水未超过城的海拔之时，城内的积水容易被严密的砖城墙挡住而无法外排；再者江水漫过排水沟的出水口时，容易从下水道的出水口涌入赣州城，造成大水灌城。所以砖城的修建有利也有弊，总的来说是利大于弊。为保证赣州城的安定，还需要一个更加严密的排水系统。

赣州古城墙与水塘、福寿沟共同形成了一个完整而独特的防洪系统，历经近千年仍发挥着作用。

赣州古城墙（二）

2.3 海塘

海塘，又称陡墙式海堤，是沿海岸以块石或条石等砌筑成陡墙形式的挡潮、防浪的大堤。我国是世界上最早建造海塘的国家之一。我国海岸线绵长，历史上海洋灾害频发，2000多年来，沿海先民在北起鸭绿江口、南至北仑口的漫长海岸线上，修建沿海堤岸工程，形成了水利史上蔚为壮观的"万里海塘"奇观。秦汉时期，钱塘江江口已有海塘出现，有关海塘最早的文字记载见于汉代的《水经》。江苏、浙江两省是全国漕粮的来源地，但是两省地濒东海，常遭台风、海啸袭击，潮灾严重，尤其是杭州、嘉兴一带最为严重，因此江浙海塘建筑成为我国水利建设的重要组成部分。唐代以后，海塘工程不断发展，工程质量逐步提高，筑塘范围不断扩大。浙江开始大规模修筑捍海塘，同时江苏、福建等地也兴建了海堤工程。宋代，随着东南沿海地区经济的发展，海塘结构形式逐渐发展，修建了较大规模的海塘，著名的有苏北范公堤。修筑技术亦取得了很大进步，并出现了土塘、柴塘、石囤木柜塘、石塘等。明代经多次改进形成五纵五横鱼鳞石塘等重型塘，清代定型为鱼鳞大石塘，从而奠定了今日海塘的基础。清前期沿海地区已形成完整的海塘系统，尤其在浙江、江苏等地大规模建造坚固的石塘，历经200多年的海潮冲刷，至今仍在发挥作用。清末民初，国家经年变故，战乱不息，由于管理松怠、岁修无常，致使海塘损毁严重。后随着西方近代科学技术的传入，新技术、新工艺、新材料、新设备逐步应用于海塘工程建设，开始采用混凝土及钢筋混凝土的近代海塘建筑结构型式，增加了塘身的整体性，提高了抗御风潮的能力，同时发展护滩、挑溜等保护塘身的工程建设。特别是受海潮台风影响甚巨的江苏、浙江，对海塘建设颇为关注，投入也较多。

2.3.1　钱塘江古海塘

钱塘江海塘位于浙江省钱塘江江口两岸，是河口防洪、防潮江堤的习称。钱塘江海塘以钱塘江口为界，北岸称浙西海塘，西起杭州转塘镇，东至平湖市金丝娘桥，全长160千米，除去山体，实长137千米。钱塘江南岸海塘通称浙东海塘，以曹娥江为界，江左称萧绍海塘，自杭州市萧山临浦镇至上虞市嵩坝，全长117千米；江右为北沥海塘，从上虞北官镇到夏盖山，塘长40千米。钱塘江海塘始建于西汉末年至东汉初年（公元9—36年）的王莽时期，由华信发起兴建。钱塘江古海塘是我国东南一带历史最悠久、规模最宏伟、工程最险要、技术最先进的人工挡潮堤坝之一。

在东南沿海，杭州湾钱塘江一带是受海潮影响最严重的地区，另外由于隋唐以来这里一直是国家粮仓、鱼米之乡，故而浙东海塘和浙西海塘的修建、维护、扩建、重建等在历朝历代工程量都远甚于其他沿海地区，在不同的历史时期修建目的也各有区别。

钱塘江防洪坝

（1）历史沿革。

钱塘江海塘历史悠久，工程浩大。早在西汉末至东汉初年，就出现了最早的防潮海塘，"防海大塘在县东一里许，郡议曹华信家议立此塘，以防海水。始开募，有能致一斛土石者，即与钱一千。旬日之间，来者云集，塘未成而不复取。于是载土石者皆弃而去，塘以之成，故改名钱塘焉"。此后，历朝历代都修建海塘抵御海潮。唐代，浙江有开元元年（713年）重筑的位于海盐的124里捍海塘，江苏有大历元年（766年）淮南节度判官黜陟使李承从盐城到海陵的百余里常丰堰等，从而使浙北沿海一线基本建成比较系统、完整的防潮工程。吴越时期，吴越王钱镠乃破大竹编笼，中填块石，横卧叠筑，并用长桩固定；塘前还钉立桩木以削减涌潮、强浪的直接冲击，称为"滉柱"，竹笼石塘的创筑，是历史上改进钱塘江海塘结构型式和用石筑塘的开端，使抗潮能力有了质的改善。

宋元之际，海塘工艺有了改进。北宋大中祥符五年（1012年），西北堤岸崩决，人们开始用钱氏旧法筑塘，不久海塘即毁。转运使陈尧佐与杭州知州戚纶针对海宁一带地基软弱、承载力低的弱点，借用黄河河工中的埽工技术，以薪土相间夯筑的方法，创筑了柴塘。北宋景祐三年（1036年），杭州知府俞献卿调大批人力，筑江堤数十里。景祐四年（1037年），转运使张夏鉴于柴塘易损坏，自六和塔至东清门，用新法筑石堤12里，纯用巨石砌成。庆历元年（1041年），杭州知府杨偕和转运使田瑜采用张夏的方法，增修杭州石塘2200丈。南宋嘉定十五年（1222年），浙西提举刘垕受命筑盐官新塘达百里以上，暂时遏制了海岸的坍陷。咸淳六年（1270年），钱塘江潮势趋南，北海塘首当其冲，官府改筑新塘7余里，堤上广植柳树，以固堤身，人称"万柳塘"。元泰定四年（1327年），都水少监张仲仁率众将443300多个石囤、470多个木柜，沿30多里海岸排列叠置，筑成一道石囤木柜塘。

明清时期海塘的修筑技术有了质的提高，出现了鱼鳞大石塘。明成化十三年（1477年），按察副使杨瑄在海盐采用斜坡式海塘法与叠砌法结合，修筑石塘2300丈。明弘治元年（1488年），知县谭秀兼采斜坡式海塘外坡倾斜和直立塘整体稳定的长处，筑成直立式桩基石塘。明弘治十二年（1499年），海盐知县王玺采用纵横交错骑缝叠砌法，增加了塘身整体性和防渗性。明嘉靖二十一年（1542年），黄光升在海盐主持修筑海塘，设计出一种重型直立式石塘——五纵五横桩基鱼鳞塘，使我国海塘工程技术更加系统完善，并趋于成熟。清康熙三年（1664年），清政府在海宁修筑海塘。康熙四十年（1701年）修筑三郎庙、六和塔等处石塘660余丈。康熙五十七年（1718年），浙江巡抚朱轼督筑海宁海塘。共筑石塘950余丈，土塘5000余丈。雍正年间，江浙沿海一带潮灾频发，雍正皇帝重视海塘建设，共修筑海塘18次。乾隆初年（1737—1743年），大学士嵇曾筠主持建筑海宁鱼鳞大石塘6900多丈，并对海塘技术作了重要改进。乾隆四十六年（1781年）政府又筑海宁塘1500丈。乾隆五十一年（1786年），筑海宁老盐仓至仁和乌龙庙、范公塘鱼鳞塘20100丈。

民国16年（1927年）以后，对老海塘采取多项补强措施。民国19年（1930年），李仪祉提出《对于改良杭海段塘工之意见》。民国35年（1946年），浙江省政府聘请侯家源等17位专家考察海塘情况，提出塘基加固和塘身加固的意见。民国以后，开始采用混凝土及钢筋混凝土的近代海塘建筑结构型式。1947年1月，在海宁陈汶港兴建抚壁式钢筋混凝土塘167米，这是浙江省境内钱塘江唯一的钢筋混凝土海塘。

新中国成立之后，20世纪60—80年代，沿江各县（市、区）结合治江围涂，兴建围堤。20世纪70年代初逐步形成一条由主塘、支塘和围堤组成的防洪潮封闭线。自1997年10月以来，沿海各地把建设标准海塘作为为民造福的德政工程来抓，在沿海地区掀起了兴建高标准海塘的热潮。到2000年12月底，基本建成标准海塘1020千米。使整个海塘具备了能够抵抗100年一遇洪水的能力。

（2）建筑材料。

钱塘江海塘在修建过程中，受生产力水平和物质基础的限制，在不同历史时期，不同地区采用的材料和工程技术有一定的区别，大致在唐及以前多为土塘，两宋至元多为"土+石+木"的混合材料海塘，明清则以石塘为主。

汉代华信筑塘为浙江海塘修筑的最早记录，最早的海塘是就地取土来修筑的，称为土塘。至唐代，钱塘江两岸已筑起大量土塘。但土塘不足以抵御强劲的潮流，为了提高塘体的抗冲刷能力，海塘修筑需要更加坚固的材料。五代吴越时期，吴越王钱镠采用用竹笼装石筑捍海塘。北宋时期出现柴塘，《上虞塘工纪略》记载："新做柴工，力量远胜于石塘……"元代出现了木柜石囤塘，"东西八十余步，造木柜石囤以塞其要处……"明嘉靖二十一年（1542年），海盐建成了著名的重力式鱼鳞石塘。清顺治元年（1644年），海宁尖山修筑块石塘；康熙五十九年（1720年），海宁始筑鱼鳞石塘；至乾隆六十年（1795年），海宁县46千米石塘全线完成。到了近代，混凝土材料在海塘建造中开始运用。

钱塘江海塘筑坝

（3）海塘管理。

钱塘江海塘在近2000年发展的过程中，为两岸社会经济发展、政权稳定提供了保障，其维护管理也受到了历朝历代的重视。宋代之前无专门的钱塘江海塘管理机构，发生灾情由地方政府上报并临时处置。宋代开始海塘管理进一步细化，开始专、群结合管理，在杭州设修江司和捍江岳。明代工部设都水司、通政司，分署堤防等水利事宜，万历年间已有地方官兼管海塘的明文规定，在海宁设海塘夫。清代由中央掌管修筑管理，寓海防于塘防的制度，设官督率兵夫，分汛防守。同治三年（1864年），浙江省设塘工总局，下设宁、绍、台道，负责山阴、会稽、萧山、余姚、上虞等5县的海塘管理。中华民国之后，先后在省一级设置钱塘江海塘工程局等专业管理机构。

新中国成立之后，设立钱塘江工程管理局，隶属于浙江省水利厅，下设工务所、过程队，分段负责管理海塘工程，并由有关各县的堤塘管理所配合工作，组织沿塘群众护塘、划段推选护塘员、订立护塘公约，实行专业管理与群众管理相结合。

明代已有额定岁修经费的规定。嘉靖年间（1522—1566年），海盐县地段依《千字文》顺序编塘段序号，并立字号牌，使守有专责，便于察考。清代制度进一步完善，乾隆年间开始按月奏报塘前沙水变化情况，供上级对海塘工程决策参考。

新中国成立之后，在旧有管理制度的基础上，逐步修正完善。1985年由钱塘江工程管理局制订《钱塘江海塘管理养护工作条例》，作为现行管理养护准则。

钱塘江海塘与长城、京杭大运河并称为我国古代三项伟大工程，是浙江最具地域代表性的文物遗存，也是中国历史最久远、规模最宏大、技术最先进的海塘防御体系。

2.3.2 浙江萧绍海塘

萧绍海塘位于钱塘江左岸，西起今萧山临浦镇麻溪桥东侧山脚，经绍兴至上虞蒿坝清水闸闸西山麓，全长116.85千米，由西江塘、北海塘、后海塘、防海塘、蒿坝塘等5段组成。萧绍海塘始建于东汉时期。1989年，萧绍海塘绍兴段被浙江省人民政府列为浙江省第三批重点文物保护单位。2017年，萧绍海塘杭州段被浙江省人民政府列为浙江省第七批重点文物保护单位。

萧绍海塘的修筑历史悠久，始筑于东汉时期，唐代开始大规模建设。唐开元十年（722年），会稽县令李俊之曾在会稽县（今绍兴）兴建约100里长的海塘。唐大历十年（775年）观察使皇甫温、唐太和六年（832年）县令李左次又分别增修海塘。

宋代兴建的海塘规模不及前代，但在材料及结构上有所精进，出现了石塘修筑的记载。宋庆历七年（1047年），余姚县令谢景初自余姚县云柯而西达上林，修堤28000尺。宋庆元二年（1196年），余姚县令施宿重筑余姚县石堤。宋咸淳六年（1270年），萧山县捍海塘被钱塘江潮水冲击倒塌，绍兴府知府刘良贵积极投入治水工作，主持重修捍海塘，并植柳万株以固塘，名曰"万柳塘"。

元明时期曾在萧山一带筑500余丈海塘，而在绍兴兴建的6100余丈的海塘中，约有2000丈的海塘为石塘塘身。至正元年（1341年），州判叶恒筑余姚石堤，郡守泰不华又作石堤3014丈。至正七年（1347年）六月，大潮复溃，府檄吏王永议筑塘成凡1944丈。明洪武二十二年（1389年），萧山县捍海塘损坏，命工部主事张杰同司道督修。洪武三十三年（1400年），重筑上虞县西塘。明嘉靖十六年（1537年）三月，三江闸建成，又建成长400余丈、宽40丈的三江闸东西两侧海塘，萧绍海塘全部连成一线，此后无大的变迁。

清代顺治及康熙早期，海塘的修葺重点在海盐，直至雍正二年（1724年）才开始大规模修筑海塘。清顺治元年（1644年）至宣统三年（1911年）进行了全面整修加固，不仅重建石塘，还镶筑柴塘、柴工，培填土塘、附土。康熙五十一年（1712年）8月，山阴海塘"三十里坍如平地"。康熙五十五年（1716年）4月，绍兴知府俞卿率众修筑了自九墩至宋家溇40余里海塘，叠以巨石，牝牡相衔。之后俞卿兴修会稽海塘，共筑石塘3000余丈。乾隆年间，宋家溇一带海塘屡修屡毁。乾隆五十六年（1791年），在塘外坡筑成石盘头海塘1座（盘头长5个字号：友、交、枝、连、第），才始缓塘险。嘉庆、道光、咸丰年间又进行了多次加固。

民国时期，现代技术、材料、机具逐步应用于萧绍海塘建设。民国14—26年（1925—1937年），先后将三江塘湾、楝树下、南塘头三处土塘改建成新式浆砌块石斜坡塘。用气压灌浆机在三江闸西首、镇塘殿等处石塘灌注水泥砂浆。此后，混凝土用于萧绍海塘工程较为普遍，海塘更趋坚固，抗洪御潮能力提高。

新中国成立后，绍兴、上虞两地人民政府对萧绍海塘多次加固、改造，平均加高0.8米。随着塘外不断围涂，宋家溇以西至萧山浦沿海塘渐离海岸，塘面多改作公路，塘堤仍作为浙江省主要海塘加以保护，临海段海塘多采用干砌或浆砌块石护面。

萧绍海塘

2.3.3 江苏范公堤

范公堤位于江苏沿海，地处长江口以北，北起阜宁市，南至启东市的吕四港。范公堤是宋代范仲淹建议并主持修建的捍海大堤，为唐宋时期我国江浙沿海地区修建的早期重点海塘工程之一。

随着沿海地区的逐步开发，海潮灾害不时危及当地居民的生产活动。大历年间（766—779年），淮南黜陟使李承曾在通州（今江苏南通市）、楚州（今淮安）、盐城一带筑捍海堰，长142里。凌申认为，苏北平原上，北起阜宁北沙，沿串场河一线经草堰、盐城、刘庄，入东台市境，南抵

范公堤

海安是一道天然的沙堤——东冈，形成于3500年前，直到唐代均为天然海堤。唐代的常丰堰正是在这一道天然沙堤的基础上修建而成。常丰堰主要用于挡御潮水，"遮护民田，屏蔽盐灶，其功甚大"。但至宋时，因年代久远，虽亦经局部修缮，终因经不起海潮的冲击与侵蚀，日渐废弃。北宋天圣元年（1023年），担任泰州西溪（今东台县西）盐官范仲淹积极倡议重筑捍海堰，并做了捍海堰的工程设计，得到江淮制置发运副使张纶的支持。张纶推荐范仲淹为兴化县令，主持施工。此时，范仲淹母丧丁忧，离任回籍。此后修堰的工作由张纶、胡令仪主持，该堤北自刘庄附近，与盐城县境唐旧堰相接，南延伸到东台富安一带。

范公堤自建成后，"历元明清三朝皆视为防潮重要工具，必加修筑"。从宋庆历元年（1041年）至清光绪九年（1883年）的842年间，重修就达55次，其中规模较大者有9次，平均每15年修建一次。北宋至和年间（1054—1056年），海门知县沈起又"筑堤百里"，引水灌溉。元世祖时，据《咸丰重修米化县志》记载，兴化县（今兴化市）县令詹士龙曾修海堰300余里，大概是在宋代范公堤的基础上进行的整修。元至正

二十七年（1367年），朱冠卿修堤5000余丈。明清时期，范公堤及其后延筑诸堤都设有涵闸。清雍正、乾隆年间，在范公堤一线修建有归海十八闸，挡潮御卤、排泄西水。据道光七年（1827年）统计，这些闸共有41孔，总孔宽70余丈，而运河归海五坝口门共宽260余丈，为十八闸的3.5倍，里下河的涝水仍不能及时排出，致使范堤屡屡决口，酿成灾害。

后人为纪念范仲淹倡议和修堤的功绩，遂把这一线长堤统称为范公堤。明代以后的范公堤已逐渐远离海岸，堤外海滩成为著名的盐场。今天这些海堤距海岸已远至一二百里。

范仲淹塑像

[1] 郑肇经. 中国水利史[M]. 北京：商务印书馆，1937.

[2] 郑肇经. 太湖水利技术史[M]. 北京：农业出版社，1987.

[3] 纪庸. 中国古代的水利[M]. 上海：四联出版社，1955.

[4] 方楫. 我国古代的水利工程[M]. 北京：新知识出版社，1955.

[5] 张含英. 中国古代水利事业的成就[M]. 北京：科学普及出版社，1957.

[6] 侯仁之. 中国古代地理名著选读[M]. 北京：科学出版社，1959.

[7] 武汉水利电力学院、水利水电科学研究院《中国水利史稿》编写组. 中国水利史稿[M]. 北京：水利电力出版社，1979.

[8] 朱绍侯，齐涛，王育济. 中国古代史[M]. 福州：福建人民出版社，1982.

[9] 蔡蕃. 我国古代水利[M]. 北京：水利电力出版社，1985.

[10] 郑连第. 古代城市水利[M]. 北京：水利电力出版社，1985.

[11] 中国农业百科全书总编辑委员会水利卷编辑委员会. 中国农业百科全书·水利卷[M]. 北京：农业出版社，1986.

[12] 熊达成，郭涛. 中国水利科学技术史概论[M]. 成都：成都科技大学出版社，1989.

[13] 梁家勉. 中国农业科学技术史稿[M]. 北京：中国农业出版社，1989.

[14] 汪家伦，张芳. 中国农田水利史[M]. 北京：中国农业出版社，1990.

[15] 中国大百科全书总编辑委员会《地理学》编辑委员会，中国大百科全书出版社编辑部. 中国大百科全书·地理学[M]. 北京：中国大百科全书出版社，1990.

[16] 岳麟. 中国古代的水利和交通[M]. 太原：山西教育出版社，1990.

[17] 中国水利百科全书编辑部. 水利百科图集[M]. 北京：水利电力出版社，1991.

[18] 蒋超. 中国古代水利工程[M]. 北京：北京出版社，1994.

[19] 张汝翼. 沁河广利渠工程史略[M]. 南京：河海大学出版社，1994.

[20] 吴庆洲. 中国古代城市防洪研究[M]. 北京：中国建筑工业出版社，1995.

[21] 朱学西. 中国古代著名水利工程[M]. 北京：商务印书馆，1997.

[22] 宋正海，孙关龙. 图说中国古代科技成就[M]. 杭州：浙江教育出版社，2000.

[23] 周魁一. 中国科学技术史·水利卷[M]. 北京：科学出版社，2002.

[24] 《黄河水利史述要》编写组. 黄河水利史述要[M]. 郑州：黄河水利出版社，2003.

[25] 郑连弟，谭徐明，蒋超. 中国水利百科全书·水利史分册[M]. 北京：中国水利水电出版社，2004.

[26] 姚汉源. 中国水利史[M]. 上海：上海人民出版社，2005.

[27] 陈绍金. 中国水利史[M]. 北京: 中国水利水电出版社, 2007.

[28] 张芳. 中国古代灌溉工程技术史[M]. 太原: 山西教育出版社, 2009.

[29] 中国水利文学艺术协会. 中华水文化概论[M]. 郑州: 黄河水利出版社, 2010.

[30] 肖东发, 衡孝芬. 水利古貌: 古代水利工程与遗迹[M]. 北京: 现代出版社, 2010.

[31] 金开诚, 于元. 中国文化知识读本: 古代水利工程[M]. 长春: 吉林文史出版社, 2011.

[32] 郭松义. 水利史话[M]. 北京: 社会科学文献出版社, 2011.

[33] 郭涛. 中国古代水利科学技术史[M]. 北京: 中国建筑工业出版社, 2012.

[34] 丁元. 古代水利工程[M]. 长春: 吉林文史出版社, 2012.

[35] 吴文涛. 北京水利史[M]. 北京: 人民出版社, 2013.

[36] 黄明. 奇迹天工·水墨图说: 中国古代发明创造——水利工程[M]. 天津: 天津教育出版社, 2014.

[37] 冀朝鼎. 中国历史上的基本经济区与水利事业的发展[M]. 北京: 商务印书馆, 2014.

[38] 潘春辉, 等. 西北水利史研究: 开发与环境[M]. 兰州: 甘肃文化出版社, 2015.

[39] 王英华, 杜龙江, 邓俊. 图说古代水利工程[M]. 北京: 中国水利水电出版社, 2015.

[40] 王俊. 中国古代水利[M]. 北京: 中国商业出版社, 2015.

[41] 贾兵强, 朱晓鸿. 图说治水与中华文明[M]. 北京: 中国水利水电出版社, 2015.

[42] 王俊. 中国古代水利[M]. 北京: 中国商业出版社, 2015.

[43] 中国水利史典编委会. 中国水利史典[M]. 北京: 中国水利水电出版社, 2015.

[44] 毛振培, 谭徐明. 中国古代防洪工程技术史[M]. 太原: 山西教育出版社, 2017.

[45] 谭徐明. 中国古代物质文化史·水利[M]. 北京: 开明出版社, 2017.

[46] 中国水利史典编委会办公室. 中国古代河工技术通解[M]. 北京: 中国水利水电出版社, 2018.

[47] 宁夏引黄古灌区编纂委员会. 宁夏引黄古灌区[M]. 北京: 中国水利水电出版社, 2018.

[48] 唐金培, 程有为, 谷建金, 等. 河南水利史[M]. 郑州: 大象出版社, 2020.

[49] 王姣, 等. 江西省古代水利工程价值剖析及保护策略[M]. 武汉: 武汉大学出版社, 2020.

[50] 刘海龙, 等. 中国古代园林水利[M]. 北京: 中国建筑工业出版社, 2020.

[51] 钟功甫, 蔡国雄. 我国基(田)塘系统生态经济模式以珠江三角洲和长江三角洲为例[J]. 生态经济, 1987(03): 15-20.